甘肃省“十四五”职业教育规划教材
高等职业院校精品教材系列

电工技术基础

（第3版）

权建军　柴西林　主　编

郑　怡　主　审

電子工業出版社
Publishing House of Electronics Industry
北京•BEIJING

内 容 简 介

本书在前两版得到全国广大师生的欢迎和使用基础上，结合教学团队近年来取得的教学成果，在充分听取广大师生的意见和建议后，在保留原书主体内容的前提下，不断进行优化、补充和调整。本书包含 6 个模块，共 31 个任务，涵盖直流电路、单相正弦交流电路、三相交流电路的测量与学习和一阶动态电路的分析，并介绍互感与变压器、电动机及控制技术等相关知识。

本书针对重要知识点配有视频讲解，在每个模块后增加内容回顾、典型例题解析，并提供大量的复习•提高•检测内容，方便教师教学及学生课后回顾复习，其中多种形式的习题可供教师组卷使用。

本书适合理实一体化教学与学生的自主研究性学习，可供高等职业本专科院校的电子信息类、自动化类、机电类等相关专业作为教材使用，也可作为开放大学、成人教育院校的教材，以及技术人员的自学用书。

图书在版编目（CIP）数据

电工技术基础 / 权建军，柴西林主编. —3 版. —北京：电子工业出版社，2023.7 (2025. 8 重印)
高等职业院校精品教材系列

ISBN 978-7-121-45854-5

Ⅰ. ①电… Ⅱ. ①权… ②柴… Ⅲ. ①电工技术－高等职业教育－教材 Ⅳ. ①TM

中国国家版本馆 CIP 数据核字（2023）第 115571 号

责任编辑：陈健德（E-mail:chenjd@phei.com.cn）
印　　刷：三河市良远印务有限公司
装　　订：三河市良远印务有限公司
出版发行：电子工业出版社
　　　　　北京市海淀区万寿路 173 信箱　　　　邮编　100036
开　　本：787×1092　1/16　印张：12　　字数：307 千字
版　　次：2012 年 8 月第 1 版
　　　　　2023 年 7 月第 3 版
印　　次：2025 年 8 月第 5 次印刷
定　　价：55.00 元

凡所购买电子工业出版社图书有缺损问题，请向购买书店调换。若书店售缺，请与本社发行部联系，联系及邮购电话：（010）88254888，88258888。

质量投诉请发邮件至 zlts@phei.com.cn，盗版侵权举报请发邮件至 dbqq@phei.com.cn。

本书咨询联系方式：chenjd@phei.com.cn。

前言

电工技术基础是一门理实一体化课程，该课程中的理论知识是适合进行理论、实践双体系课程教学的，编者希望利用实践课程的实践结果提出问题，使学生在学习过程中逐步掌握理论知识并得到结论，希望编写出一本学生乐于接受、教师便于教学的教材，使理论、实践双体系课程教学模式在一定程度上相互借鉴、补充、融合，突出以形象的学习情境引发任务驱动教学资源的整合。

本书在前两版得到全国广大师生的欢迎和使用基础上，结合教学团队近年来取得的教学成果，在充分听取广大师生的意见和建议后，在保留原书主体内容的前提下，根据职业本科和职业教育发展的需要，不断进行优化、补充和调整。本书包含 6 个模块，共 31 个任务，涵盖直流电路、单相正弦交流电路、三相交流电路的测量与学习和一阶动态电路的分析，并介绍互感与变压器、电动机及控制技术等相关知识，其中加*的部分为职业本科的教学内容。

本书在每个模块后增加内容回顾、典型例题解析，并提供大量的复习·提高·检测内容。内容回顾：归纳总结本模块重要结论，加深学生对本模块内主要概念、理论和方法的记忆。典型例题解析：结合典型例题求解，详细介绍解题思路、方法、步骤，通过求解典型例题，帮助学生理解教学内容。复习·提高·检测：包含各种形式的练习题，既可用于学生的自我检测或课后练习，巩固学习成果，也可为其他院校建立试题库提供参考。

本书结构紧凑、内容简明、脉络清晰，在各模块后安排了练习题，方便学生复习知识，巩固学习成果，通过选择题、判断题等攻克学习中的难点与重点。这样的编写既便于教师教学，又利于引导学生总结、提高和自我检查。

参加本书编写的人员有在高等职业本专科院校从事电工技术基础教学和研究的一线教学人员，还有具备丰富企业实践经验的高级工程师。本书由权建军、柴西林担任主编，闫姝、刘石红、侯志伟、郁继斌、杨杨、余佩伦参加编写，由郑怡主审。权建军编写模拟试卷、模块 1 中的新增内容、典型例题解析、试题库，并制作课件；侯志伟编写模块 5 中的新增内容、典型例题解析，并录制微课视频；柴西林编写模块 3 中的新增内容、典型例题解析，制作课件，并负责全书流稿及校对工作；闫姝编写模块 2 中的新增内容，并录制微课视频，制作课件；刘石红、杨杨编写模块 6 中的新增内容、典型例题解析，并制作课件；郁继斌、余佩伦编写模块 4 中的新增内容、典型例题解析，并制作课件。此外，教学团队中的孙红英、宋博仕、马丽红、傅继军等教师也参与了微课视频的录制，在此一并表示感谢。

为了方便教师教学，本书配有微课视频、电子教学课件、模拟试卷、复习题等多种资源，有需要的教师可扫一扫相应二维码进行阅览或下载，也可登录华信教育资源网(www.hxedu.com.cn)，免费注册后下载，电子教学课件附有各模块后的计算题的解题过程，方便教师开展线上线下互动式教学。

编者在编写本书时参考了国内一些已出版的优秀教材，受到了不少启发，并吸取了其中一些经验，特向这些教材的编者致谢。本书在编写过程中也得到了兰州石化职业技术大学的领导和教师的支持与帮助，在此表示十分感谢。

限于编者水平，书中难免存在一些缺点和纰漏，恳请广大读者批评指正。

编　者

扫一扫看模拟试卷 1

扫一扫看模拟试卷 2

扫一扫看模拟试卷 3

扫一扫看模拟试卷 4

扫一扫看模拟试卷 5

目　录

扫一扫看模拟试卷 1 参考答案

扫一扫看模拟试卷 2 参考答案

扫一扫看模拟试卷 3 参考答案

扫一扫看模拟试卷 4 参考答案

扫一扫看模拟试卷 5 参考答案

模块 1

直流电路的测量与学习

任务 1.1　电路的组成与作用

<table>
<tr><td>演示元件</td><td colspan="3">手电筒、电池、灯泡、导线、开关</td><td>演示电路</td></tr>
<tr><td>演示方式</td><td colspan="3">教师演示</td><td rowspan="4">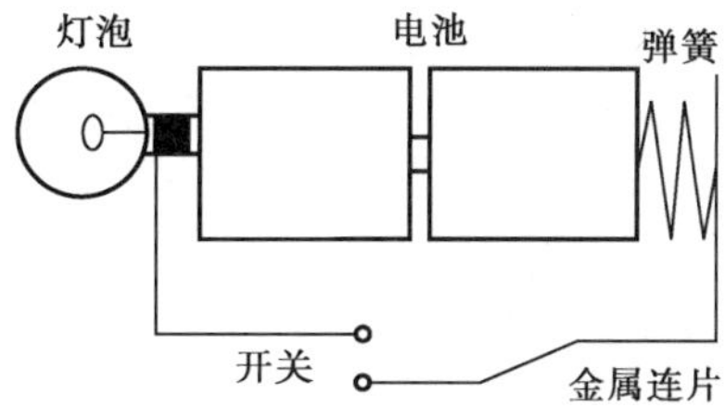

图 1-1　手电筒电路</td></tr>
<tr><td rowspan="2">演示结果</td><td>开关状态</td><td>闭合</td><td>断开</td></tr>
<tr><td>灯泡状态</td><td>点亮</td><td>熄灭</td></tr>
<tr><td colspan="4">问题 1：电路主要由几部分组成？
问题 2：电路的作用有哪些？
问题 3：电路中的元件主要有哪些？</td></tr>
</table>

1.1.1　电路的组成

图 1-1 所示为手电筒电路，当开关闭合后，电路中有电流通过，灯泡点亮，这是最简单的电路之一。电路是各种电气设备按一定方式连接起来的有电流通过的路径。手电筒电路由电池、灯泡、开关、连接导线等组成。电路根据电气设备的不同用途可以分为三部分：电源、负载和中间环节。

1. 电源

电源是指电路中的能源，是将非电能转换为电能的装置。手电筒电路中的电源是电池，但要注意的是，不是所有的电池都能作为电源来使用，如充电电池在充电时，它在电路中的角色不是电源，而是负载。

2. 负载

负载是指将电能转换为非电能的装置，如灯泡、电烙铁、电炉、电动机等。

3. 中间环节

把电源和负载连接起来的部分，如导线、金属连片、开关、保护装置等，起传输、控制和保护作用，这部分称为中间环节。

1.1.2 电路的作用

（1）实现电能的传输、分配和转换。例如，手电筒电路、照明电路等可把电能转换为光能和热能。

（2）实现信号的传递、处理、转换。例如，MP3的信号处理电路将存储的音乐文件转换为音频信号，经过放大后，就是人们听到的音乐。

扫一扫，做做练习

1.1.3 实际电路元件与理想电路元件

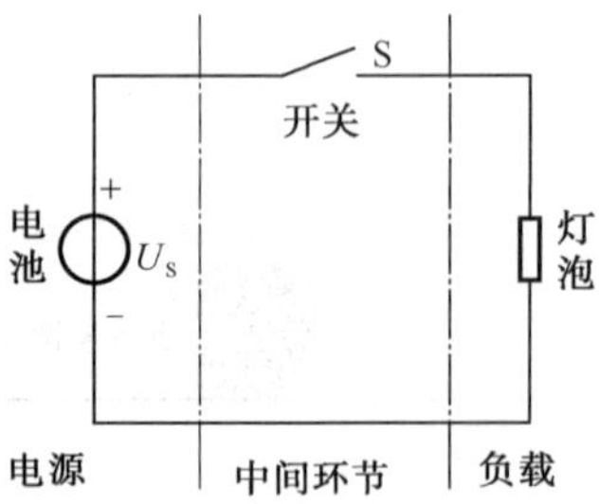

图1-2 手电筒电路模型

由于用实际电路元件绘制电路非常麻烦，也不利于对电路进行分析，因此用一个足以表征其主要电磁特征的理想电路元件来代替实际元件。

例如，把灯泡看作一个理想的电阻元件，把电池看作一个理想电压源，如图1-2所示，该手电筒电路是由理想电路元件构成的电路，称为电路模型。

理想电路元件是组成电路的基本元件，元件上的电压和电流的关系称为元件的伏安特性，它反映了元件的性质。理想电路元件的图形与符号如图1-3所示。

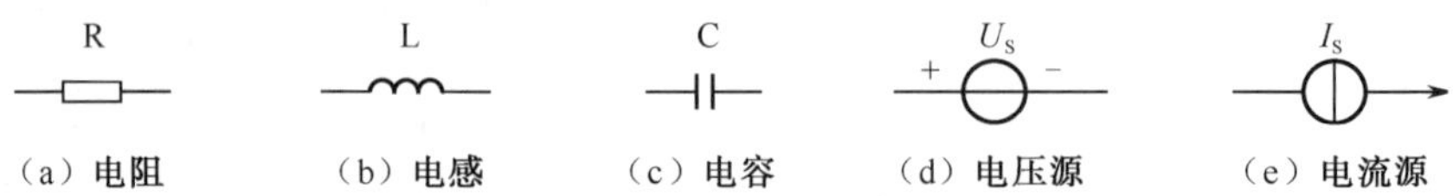

图1-3 理想电路元件的图形与符号

任务1.2 电路的基本物理量

演示元件	直流稳压电源、电阻箱两个、导线、开关、直流电压表、直流电流表		
演示方式	教师演示、学生练习		
演示结果 开关位置	1	2	3
电流表（mA）	200	0	20
电压表（V）	0	2	1.8

问题1：电压表与电流表在连接时的注意事项有哪些？

问题2：电路中的基本物理量有哪些？

问题3：当开关S分别接到位置1、2、3时，电路有哪些不同之处？

演示电路

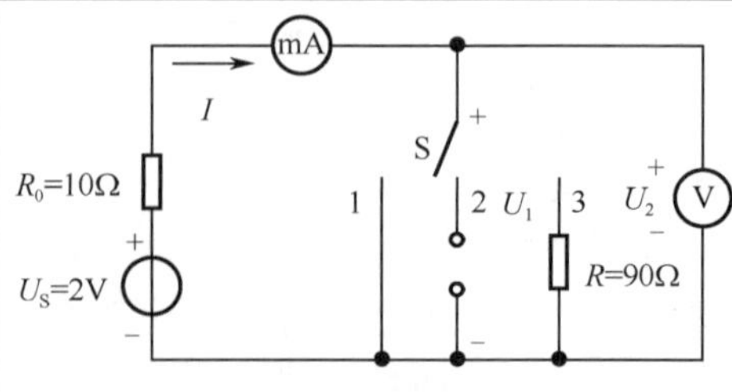

图1-4 简单电路

图 1-4 所示为简单电路，电流的方向可以直观判定，在进行此演示时，要注意以下细节：电流表要选择量程为 0～500mA 的直流电流表，在串联到电路中时，表头的正负极不能接反；电压表要选择量程为 0～25V 的直流电压表，在并联到电路中时，表头的正负极不能接反。

1.2.1 电流

1. 电流

电流是由电荷的定向移动形成的，是有大小、方向的量。

电流定义为单位时间内通过导体横截面的电荷量，用符号 i 表示，表达式为

$$i = \frac{\mathrm{d}q}{\mathrm{d}t} \tag{1-1}$$

在国际单位制中，电流的单位是安培（A），简称安。电流的常用单位有千安（kA）、毫安（mA）或微安（μA）。其换算关系为

$$1\text{kA} = 10^3\text{A} \qquad 1\text{mA} = 10^{-3}\text{A} \qquad 1\mu\text{A} = 10^{-6}\text{A}$$

习惯上把正电荷运动的方向规定为电流的实际方向。

大小和方向均不随时间变化的电流称为恒定电流，简称直流（DC），直流常用大写字母 I 表示，如图 1-5（a）所示。大小和方向随时间变化的电流称为交变电流，简称交流（AC），用小写字母 i 表示，如图 1-5（b）所示。

扫一扫，听听解读

2. 电流的参考方向

对于简单的电路，电流的实际方向可以直观地确定。但在复杂电路中，各条支路的电流的实际方向很难确定；并且交流电路中的电流的实际方向还在不断发生改变。为了解决这个问题，引入参考方向这个概念。参考方向是指在电路中任意选定的一个方向，包括电流的参考方向、电压的参考方向等。在电路图中，用实线箭头表示电流的参考方向，用虚线箭头表示电流的实际方向，如图 1-6 所示。

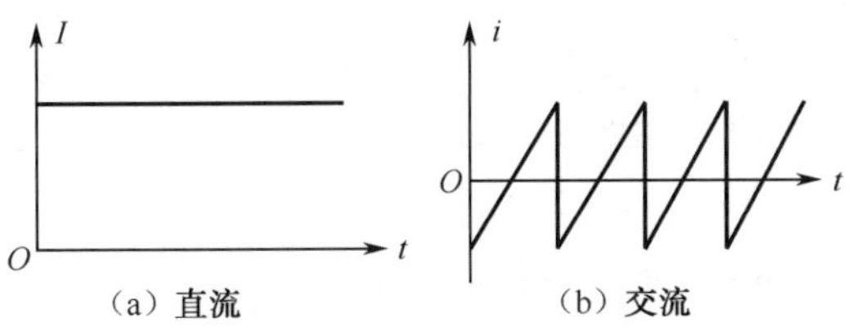

图 1-5 电流的形式

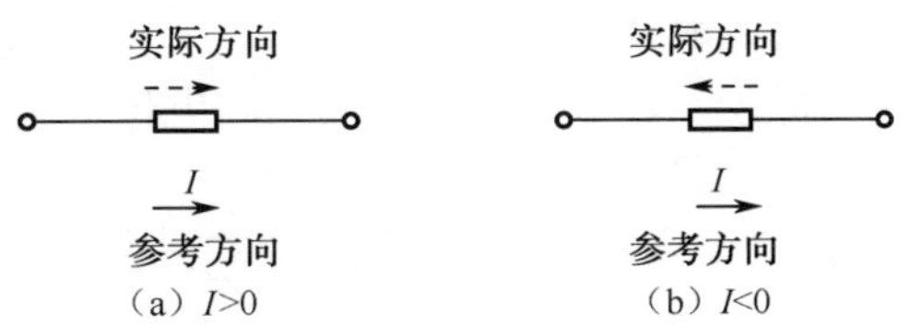

图 1-6 电流的参考方向与实际方向的关系

实际方向和参考方向的关系：当电流的参考方向与实际方向一致时，电流为正值，即 $I>0$，如图 1-6（a）所示；当电流的参考方向与实际方向不一致时，电流为负值，即 $I<0$，如图 1-6（b）所示。可以利用电流的正负确定电流的实际方向。在未标示参考方向的情况下，电流的正负是没有意义的。

1.2.2 电压

1. 电压

电压是有大小、方向的量。电压的方向规定为由高电位指向低电位。

电压也称为电位差，就是电场力把单位正电荷从电路中的 a 点移至 b 点所做的功。电压的表达式为

$$U_{ab}=\frac{\mathrm{d}W_{ab}}{\mathrm{d}q}=V_a-V_b \tag{1-2}$$

式中，V_a、V_b 分别表示 a、b 点的电位；U_{ab} 表示 a、b 点间的电位之差；W_{ab} 表示电场力所做的功，单位为焦耳（J）；q 表示电量，单位为库仑（C）。

在国际单位制中，电压的单位是伏特（V），简称伏。电压的常用单位还有千伏（kV）、毫伏（mV）和微伏（μV），其换算关系为

$$1\text{kV}=10^3\text{V} \qquad 1\text{mV}=10^{-3}\text{V} \qquad 1\mu\text{V}=10^{-6}\text{V}$$

大小和方向都不随时间变化的电压称为直流电压，用大写字母 U 表示；大小和方向随时间变化的电压称为交变电压或交流电压，用小写字母 u 表示。

扫一扫，听听解读

2．电压的参考方向

对于简单的电路，电压的方向可以直观地确定。但在复杂电路中，因为电压的实际方向不易直观确定，会给实际电路的分析和计算带来不便，所以引入电压的参考方向，其在电路图中用箭头或“+”“−”表示，如图 1-7 所示。

电压的参考方向与实际方向的关系：当电压的参考方向与实际方向一致时，电压为正值，即 $U>0$，如图 1-7（a）所示；当电压的参考方向与实际方向不一致时，电压为负值，即 $U<0$，如图 1-7（b）所示。

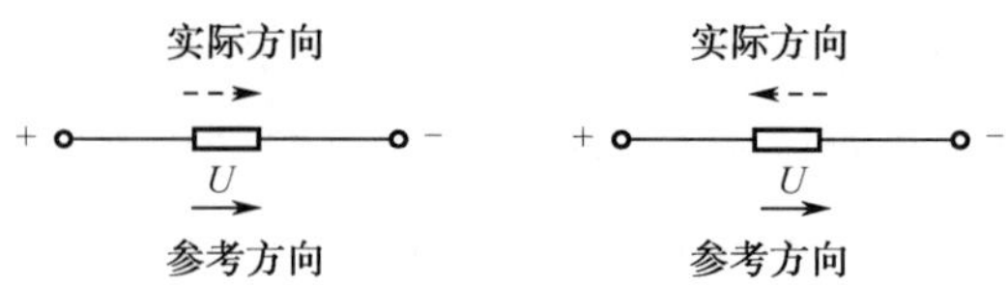

（a）$U>0$　　（b）$U<0$

图 1-7　电压的参考方向与实际方向的关系

电压的参考方向除可用“+”“−”表示以外，也可用箭头表示，如图 1-8（a）所示；还可用双下标表示，U_{ab} 表示 a 点为高电位，b 点为低电位，如图 1-8（b）所示。

（a）用箭头表示　　（b）用双下标表示

图 1-8　电压的参考方向

3．关联参考方向

在选定一段电路或一个元件上的电压的参考方向和电流的参考方向时，两者是彼此独立的。但是，为了方便分析电路，常把元件上的电流和电压的参考方向选定为一致，称为关联参考方向；反之则称为非关联参考方向。

图 1-9（a）所示的 U 和 I 参考方向一致，是关联参考方向，其电压与电流的关系式为 $U=IR$；而图 1-9（b）所示的 U 和 I 参考方向不一致，是非关联参考方向，其电压与电流的关系式为 $U=-IR$。

（a）关联参考方向　　（b）非关联参考方向

图 1-9　关联参考方向和非关联参考方向

1.2.3　电路的三种工作状态

在图 1-4 中，当开关 S 分别接到位置 1、2、3 时，分别代表电路的三种工作状态。

1．短路状态

当开关 S 接到位置 1 时，$I = 200\text{mA}$、$U = 0$，这种工作状态称为短路状态，是一种故障状态。

处于短路状态下的电路具有以下特征。

（1）电路中的电流最大，即 $I_{SC} = U_S/R_0$。

（2）电源和负载的端电压均为 0，即 $U_1 = U_S - R_0 I_{SC} = 0$，$U_2 = 0$。

由于电源的内阻一般很小，因此电源发热很严重，会烧毁电源，造成严重事故。应采取保护措施，尽量避免短路的发生。

2．开路状态

当开关 S 接到位置 2 时，$I = 0$、$U = 2\text{V}$，这种工作状态称为断路或开路状态。它也是电路的一种空载运行状态，当开关断开或连接导线断开时，就会产生这种状态。当电路处于开路状态下时，外电路负载可视为无穷大，处于开路状态下的电路具有以下特征。

（1）电路中电流为 0，即 $I = 0$。

（2）电路端电压等于电源的电动势，即 $U = U_S$。

3．负载状态

当开关 S 接到位置 3 时，负载为通路，处于负载状态下的电路具有以下特征。

（1）电路中的电流为 $I = U_S/(R_0+R)$。

（2）电源的端电压为 $U_1 = U_S - R_0 I = U_2$。

1.2.4　电气设备的额定值

必须着重指出，在实际电路中，每一种电气设备或元件在工作时都有一定的使用限额，这种限额称为额定值。额定值是制造厂家综合考虑电气设备或元件的可靠性、经济性及使用寿命等因素而规定的，它是使用者使用该电气设备或元件的依据。通常表示额定值的数据为额定电压 U_N、额定电流 I_N、额定功率 P_N。例如，灯泡的额定电压为 220V，额定功率为 40W，就是告诉使用者灯泡在 220V 电压下工作是正常的，此时其消耗功率为 40W。

实践证明，电气设备在额定值运行时的效率、安全性和经济性较高，并能保证一定的使用寿命。当实际功率或电流大于额定值时，电气设备的工作状态称为过载（或超载）状态，一般来说短时过载是允许的，因为在设计产品时考虑了一定的安全系数，但长期严重过载是不允许的。当在远低于额定值的状态下工作时，元件不能发挥其潜力，不能正常工作，甚至可能造成损坏。例如，在电压过低时，灯泡发光不足，电动机不能拖动生产机械正常运转等。

1.2.5 电位

演示元件	直流稳压电源2个、电阻3个、直流电压表、导线						
演示方式	教师演示、学生练习						
操作结果	电源参数	V_A	V_B	V_C	V_O	U_{AB}	U_{BC}
	U_{S1}=15V，U_{S2}=12V，分别以 O、B 为零参考点	15V	10.5V	12V	0	4.5V	-1.5V
		4.5V	0	1.5V	-10.5V	4.5V	-1.5V
	U_{S1}=12V，U_{S2}=12V，分别以 O、B 为零参考点	12V	9V	12V	0	3V	-3V
		3V	0	3V	-9V	3V	-3V
问题1：电位与电压的区别是什么？							
问题2：电压与电位的关系是什么？							

演示电路

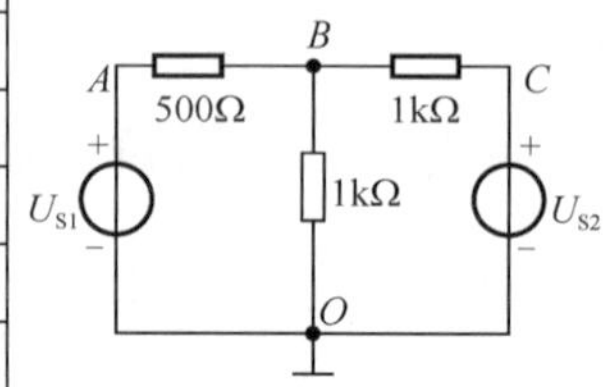

图 1-10 电位的测量

电位的概念：电场力将单位正电荷从电场中的某点移至无穷远处（零电位）所做的功。在电路中任选一点为零参考点（零电位），则电路中某点的电位定义为该点到零参考点之间的电压。

零参考点的电位为零电位，通常选择大地（用“≑”表示）或某公共点（用“⊥”表示），如机壳，作为零参考点。

在测量电路中的电位时，零参考点接电压表的黑表笔，测量点接电压表的红表笔。

根据图 1-10 所示的电路，观察测量结果，可以得到以下结论。

（1）电路中各点的电位会随零参考点的变化而变化，电位是一个相对值。

（2）电压是一个绝对值，与零参考点的选择无关，电压与电位单位相同。

（3）电路中任意两点间的电压是这两点之间的电位差，即

$$U_{AB} = V_A - V_B \tag{1-3}$$

电位是电路分析中的重要概念。在电工技术中，常用电位的高低来分析电路的工作状态，如判断二极管是导通还是截止的，三极管处于饱和工作状态还是截止工作状态等。

在高压带电作业时，要求人体与导线等电位，这样人体内无电流通过，不会造成人体触电事故。

在电路中，电源的一端通常是接地的，为了画图方便，习惯上不画电源，而在电源的非接地端标注其电位的数值，即利用电位的概念，把图 1-11（a）所示的电路简化成图 1-11（b）所示的电路。在电子电路中，常使用这种习惯画法。

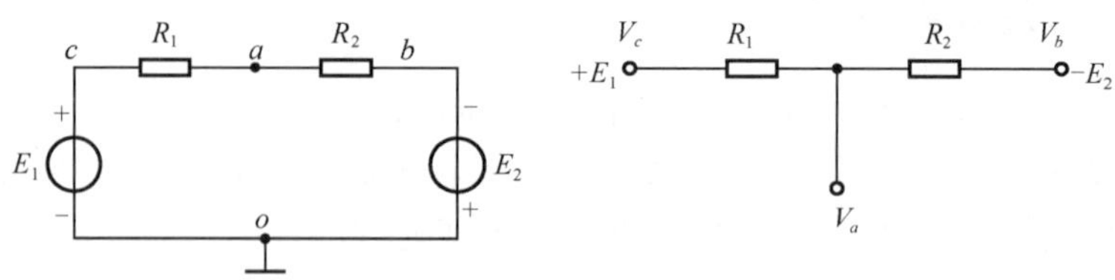

（a）（b）

图 1-11 电路中电源及零参考点的画法

1.2.6 电动势

在图 1-12 所示的电路中，为了维持电流在导线中的流通，并保持电压恒定，电源内部必须产生一种力，该力克服电场力而使负极板 B 上的正电荷流向正极板 A，把这种力称为电源力，用电动势来衡量电源力对电荷的做功能力。电动势在数值上等于电源力将单位正电荷从

电源负极板移到电源正极板所做的功，用 E 表示，即

$$E=\frac{W_{BA}}{Q} \tag{1-4}$$

在国际单位制中，电动势的单位也用伏特（V）。

电动势的实际作用方向是由低电位指向高电位，即电位升的方向。

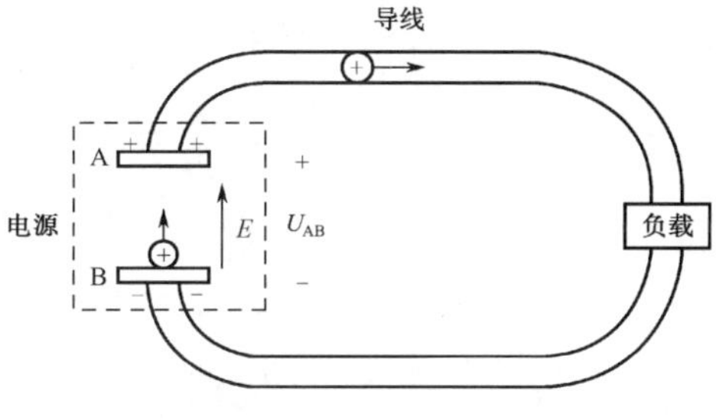

图 1-12　电压与电动势

1.2.7　电能与电功率

扫一扫，
听听解读

1. 电能

当电路中有电流流过时，电路各部分都在进行能量转换。对于外电路，电流流过负载，把电能转换为非电能；对于电源内部，电源力克服电场力对正电荷做功，把非电能转换为电能。能量转换的多少，由式（1-5）计算。

设电路中任意两点间的电压为 U，流入该部分电路的电流为 I，在时间 t 内电场力所做的功（也称为电能）为

$$W=UIt \tag{1-5}$$

式中，电能的单位为焦耳（J）；若时间以小时（h）为单位，功率以千瓦（kW）为单位，则电能的单位为千瓦时（kW · h），常用度表示，即

1 度 = 1 千瓦时 = 3.6×10^6 焦耳

2. 电功率

扫一扫，
听听解读

单位时间内消耗的电能称为电功率，即

$$P=\frac{W}{t} \tag{1-6}$$

式中，电功率的单位为瓦特，简称瓦，符号为 W，电功率常用的单位还有千瓦（kW）、兆瓦（MW）和毫瓦（mW）等。

以二端元件为例，当电压和电流为关联参考方向时，电功率为

$$P=UI \tag{1-7}$$

当电压和电流为非关联参考方向时，电功率为

$$P=-UI \tag{1-8}$$

在计算电功率时，首先要根据电压与电流的参考方向是否关联，选择相应的电功率计算公式，若电功率 $P>0$，为正值，则表示元件吸收电功率，该元件为负载；若电功率 $P<0$，为负值，则表示元件发出电功率，该元件为电源。

根据能量守恒定律，在一个电路中，发出电功率的总和必等于吸收电功率的总和。

【例题 1-1】 试求图 1-13 所示电路中的电功率，并判断各二端元件吸收电功率还是发出电功率。

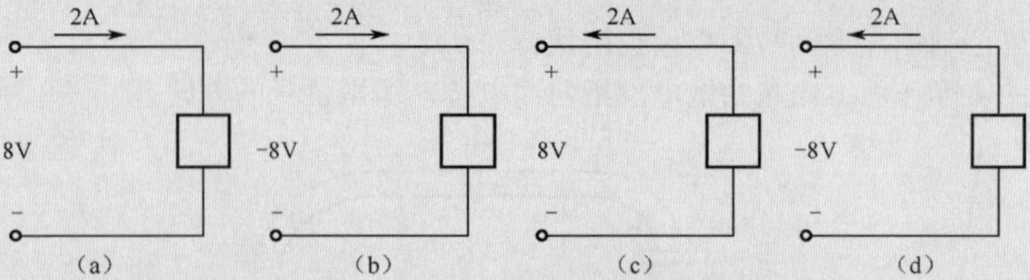

图 1-13　例题 1-1 图

【解】（1）图 1-13（a）中的电压与电流为关联参考方向，则

$$P = UI = 8 \times 2 = 16\ (\text{W})$$

$P>0$，表示该元件吸收电功率。

（2）图 1-13（b）中的电压与电流为关联参考方向，则

$$P = UI = -8 \times 2 = -16\ (\text{W})$$

$P<0$，表示该元件发出电功率。

（3）图 1-13（c）中的电压与电流为非关联参考方向，则

$$P = -UI = -8 \times 2 = -16\ (\text{W})$$

$P<0$，表示该元件发出电功率。

（4）图 1-13（d）中的电压与电流为非关联参考方向，则

$$P = -UI = -(-8) \times 2 = 16\ (\text{W})$$

$P>0$，表示该元件吸收电功率。

1.2.8　电位的计算

在分析电子电路时，经常要用到电位的概念，用电位的概念来讨论问题。

在选取零参考点之后，电路中某点的电位就是该点到零参考点的电压。因此，电路中电位的计算，实质就是电压的计算。

电位的计算方法：①任意选取零参考点；②标出电源和负载的极性；③求某点的电位，选取一条从该点到零参考点的路径，然后求所经过元件上的电压降（电压降取正值，电压升取负值）的代数和，即为该点的电位。

【例题 1-2】 求图 1-14 中 A、B、C 三点的电位。

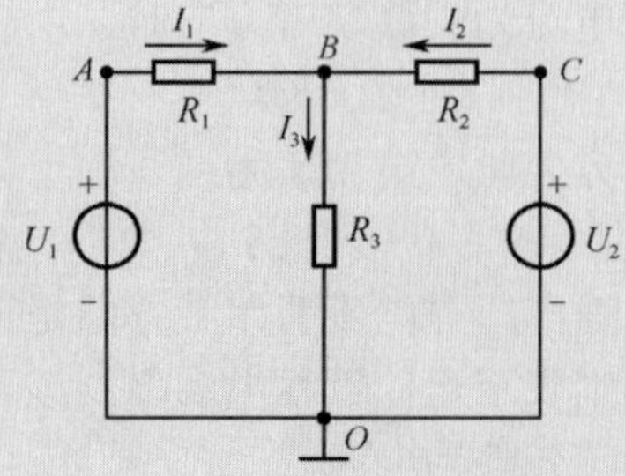

图 1-14　例题 1-2 图

【解】选取 O 点为零参考点，A 点电位的选取路径为 $A \to U_1 \to O$，则

$$V_A = U_1$$

B 点电位的选取路径为 $B \to R_3 \to O$，则

$$V_B = R_3 I_3$$

C 点电位的选取路径为 $C \to U_2 \to O$，则

$$V_C = U_2$$

注意：① 在选取零参考点后，各点的电位是确定值，与选择的路径无关。

② 电路中任意两点间的电压等于这两点之间的电位差，即 $U_{AB}=V_A-V_B$。

③ 电路中某点的电位与零参考点的选择有关，而电路中任意两点间的电压与零参考点的选择无关，即零参考点选择不同，各点的电位不同，而电路中任意两点间的电压不变。

任务 1.3　欧姆定律与电阻

扫一扫，做做练习

<table>
<tr><td>演示元件</td><td colspan="4">直流稳压电源、电阻箱两个、导线、开关、直流电压表、直流电流表</td><td>演示电路</td></tr>
<tr><td>演示方式</td><td colspan="4">教师演示、学生练习</td><td rowspan="5">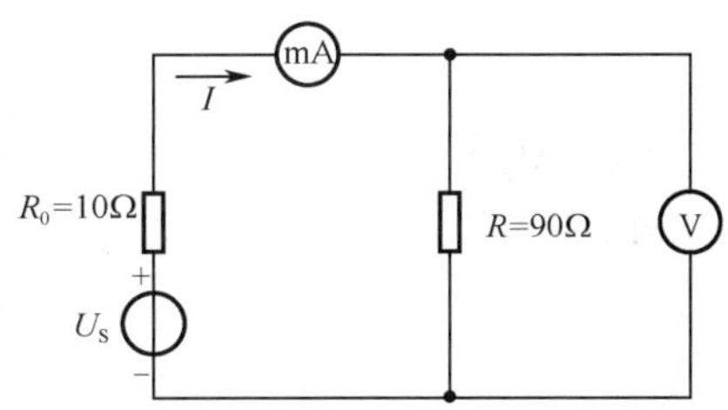

图 1-15　欧姆定律</td></tr>
<tr><td rowspan="3">演示结果</td><td>电源参数（V）</td><td>2</td><td>4</td><td>6</td></tr>
<tr><td>电流表（mA）</td><td>20</td><td>40</td><td>60</td></tr>
<tr><td>电压表（V）</td><td>1.8</td><td>3.6</td><td>5.4</td></tr>
<tr><td colspan="5">问题 1：全电路欧姆定律与部分电路的欧姆定律是什么？
问题 2：电路中电阻的连接有哪几种？
问题 3：电路中的电源有哪些类型？</td></tr>
</table>

1.3.1　欧姆定律的应用

1．部分电路的欧姆定律

欧姆定律是电路中的基本定理，是 1826 年由德国科学家欧姆通过实验总结得出的。当电阻两端加上电压时，电阻中就会有电流通过。实验证明：电阻中的电流与加在电阻两端的电压成正比，而与电阻阻值成反比。

在电压、电流为关联参考方向时，部分电路的欧姆定律表达式为

$$U=IR \tag{1-9}$$

需要指出的是，部分电路中的电压、电流为非关联参考方向时，上述部分电路的欧姆定律的表达式应加负号，即

$$U=-IR \tag{1-10}$$

在式（1-9）与式（1-10）中，当电阻单位为欧姆（Ω）、电流单位为安培（A）时，电压单位为伏特（V）。

2．全电路欧姆定律

在图 1-15 所示的闭合电路中，U_S 为电源的电动势，R_0 为电源的内阻，U_S 与 R_0 构成了电

源的内电路；R 为负载电阻，是电源的外电路，外电路和内电路共同组成了闭合电路。对于该闭合电路，有

$$U = U_S - IR_0$$

$$U_S = U + IR_0 = IR + IR_0$$

整理得

$$I = \frac{U_S}{R + R_0} \tag{1-11}$$

式（1-11）就是全电路欧姆定律。其意义是在电路中流过的电流，其大小与电动势成正比，而与电路的全部电阻之和成反比。

1.3.2 电阻与电导

1. 电阻

电阻元件是一种较常见的电路元件。

电阻是表示通电导体对电流的一种阻碍作用的物理量，用 R 表示。实验表明：在一定温度下，金属导体的电阻由它的长度、截面积及材料决定，即

$$R = \frac{\rho l}{S} \tag{1-12}$$

式中，l 为金属导体的长度（m）；S 为金属导体的截面积（m^2）；ρ 为金属导体材料的电阻率（Ω • m）。

电阻的单位是欧姆（Ω），常用单位还有千欧（kΩ）和兆欧（MΩ），它们之间的关系是

$$1k\Omega = 10^3\Omega \qquad 1M\Omega = 10^6\Omega$$

只具有电阻作用的二端元件称为电阻元件，简称电阻。常见的电阻有电位器、滑线式变阻器及可抽象为电阻元件的电气设备，如白炽灯、电炉、电烙铁等。

二端元件的特性一般用其电压与电流关系曲线（又称为伏安特性曲线）来描述。

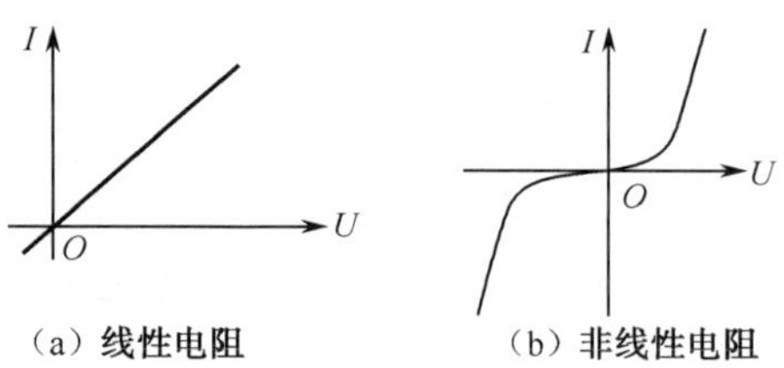

图 1-16 线性电阻和非线性电阻

若电阻的伏安特性曲线是一条经过原点的直线，则该电阻称为线性电阻，如图 1-16（a）所示。非线性电阻的伏安特性曲线不是一条直线，即 U 和 I 不成正比关系，如图 1-16（b）所示，该伏安特性曲线为晶体二极管的伏安特性曲线。

电阻的倒数称为电导，是表征材料导电能力的另一个参数，用符号 G 表示，即

$$G = \frac{1}{R} \tag{1-13}$$

电导的单位是西门子（S），简称西。

2. 电阻的标注

电阻按其材料可分为碳膜电阻、金属膜电阻、金属氧化膜电阻等。较为常见的标注方法是色环标注法，该方法用不同颜色的色环，按照规定的排列顺序在电阻上标注标称阻值和允许误差。

1）四色环标注法

四色环标注法多用于普通电阻。它用 4 环色带表示电阻的标称阻值和允许误差，其中前

3 环色带表示标称阻值，最后 1 环色带表示允许误差。在表示标称阻值的 3 环色带中，第 1 环和第 2 环色带分别表示第 1 位和第 2 位有效数字，第 3 环色带表示有效数值的倍率，如图 1-17（a）所示。

2）五色环标注法

五色环标注法多用于精密电阻。它用 5 环色带表示电阻的标称阻值和允许误差，其中前 4 环色带表示标称阻值，最后 1 环色带表示允许误差，如图 1-17（b）所示。

颜色	黑	棕	红	橙	黄	绿	蓝	紫	灰	白	金	银	无色
第1环	0	1	2	3	4	5	6	7	8	9	—	—	—
第2环	0	1	2	3	4	5	6	7	8	9	—	—	—
第3环	0	1	2	3	4	5	6	7	8	9	—	—	—
倍率	$\times10^0$	$\times10^1$	$\times10^2$	$\times10^3$	$\times10^4$	$\times10^5$	$\times10^6$	$\times10^7$	$\times10^8$	$\times10^9$	$\times10^{-1}$	$\times10^{-2}$	—
第4/5环允许误差（%）	—	±1	±2	—	—	±0.5	±0.25	±0.1	—	±0.05	±5	±10	±20
	—	F	G	—	—	D	C	B	A	C	J	K	M

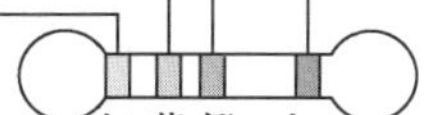

$27\times10^3\pm5\%$

标称阻值：$27\times10^3\Omega=27k\Omega$

允许误差：±5%

（a）四色环标注法

$375\times10^{-2}\pm1\%$

标称阻值：$375\times10^{-2}\Omega=3.75\Omega$

允许误差：±1%

（b）五色环标注法

图 1-17　电阻的色环标注法

1.3.3　电阻的连接

1. 等效网络

在电路分析中，若一个元件或一部分电路只有两端与其外部连接，则习惯上把这个元件或这部分电路称为二端网络。

若一个二端网络与另一个二端网络的端口电压、端口电流相等，或者说有相同的伏安关系，则这两个二端网络为等效网络。等效网络虽然内部结构各不相同，但对任何外电路而言，它们的效果相同。

2. 电阻的串联

几个电阻一个接一个无分支地顺序连接称为电阻的串联，如图 1-18 所示。

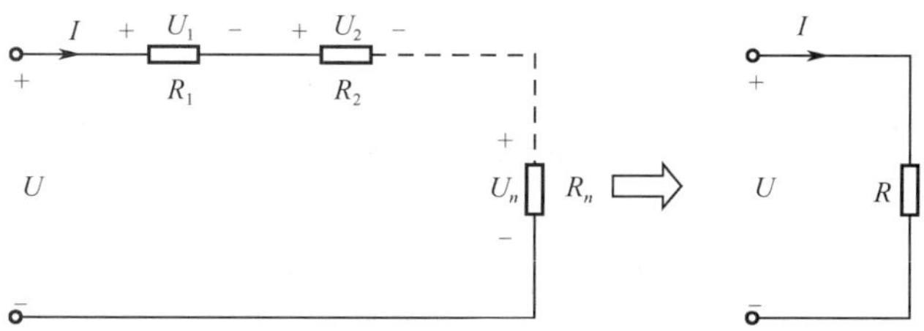

图 1-18　电阻的串联

电阻的串联电路的特点如下。

（1）通过各电阻的电流相同，即

$$I_1=I_2=\cdots=I_n \tag{1-14}$$

（2）总电压等于各电阻电压之和，即

$$\begin{aligned}U&=U_1+U_2+\cdots+U_n\\&=IR_1+IR_2+\cdots+IR_n\\&=I(R_1+R_2+\cdots+R_n)\end{aligned}$$

（3）几个电阻串联，可以用一个等效电阻来替代，等效电阻 R 等于各电阻之和，即

$$R=R_1+R_2+\cdots+R_n \tag{1-15}$$

当只有两个电阻串联时，则有

$$\begin{cases}U_1=\dfrac{R_1}{R_1+R_2}U\\[2ex]U_2=\dfrac{R_2}{R_1+R_2}U\end{cases} \tag{1-16}$$

式（1-16）表明，在分压时，电阻越大，该电阻所承受的电压越大。

在电工测量中，常使用串联电阻的分压作用扩大电压表头的量程；在电子电路中，常使用串联电阻组成分压器以获取部分信号电压。

【例题 1-3】 如图 1-19 所示，用一个满刻度偏转电流为 50μA，电阻 R_g=3kΩ的表头，能否直接用来测量 100V 的电压？若不能，则应串联多大的电阻？

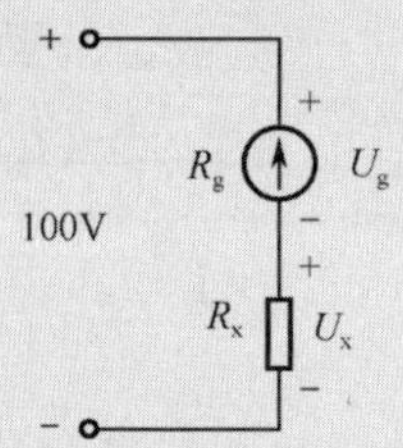

图 1-19　例题 1-3 电路图

【解】 表头满刻度时承受的电压为

$$U_g=R_gI_g=3\times10^3\times50\times10^{-6}=0.15\text{（V）}$$

显然不能直接测量 100V 的电压，需要串联分压电阻。分压电阻上的电压为

$$U_x=100-0.15=99.85\text{（V）}=R_xI_g$$

解得 R_x≈1997kΩ。

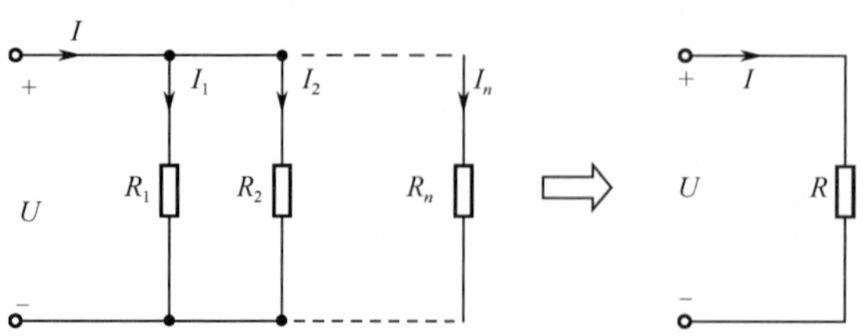

图 1-20　电阻的并联

3．电阻的并联

若干个电阻首尾两端分别连接在两个节点上，使每个电阻承受同一电压，这种连接方式称为电阻的并联，如图 1-20 所示。

电阻的并联电路的特点如下。

（1）各电阻两端的电压相同，即

$$U_1=U_2=\cdots=U_n \tag{1-17}$$

（2）总电流等于流过各电阻电流之和，即

$$\begin{aligned} I &= I_1 + I_2 + \cdots + I_n \\ &= \frac{U}{R_1} + \frac{U}{R_2} + \cdots + \frac{U}{R_n} \\ &= U\left(\frac{1}{R_1} + \frac{1}{R_2} + \cdots + \frac{1}{R_n}\right) \end{aligned} \tag{1-18}$$

（3）几个电阻并联，可以用一个等效电阻来替代，等效电阻 R 的倒数等于各电阻倒数之和，即

$$\frac{1}{R} = \frac{1}{R_1} + \frac{1}{R_2} + \frac{1}{R_3} \tag{1-19}$$

可得

$$G = G_1 + G_2 + G_3$$

可见，并联电路的总电导等于各电导之和。

当只有两个电阻并联时，其等效电阻为

$$R = \frac{R_1 R_2}{R_1 + R_2} \tag{1-20}$$

则当只有两个电阻并联时，有

$$\begin{cases} I_1 = \dfrac{R_2}{R_1 + R_2} I \\ I_2 = \dfrac{R_1}{R_1 + R_2} I \end{cases} \tag{1-21}$$

式（1-21）表明：在分流时，电阻越小，该电阻所分配的电流越大；电阻越大，该电阻所分配的电流越小。

电阻的并联应用也很广泛，如电灯、家用电器（电视、电冰箱）等都是并联接入电路的。在电工测量中，使用并联电阻的分流作用可以扩大电流表表头的量程。

【例题 1-4】如图 1-21 所示，用一个满刻度偏转电流为 50μA，电阻 $R_g = 3\text{k}\Omega$ 的表头测量 20mA 的电流，应该并联多大的电阻？

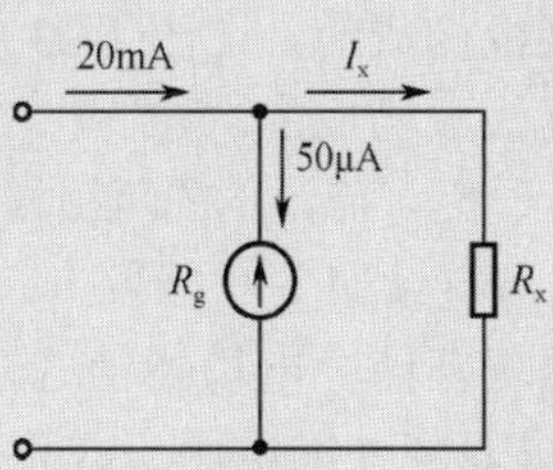

图 1-21　例题 1-4 电路图

【解】由题意可知，$I_g = 50\mu\text{A}$，$I = 20\text{mA}$，设与表头并联的电阻为 R_x，则由式（1-21）得

$$50 = \frac{R_x}{3000 + R_x} \times 20 \times 10^3$$

解得 $R_x \approx 7.519\Omega$。

4．电阻的混联

在电路中，既有电阻的串联，又有电阻的并联，这种连接方式称为电阻的混联。

若混联电路是简单的电阻串联和并联的组合，则可对串联部分求等效电阻，对并联部分求等效电阻，再对这样简化后得到的等效电阻的连接形式进一步化简，直到电路中所有电阻化简为一个等效电阻。

若不容易判断混联电路的串、并联关系，则可以在不改变其连接形式的条件下，利用等电位点，将电路化简成比较容易判断串、并联的形式。

【例题 1-5】 求图 1-22（a）所示电路中的等效电阻 R_{ab}。

【解】 由图 1-22（a）很难判断这几个电阻的串、并联关系。观察等电位点，并对等电位点用同一字母标注，得到图 1-22（b）所示的电路，则有

$$R_{ab}=4+10//15+5//20=4+\frac{10\times15}{10+15}+\frac{5\times20}{5+20}=14(\Omega)$$

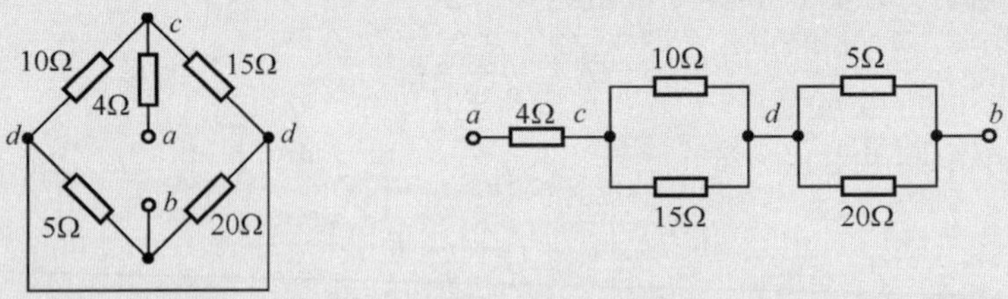

（a）　　　　（b）

图 1-22　例题 1-5 电路图

任务 1.4　电容与电感

扫一扫，做做练习

1.4.1　电容

在工程技术中，电容器的应用极为广泛。电容器虽然品种、规格各异，但就其构成原理而言，电容器都是由间隔以不同介质（如空气、云母、绝缘纸、陶瓷等）的两块金属极板构成的。在图 1-23 中，电容器 C 是由绝缘性能非常良好的两块金属极板构成的。当在电容器两端施加电压时，两块极板上将出现等量的正、负电荷，并在两极板间形成电场而具有电场能量。当电源移除后，电荷继续聚集在极板上，电场继续存在。电容器就是反映储存电荷产生电场及储存电场能量这一物理现象的理想电路元件。

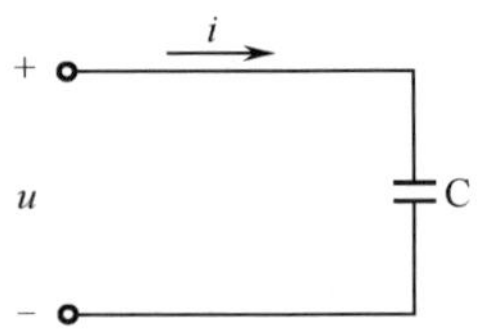

图 1-23　电容器

电容器极板上所储存的电荷电量 q 与外加电压 u 成正比，即

$$q=Cu \tag{1-22}$$

式中，C 称为电容，是表征电容器特性的参数。

当电压单位为 V（伏特），电量单位为 C（库仑）时，电容的计量单位为 F（法拉）。电容常用的单位还有μF（微法）、nF（纳法）、pF（皮法）。它们之间的关系是

$$1\text{F}=10^{6}\mu\text{F}\quad 1\text{F}=10^{9}\text{nF}\quad 1\text{F}=10^{12}\text{pF}$$

当电压 u 和电流 i 为关联参考方向时，如图 1-23 所示，电容器的伏安关系（VCR）为

$$i=\frac{\mathrm{d}q}{\mathrm{d}t}=C\frac{\mathrm{d}u}{\mathrm{d}t} \tag{1-23}$$

式（1-23）表明：只有当电容器两端的电压发生变化时，电路中才有电流流过，电压的变化越快，电流就越大。当电容器两端施加直流电压 U 时，因 $\mathrm{d}U/\mathrm{d}t=0$，故电流 $i=0$，电容器对直流来说相当于开路，即电容器有“通交流隔直流”的作用。

从式（1-23）中还可以看出：电容器两端的电压不能突变，如果电压突变，那么 $\mathrm{d}u/\mathrm{d}t$ 为无穷大，电流 i 也为无穷大，这对实际电容器而言是不可能的。

在电压 u、电流 i 为关联参考方向时，电容器的电功率为

$$p=ui=Cu\frac{\mathrm{d}u}{\mathrm{d}t} \tag{1-24}$$

在 t 时刻，电容器储存的电场能量为

$$w_{\mathrm{C}}=\int_0^t p\mathrm{d}t=\int_0^t ui\mathrm{d}t=\int_0^u Cu\mathrm{d}u=\frac{1}{2}Cu^2 \tag{1-25}$$

当电压为直流电压 U 时，则有

$$W_{\mathrm{C}}=\frac{1}{2}CU^2 \tag{1-26}$$

在式（1-25）与式（1-26）中，w_{C} 和 W_{C} 的单位都是 J（焦耳）。

式（1-26）说明：电容器在某时刻储存的电场能量与其在该时刻所承受的电压的平方成正比。故电容器不消耗功率，是一种储存电场能量的元件。

1.4.2　电感

工程上广泛应用由导线绕制而成的线圈，如在电子线路中常用的空心或带有铁芯的高频线圈。电感元件是一种储存磁场能量的电路元件。当一个线圈通以电流后产生的磁场随时间变化时，线圈中就产生感应电压。

图 1-24 中的一个线圈中的电流 i 产生磁通 Φ_{L} 与 N 匝线圈交链，则磁链 $\Psi_{\mathrm{L}}=N\Phi_{\mathrm{L}}$。根据电磁感应定律，有

$$u=\frac{\mathrm{d}\Psi_{\mathrm{L}}}{\mathrm{d}t} \tag{1-27}$$

电感元件的图形符号如图 1-25 所示，规定 Ψ_{L} 与电流 i 的参考方向满足右手定则。对于电感元件，其元件特性为

$$\Psi=Li \tag{1-28}$$

式中，L 为电感元件的参数，称为自感系数或电感，它是一个正实数。

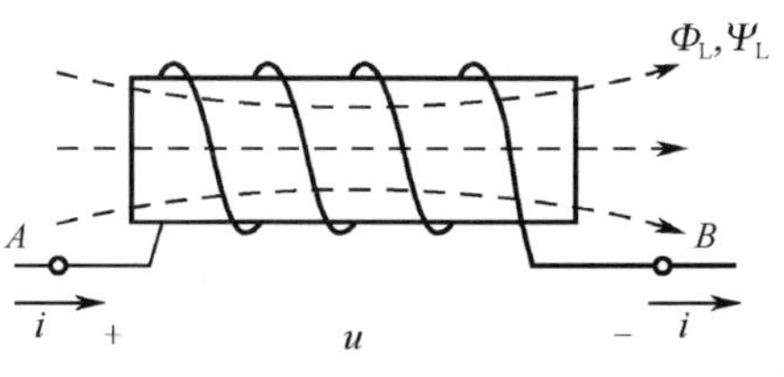

图 1-24　磁链与感应电压

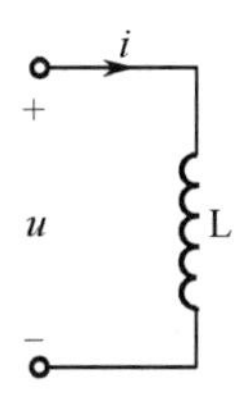

图 1-25　电感元件的图形符号

在国际单位制中，磁通和磁链的单位是 Wb（韦伯，简称韦），当电流为 A（安培）时，

电感的单位是 H（亨利，简称亨）。比较常用的电感单位还有 mH（毫亨）、μH（微亨）。它们之间的关系是

$$1\text{H}=10^3\text{mH} \qquad 1\text{H}=10^6\mu\text{H}$$

将式（1-28）代入式（1-27），得到电感元件的伏安关系为

$$u=L\frac{\mathrm{d}i}{\mathrm{d}t} \tag{1-29}$$

式（1-29）表明：电感元件两端的电压与其中流过的电流对时间的变化率成正比。当 L 中流过稳定的直流电流 I 时，因 $\mathrm{d}I/\mathrm{d}t=0$，故 $u=0$，这时电感元件相当于短路。

从式（1-29）中可以看出：电感元件中的电流 i 不能突变。若电流 i 突变，则 $\mathrm{d}i/\mathrm{d}t$ 为无穷大，电压 u 也为无穷大，而这实际上是不可能的。

当电压 u 和电流 i 为关联参考方向时，电感元件的电功率为

$$p=ui=Li\frac{\mathrm{d}i}{\mathrm{d}t} \tag{1-30}$$

在 t 时刻，电感元件中储存的磁场能量为

$$w_\text{L}=\int_0^t p\mathrm{d}t=\int_0^t ui\mathrm{d}t=\int_0^{i(t)} Li\mathrm{d}i=\frac{1}{2}Li^2 \tag{1-31}$$

当电流为直流 I 时，则有

$$W_\text{L}=\frac{1}{2}LI^2 \tag{1-32}$$

在式（1-31）和（1-32）中，w_L、W_L 的单位都是 J（焦耳）。

式（1-32）表明，电感元件在某时刻储存的磁场能量与该时刻流过该元件的电流的平方成正比。电感元件不消耗能量，是一种具有储存磁场能量的元件。

1.4.3 电容器的串、并联

当电容器串联或并联时，可以用一个等效电容器替代，下面分别进行讨论。

1．电容器串联

图 1-26 所示为 n 个电容器串联。

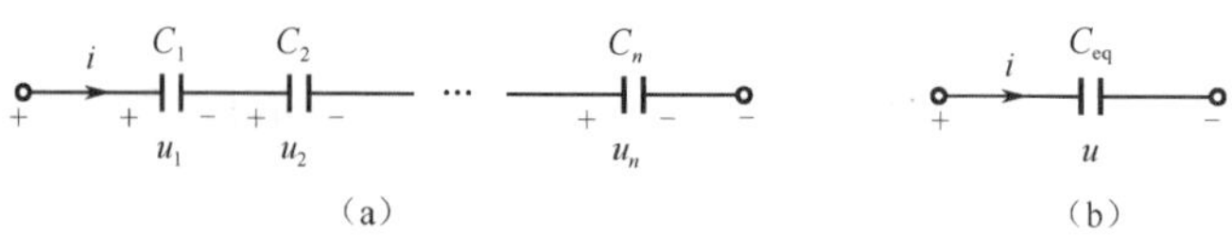

图 1-26　n 个电容器串联

每个电容器具有相同的电量，即

$$q=C_1u_1=C_2u_2=\cdots=C_nu_n$$

则

$$u=u_1+u_2+\cdots+u_n=\frac{q}{C_1}+\frac{q}{C_2}+\cdots+\frac{q}{C_n}=q\left(\frac{1}{C_1}+\frac{1}{C_2}+\cdots\frac{1}{C_n}\right)=\frac{q}{C_\text{eq}}$$

式中，C_eq 为串联等效电容，其值由式（1-33）决定，即

$$\frac{1}{C_\text{eq}}=\frac{1}{C_1}+\frac{1}{C_2}+\cdots+\frac{1}{C_n} \tag{1-33}$$

每个电容器的电压关系为

$$u_1:u_2:\cdots:u_n=\frac{q}{C_1}:\frac{q}{C_2}:\cdots:\frac{q}{C_n}=\frac{1}{C_1}:\frac{1}{C_2}:\cdots:\frac{1}{C_n}$$

电容器在串联时，虽然每个电容器有相同的电荷量，但每个电容器承担的电压不同，容量小的电容器承担较大的电压。因此在电容器串联使用时，要考虑电容器的耐压问题。

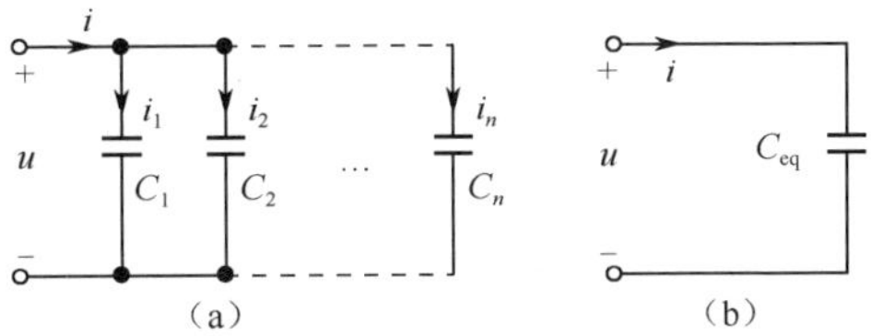

图 1-27　n 个电容器并联

2. 电容器并联

图 1-27 所示为 n 个电容器并联。

由于每个电容器两端的电压相同，其电流关系满足

$$i=i_1+i_2+\cdots+i_n=C_1\frac{\mathrm{d}u}{\mathrm{d}t}+C_2\frac{\mathrm{d}u}{\mathrm{d}t}+\cdots+C_n\frac{\mathrm{d}u}{\mathrm{d}t}=C_{\mathrm{eq}}\frac{\mathrm{d}u}{\mathrm{d}t}$$

式中，C_{eq}为并联等效电容，其值为

$$C_{\mathrm{eq}}=C_1+C_2+\cdots+C_n \tag{1-34}$$

【例题 1-6】 已知电容 C_1=4μF，耐压值 U_{M1}=150V；电容 C_2=12μF，耐压值 U_{M2}=360V。

（1）将两个电容器并联使用时，等效电容是多少，最大工作电压是多少？

（2）将两个电容器串联使用时，等效电容是多少，最大工作电压是多少？

【解】（1）将两个电容器并联使用时，等效电容为

$$C=C_1+C_2=4+12=16(\mu\mathrm{F})$$

其最大工作电压为

$$U=\{U_{\mathrm{M1}},U_{\mathrm{M2}}\}_{\min}=150\mathrm{V}$$

（2）将两个电容器串联使用时，等效电容为

$$C=\frac{C_1C_2}{C_1+C_2}=\frac{4\times12}{4+12}=3(\mu\mathrm{F})$$

① 电量的限额：

$$q_{\mathrm{M1}}=C_1U_{\mathrm{M1}}=4\times10^{-6}\times150=6\times10^{-4}(\mathrm{C})$$

$$q_{\mathrm{M2}}=C_2U_{\mathrm{M2}}=12\times10^{-6}\times360=4.32\times10^{-3}(\mathrm{C})$$

$$q_{\mathrm{M}}=\{q_{\mathrm{M1}},q_{\mathrm{M2}}\}_{\min}=6\times10^{-4}(\mathrm{C})$$

② 最大工作电压：

$$U_{\mathrm{M}}=\frac{q_{\mathrm{M}}}{C}=\frac{6\times10^{-4}}{3\times10^{-6}}=200(\mathrm{V})$$

任务 1.5　电压源、电流源及受控源

扫一扫，做做练习

1. 理想电压源

大家知道，在电路中能够提供电压的设备有发电机、蓄电池、干电池等。这些设备都是电压源。当电压源在忽略其内部损耗的情况下，可以看作理想电压源。理想电压源能向负载提供恒定的电压 U_s 或按某一特定的规律随时间变化的电压 u_s。图 1-28（a）所示为理想电压

源的图形符号。u_s 为电压源的电压，“+”“-”为电压的参考极性。

理想电压源有以下两个特征。

（1）电压源的端电压 $u(t)$是一个确定的时间函数，不会因外电路的不同而不同，即 $u(t)=u_s(t)$。

（2）电流 $i(t)$随外电路的不同而不同，即输出电流的大小由电压源和外电路共同决定。

常见的电压源有直流电压源和正弦电压源。直流电压源的电压 u_s 是常数，即 $u_s=U_s$（U_s 是常数）。图 1-28（b）所示为直流理想电压源电压的波形图。图 1-28（c）所示为正弦交流理想电压源电压的波形图。正弦交流电压源的电压 $u_s(t)$为 $u_s(t)=U_m\sin\omega t$。

图 1-29 所示为直流理想电压源的伏安特性，它是一条与电流轴平行且纵坐标为 U_s 的直线。其端电压恒等于 U_s，与电流的大小无关。当电流为零时，电压源为开路，但其端电压仍为 U_s。

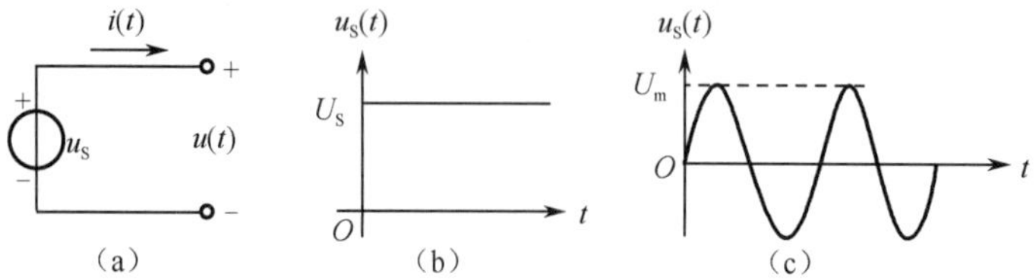

图 1-28　理想电压源及电压波形图

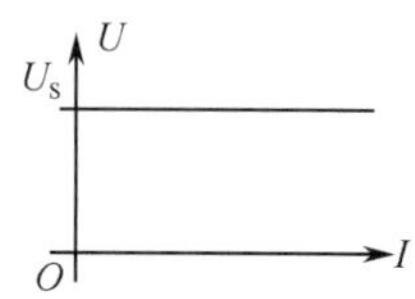

图 1-29　直流理想电压源的伏安特性

2．理想电流源

在忽略内部损耗的情况下，理想电流源也是由实际电流源抽象出来的理想化模型。理想电流源能向负载提供一个恒定的电流 I_s 或按某一特定的规律随时间变化的电流 i_s。图 1-30（a）所示为理想电流源的图形符号。i_s 为理想电流源的电流，理想电流源旁的箭头表示理想电流源 i_s 的参考方向。电流 i_s 是一个确定的时间函数，与其端电压 $u(t)$无关。

理想电流源有以下两个特征。

（1）理想电流源对外电路提供的电流 $i(t)$是一个确定的时间函数，不会随外电路的变化而变化，即 $i(t)=i_s(t)$，$i_s(t)$是电流源的电流。

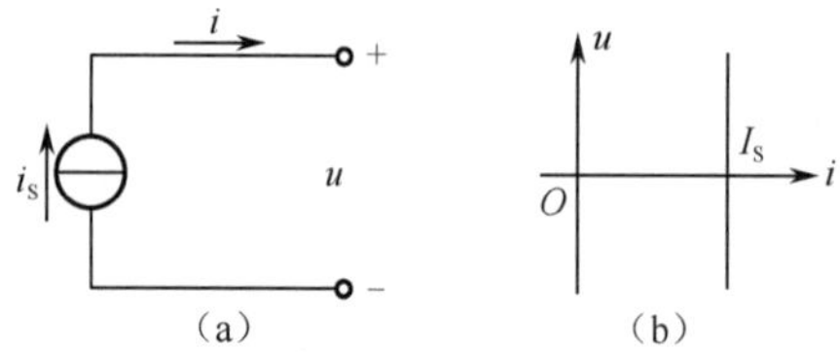

图 1-30　理想电流源及其伏安特性

（2）理想电流源的端电压 $u(t)$ 随外电路的变化而变化，即端电压 $u(t)$的大小由电流源和外电路共同决定。

若电流源的电流 $i_s=I_s$（I_s 是常数），则其为直流电流源。它的伏安特性是一条与 u 轴平行且横坐标为 I_s 的直线，如图 1-30（b）所示，其输出电流恒等于 I_s，与端电压无关。当电压为零，即电源短路时，它的电流仍为 I_s。

3．受控源

以上所述的电压源和电流源都是独立源，受控源是非独立源。在电路理论中，受控源主要用来描述和构成各种电子元器件的模型，为电子线路的分析计算提供基础。受控源也是一种电源，受电路某部分电压或电流的控制。

受控源有两对端口：一对为输入端口或控制端口；另一对为输出端口或受控端口。因此，受控源是一个二端元件。受控源在电路中用菱形符号来表示，以区别于独立源的图形符号。根据控制量是电压还是电流，受控制量是电压源还是电流源，受控源分为以下 4 种类型。

（1）受电压控制的电压源（记作 VCVS）。

（2）受电流控制的电压源（记作 CCVS）。

（3）受电压控制的电流源（记作 VCCS）。

（4）受电流控制的电流源（记作 CCCS）。

4 种受控源的模型如图 1-31 所示。

当受控量与控制量成正比，即当图 1-31 中的 μ、γ、g、α为常数时，受控源是一种线性元件，本书只讨论线性受控源。在受电压控制的受控源模型中，控制支路是断开的，这表明在理想情况下，仅有电压能控制另一支路的电压或电流，控制支路不需要电流。控制支路的电流既然为零，在模型中就必须把控制支路看作开路，或者说控制支路的电阻为无穷大。控制支路的两个端口自然还是要和外电路中的有关元件相连的。

在电子线路中的三极管和场效应管都是受控源。

图 1-32（a）所示的三极管的 3 个极分别为基极 b、集电极 c 和发射极 e。其受控源模型如图 1-32（b）所示。不难看出：三极管是受电流控制的电流源（CCCS），它的集电极电流 i_c 是受基极电流 i_b 控制的，$i_c=\beta i_b$。

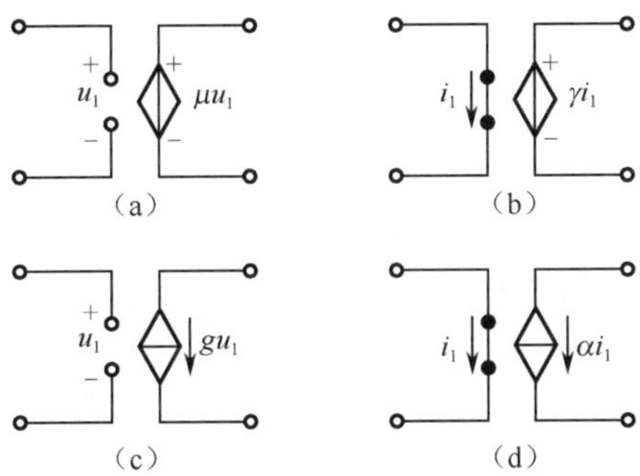

图 1-31　4 种受控源的模型

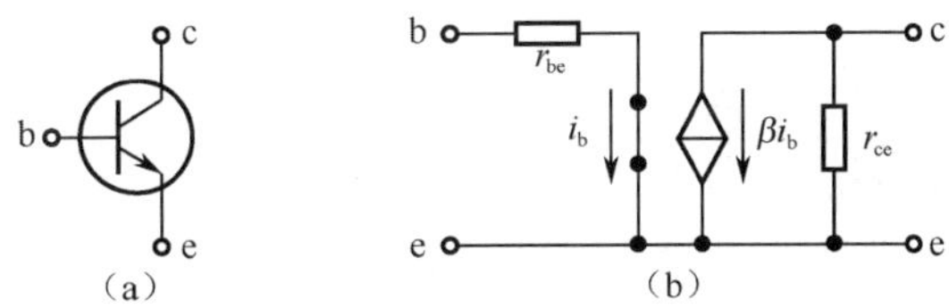

图 1-32　三极管及其受控源模型

任务 1.6　理想电源的串联与并联

1.6.1　理想电压源的串联

理想电压源在串联时，其等效电压源的大小为各理想电压源的代数和。

图 1-33（a）所示的电路为 3 个电压源串联，其等效电压源如图 1-33（b）所示，$U_S=U_1+U_2+U_3$。

等效电压源的含义是相对外电路 R 而言的，图 1-33（a）和图 1-33（b）中有着相同的电压和电流，即 U_1、U_2 和 U_3 对 R 而言起到了与等效电压源 U_S 相同的作用。

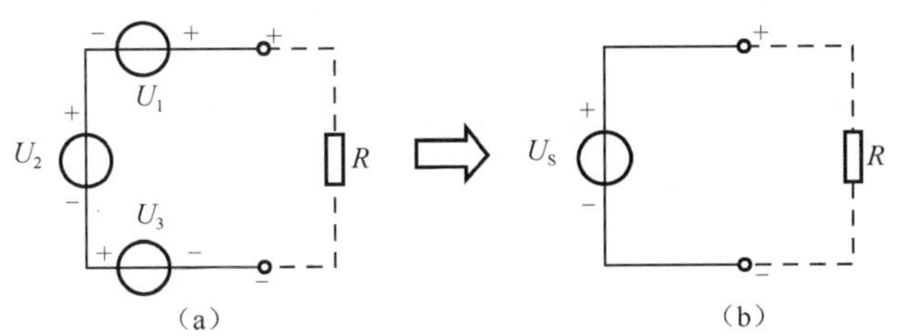

图 1-33　电压源的串联

1.6.2 理想电压源的并联

由于理想电压源与其他任何元件并联时，电路的端口电压都不变，因此其等效电路仍为理想电压源，如图 1-34 所示。

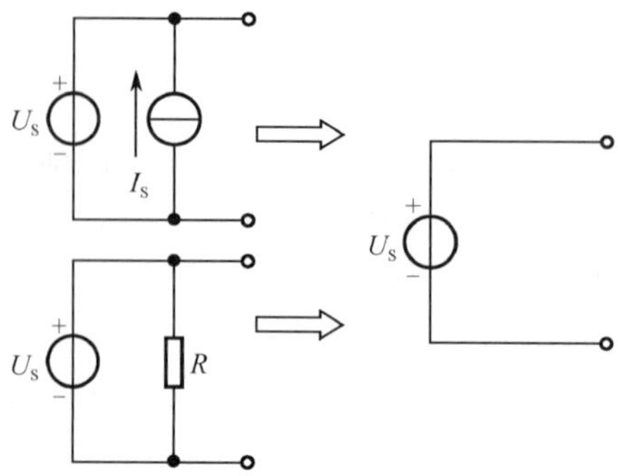

图 1-34 理想电压源与其他元件的并联

1.6.3 理想电流源的并联

理想电流源在并联时，其等效电流源的大小为各理想电流源的代数和。

在图 1-35 中，当 $I_S=I_{S1}+I_{S2}$ 时，图 1-35（b）是图 1-35（a）的等效电路。

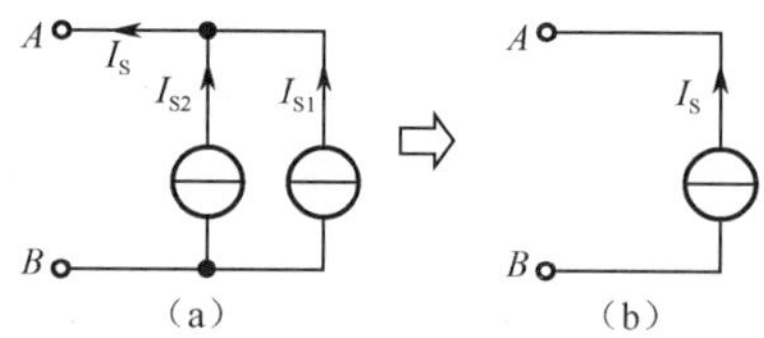

图 1-35 电流源的并联

1.6.4 理想电流源的串联

理想电流源在与其他元件串联时可等效为一个理想电流源。这是因为外电路得到了由理想电流源提供的相同的电流，如图 1-36 所示。

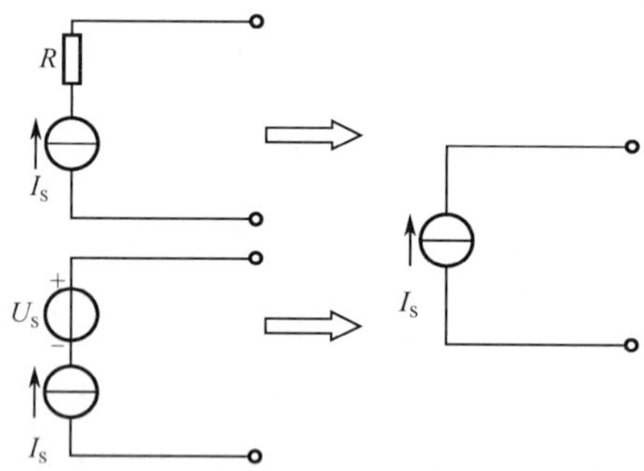

图 1-36 理想电流源与其他元件的串联

扫一扫，做做练习

任务 1.7 实际电源的两种模型及其等效变换

1.7.1 实际电压源

扫一扫，听听解读

由于实际电压源的内部存在一定的损耗，在接上负载后，其输出电压会随电流的上升而有所下降，如发电机、蓄电池和干电池等，因此不能简单地用理想电压源模型来描述。

实际电压源通常用一个理想电压源与一个电阻串联的模型来代替，如图 1-37（a）所示。R_0为电源的内阻，表示内部损耗。此时，实际电压源的输出电压与输出电流的关系为

$$U = U_S - IR_0 \tag{1-35}$$

实际电压源的外特性曲线如图 1-37（b）所示。从图 1-37（b）中可以看出，当输出电流 I 增大时，实际电压源的外特性曲线略向下倾斜，这是 R_0上的电压降增大所致。由于实际电压源的内阻 R_0一般很小，因此 R_0 上的电压降也很小。显然，当$R_0 \to 0$ 时，实际电压源就成为理想电压源。理想电压源与实际电压源均不允许短路，因为短路电流很大，会将电源烧坏。

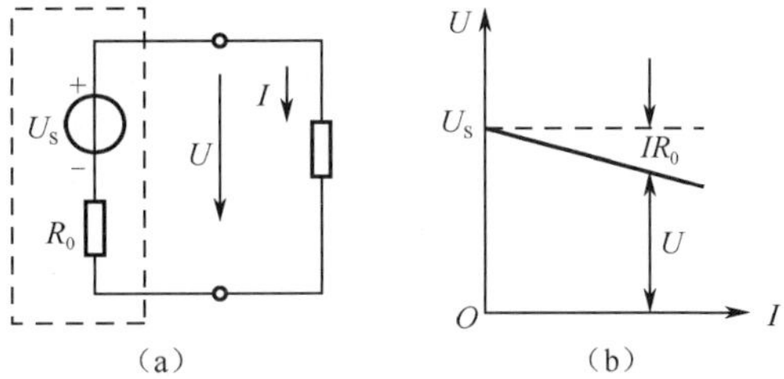

图 1-37　实际电压源及其外特性曲线

扫一扫，听听解读

1.7.2　实际电流源

实际电流源的内部同样存在一定的损耗，在接上负载后，其输出电流会随电压的增大而有所减小，这时就不能简单地用理想电流源模型来描述。

为反映实际电流源随负载变化的情况，实际电流源通常用一个理想电流源与一个电阻并联的模型来代替，如图 1-38（a）所示。R_0'为电源的内阻，表示内部损耗。此时，实际电流源的输出电压与输出电流的关系为

$$I = I_S - \frac{U}{R_0'} \tag{1-36}$$

实际电流源的外特性曲线如图 1-38（b）所示。

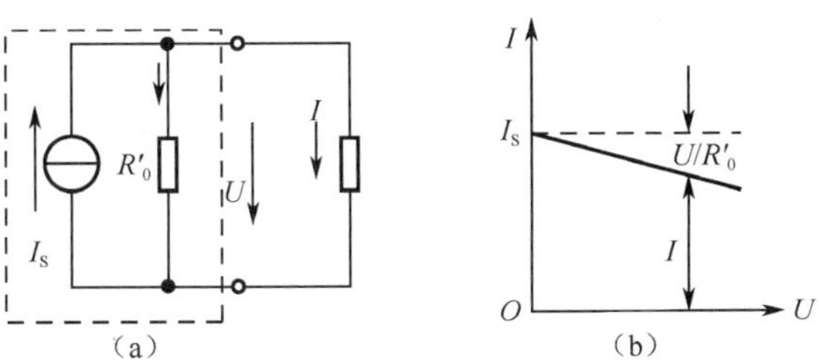

图 1-38　实际电流源及其外特性曲线

当电源的内阻远大于负载电阻时，输出电流 $I=I_S-U/R_0' \approx I_S$ 基本恒定，此时实际电流源可以看作理想电流源。在实际工作中所使用的一些稳流设备就是一种高阻值的电流源。

从图 1-38（b）中可以看出：当输出电压 U 增大时，实际电流源外特性曲线略向下倾斜，偏离 I_S，这是R_0'上的电流增大所致。由于实际电流源的内阻 R_0'一般很大，因此R_0'上的电流很小。显然，当 $R_0' \to \infty$时，实际电流源即成为理想电流源。

1.7.3　实际电源的等效变换

扫一扫，听听解读

从实际电压源的外特性曲线和实际电流源的外特性曲线可知，两者是相似的。只要对负载 R 提供相同的电压和相同的电流，两者就是等效的。

假设实际电压源的电动势为 U_S，内阻为R_0，实际电流源的电流为I_S，内阻为R_S。图 1-39（a）和图 1-39（b）所示分别为实际电压源和实际电流源的等效变换图。

在图 1-39（a）中，实际电压源的输出电流为

$$I=\frac{U_S-U}{R_0}=\frac{U_S}{R_0}-\frac{U}{R_0} \tag{1-37}$$

在图 1-39（b）中，实际电流源的输出电流为

$$I=I_S-\frac{U}{R_0'} \tag{1-38}$$

根据等效变换的原则，只要式（1-37）和式（1-38）中的对应项相等，就能保证其外特性曲线重合，即

$$\begin{cases} I_S=\dfrac{U_S}{R_0} \\ R_0'=R_0 \end{cases} \tag{1-39}$$

这就是两种实际电源等效变换的条件。

在等效变换时需要注意以下问题。

（1）在等效变换时，两种电源的内阻 R_0 和 R_0' 相同。同时应注意 U_S 和 I_S 的方向：I_S 的电流流出端与 U_S 的正极性端对应。

（2）R_0 和 R_0' 不仅可以是电源的内阻，还可以是任意与电压源相串联或与电流源相并联的电阻。

（3）理想电压源和理想电流源特性曲线无法重合，不能进行这种等效变换。

（4）等效变换只是相对外电路 R 而言的，可提供相同的电压和电流。

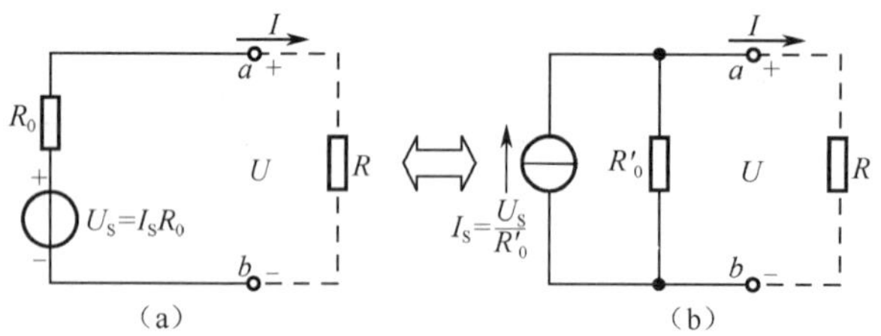

图 1-39　实际电源的等效变换图

（5）特别要注意的是，等效变换对内电路并不成立，如内阻上的功率消耗，在图 1-39（a）中，当负载未接入时，$I=0$，内阻 R_0 上不消耗功率；等效变换成图 1-39（b）所示的电路后，当负载未接入时，内阻 R_0' 上有功率消耗。

（6）电压源和电流源的等效变换是电路求解中简化电路的有效方法，往往要通过多次变换才能达到简化、合并电源的效果。

【例题 1-7】 做出图 1-40（a）所示电路的等效电源图。

【解】 将图 1-40（a）中的电压源转换成电流源，其电流为 $I_S=U_S/R_0=2\text{A}$，电阻为 $R_0=3\Omega$。等效变换后的电源图如图 1-40（b）所示。

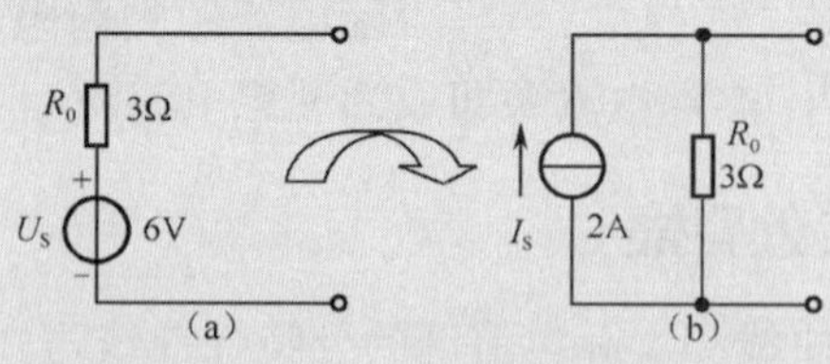

图 1-40　例题 1-7 图

【例题 1-8】 有两台直流发电机并联工作，共同给 $R=24\Omega$ 的负载电阻供电，如图 1-41（a）所示。其中一台发电机的理想电压源 $U_{S1}=130\text{V}$，内阻 $R_1=1\Omega$；另一台发电机的理想电压源 $U_{S2}=117\text{V}$，内阻 $R_2=0.6\Omega$，试求负载电流 I。

【解】将图 1-41（a）中的电压源电路等效变换为图 1-41（b）所示的电流源电路。

$$I_{S1}=\frac{U_{S1}}{R_1}=\frac{130}{1}=130(\text{A})$$

$$I_{S2}=\frac{U_{S2}}{R_2}=\frac{117}{0.6}=195(\text{A})$$

合并 I_{S1} 和 I_{S2}，如图 1-41（c）所示。

$$I_S=I_{S1}+I_{S2}=130+195=325\ (\text{A})$$

$$R_0=\frac{R_1R_2}{R_1+R_2}=\frac{1\times0.6}{1+0.6}=0.375\ (\Omega)$$

$$I=\frac{R_0}{R_0+R}I_s=\frac{0.375}{0.375+24}\times325=5\ (\text{A})$$

扫一扫，做做练习

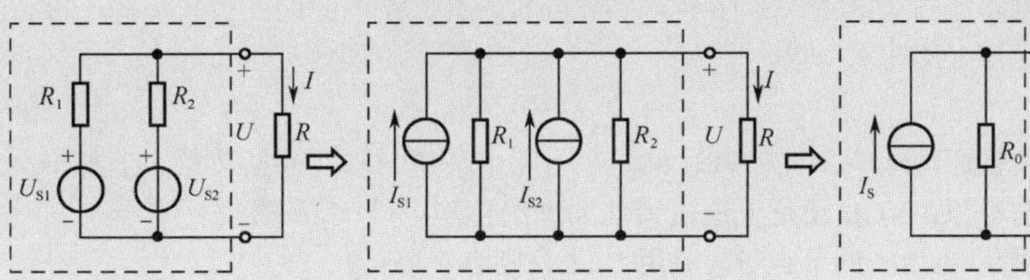

图 1-41　例题 1-8 电路图

任务 1.8　基尔霍夫定律

演示元件	直流稳压电源 2 个、电阻 3 个、直流电压表、直流电流表、导线							演示电路
演示方式	教师演示、学生练习							图 1-42
演示结果	电源参数	I_A（mA）	I_B（mA）	I_C（mA）	U_{AB}（V）	U_{BC}（V）	U_{BO}（V）	
	$U_{S1}=15V$，$U_{S2}=12V$	8.4	2.4	10.8	4.2	−1.2	10.8	
	$U_{S1}=12V$，$U_{S2}=12V$	4.8	4.8	9.6	2.4	−2.4	9.6	
结论	$I_A+I_B=I_C$ 或 $I_A+I_B-I_C=0$							
	$U_{AB}+U_{BO}+U_{OA}=0$，$U_{BC}+U_{CO}+U_{OB}=0$							
问题 1：基尔霍夫定律的内容是什么？ 问题 2：复杂电路的分析方法是什么？								

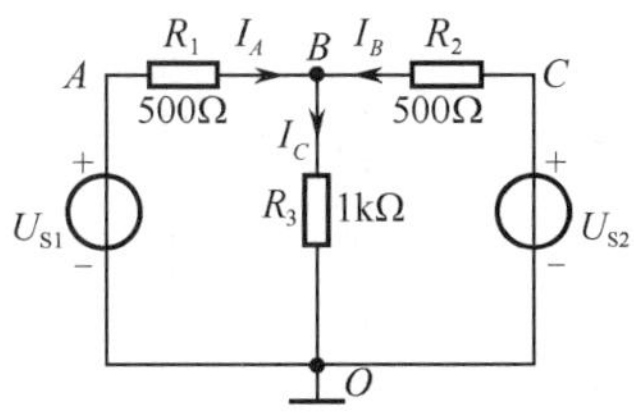

图 1-42　基尔霍夫定律

1.8.1　基尔霍夫定律概述

扫一扫，听听解读

1．名词解释

任何电路都是由若干个元件连接而成的，各元件上的电压、电流除了需要满足各自的伏安关系，还需要满足由于元件相互之间的连接而形成的制约关系，概括这种制约关系的定律就是基尔霍夫定律。

基尔霍夫定律是线性电路、非线性电路都遵循的共同规律。一般的电路分析都是建立在基尔霍夫定律之上的。基尔霍夫定律包括基尔霍夫电流定律和基尔霍夫电压定律。在讲述基尔霍夫定律之前，先介绍几个常用名词。

（1）支路：电路中流过同一电流的一个分支称为一条支路。图 1-42 中有 3 条支路，流过的电流分别为 I_A、I_B、I_C。

（2）节点：3 条或 3 条以上支路的连接点称为节点。图 1-42 中有 *B*、*O* 2 个节点。

（3）回路：由若干支路组成的闭合路径。图 1-42 中有 *ABOA*、*BCOB*、*ABCOA* 3 个回路。

（4）网孔：网孔是回路的一种。将电路图画在平面上，回路内不含有其他支路的回路称为网孔。图 1-42 中有 *ABOA*、*BCOB* 2 个网孔。

2．基尔霍夫电流定律

在任意时刻，流出（或流入）任意一个节点的所有支路电流的代数和恒等于零，这就是基尔霍夫电流定律（KCL），即

$$\sum I = 0 \tag{1-40}$$

电流的连续性原理阐明：在任意时刻，在电路中任意一点（包括节点）上都不会发生电荷堆积或减少的现象。KCL 正是电流连续性原理的体现。

对图 1-42 所示电路中的节点 *B*，应用 KCL，则有

$$I_A+I_B-I_C=0$$

对图 1-42 所示电路中的节点 *O*，应用 KCL，则有

$$-I_A-I_B+I_C=0$$

显然，以上 2 个节点电流方程不是独立的。一般情况下，在含有 n 个节点的电路中，只能写出 $n-1$ 个独立的节点电流方程。KCL 还可以推广应用于电路中任意假想的封闭面（广义节点）。

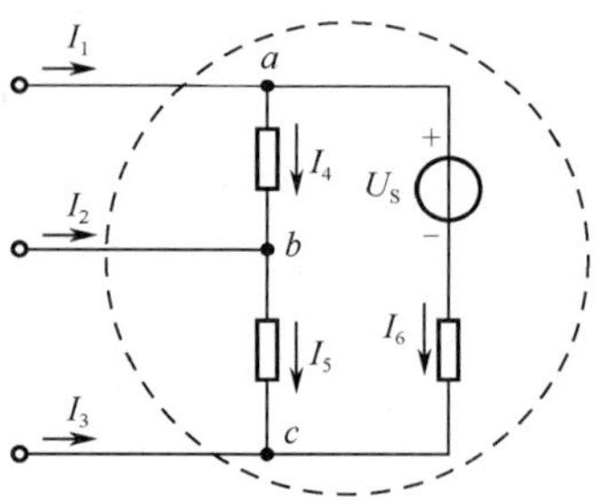

图 1-43　KCL 的推广

图 1-43 所示的电路中共有 *a*、*b*、*c* 3 个节点，对于节点 *a* 有

$$I_1-I_4-I_6=0 \tag{1-41}$$

对于节点 *b* 有

$$I_2+I_4-I_5=0 \tag{1-42}$$

对于节点 *c* 有

$$I_3+I_5+I_6=0 \tag{1-43}$$

将式（1-41）～式（1-43）相加，得出

$$I_1+I_2+I_3=0$$

因为对一个封闭面来说，电流是连续的，所以 KCL 还可以推广应用于电路中任意假想的封闭面（广义节点），即在任意时刻，通过任意封闭面的电流的代数和恒等于零。

3．基尔霍夫电压定律

在任意时刻，沿着任意一个回路绕行一周，所有支路电压的代数和恒等于零，这就是基尔霍夫电压定律（KVL），即

$$\sum U = 0 \tag{1-44}$$

在写出式（1-44）所示的 KVL 方程时，要约定回路绕行的方向，在支路电压的参考方向

与回路绕行的方向相同时，此电压前加“+”号，在支路电压的参考方向与回路绕行的方向相反时，此电压前加“−”号。回路绕行方向可用箭头表示，也可用节点序列来表示。

在图 1-42 所示的电路中，有 3 个回路，都按顺时针方向绕行，可以写出其 KVL 方程，对回路 *ABOA* 有

$$U_{AB}+U_{BO}+U_{OA}=0 \tag{1-45}$$

对回路 *BCOB* 有

$$U_{BC}+U_{CO}+U_{OB}=0 \tag{1-46}$$

对回路 *ABCOA* 有

$$U_{AB}+U_{BC}+U_{CO}+U_{OA}=0 \tag{1-47}$$

对每个元件上的电压，要判断其是否为关联参考方向，再应用欧姆定律写出各电压与所在支路的电流的关系，即可写出 KVL 方程，对回路 *ABOA* 有

$$I_AR_1+I_CR_3-U_{S1}=0 \tag{1-48}$$

对回路 *ACDBA* 有

$$-I_BR_2+U_{S2}-I_CR_3=0 \tag{1-49}$$

对回路 *ABCOA* 有

$$I_AR_1-I_BR_2+U_{S2}-U_{S1}=0 \tag{1-50}$$

将式（1-48）与式（1-49）相加，可得出式（1-50）。

显然，以上 3 个回路方程中只有 2 个是独立的。该电路有 2 个节点、3 条支路，可以写出 1 个独立的 KCL 方程和 2 个独立的 KVL 方程。一般来说，在含有 n 个节点、b 条支路的电路中，只能写出 $n-1$ 个独立的 KCL 方程和 $b-n+1$ 个独立的 KVL 方程。

KVL 定律还适用于开口电路。在图 1-44 所示的电路中，设开口电路电压为 U_{AB}，绕行方向为逆时针，则开口电路电压方程为 $U_{AB}-U_S-IR=0$，即 $U_{AB}=IR+U_S$。

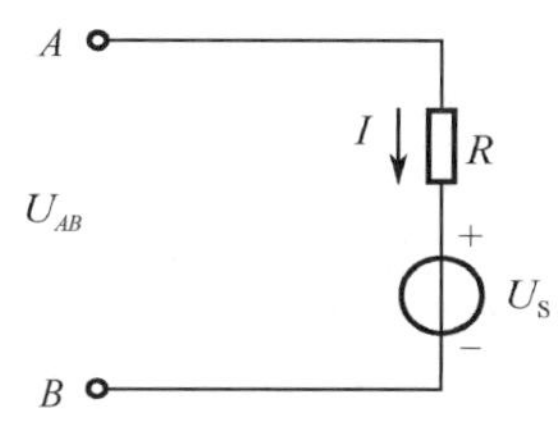

图 1-44　KVL 的推广

1.8.2　复杂电路的分析方法

1．支路电流法

支路电流法是求解复杂电路的基本方法之一。它是以支路电流为未知量，应用基尔霍夫电流定律（KCL）列出节点电流方程，应用基尔霍夫电压定律（KVL）列出回路电压方程式，然后求解支路电流的方法。

扫一扫，听听解读

以图 1-45（a）所示的电路为例来说明支路电流法的应用。

在图 1-45（a）中，支路数 $b=3$，节点数 $n=2$，以支路电流 I_1、I_2、I_3 为变量，列出 3 个独立方程。列方程前指定各支路电流的参考方向，如图 1-45（b）所示。

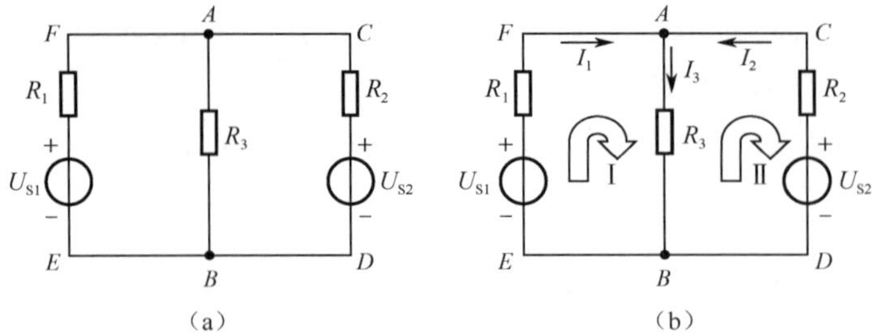

图 1-45　支路电流法

首先，根据电流的参考方向，对节点 A 列出 KCL 方程，即

$$I_1+I_2-I_3=0 \tag{1-51}$$

其次，选择回路，应用 KVL 列出 $b-n+1$ 个方程。通常选择网孔来列出 KVL 方程（当然也可以选择回路）。回路Ⅰ、Ⅱ均为顺时针绕行方向，写出回路方程，对回路Ⅰ有

$$I_3R_3-U_{S1}+I_1R_1=0 \tag{1-52}$$

对回路Ⅱ有

$$-I_2R_2+U_{S2}-I_3R_3=0 \tag{1-53}$$

联立式（1-51）～式（1-53），就可以求出未知的支路电流 I_1、I_2 和 I_3。

综上所述，应用支路电流法分析电路的一般步骤如下。

（1）选择各支路电流的参考方向及网孔的绕行方向。

（2）根据 KCL 列出独立的节点电流方程。

（3）根据 KVL 列出独立的回路电压方程。

（4）解方程组求出各支路电流。

注意：在列方程时一定要将 KCL、KVL 一起使用。

【例题 1-9】如图 1-46 所示，已知 $R_1=3\Omega$，$I_S=2A$，$R_2=6\Omega$，$U_{S1}=15V$，$R_3=6\Omega$，求通过电阻 R_3 支路的电流 I_3 及理想电流源的端电压 U。

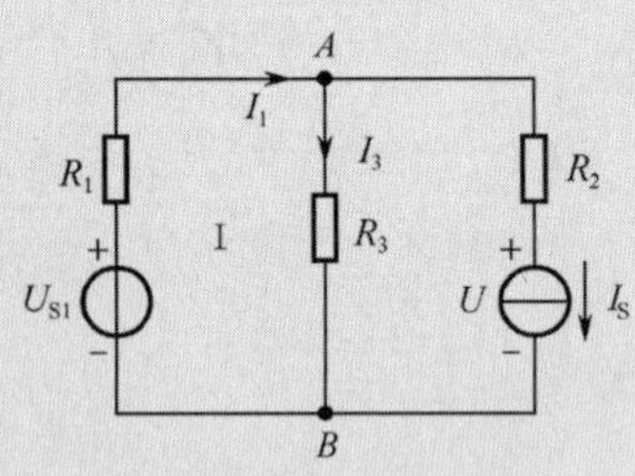

图 1-46　例题 1-9 图

【解】（1）根据题意，选择两个未知的支路电流 I_1、I_3 的参考方向；画出回路Ⅰ的绕行方向。

（2）电路有 2 个节点 A、B，只能列 1 个独立的电流方程，由 KCL 定律，对节点 A 有

$$I_1=I_3+I_S$$

（3）根据 KVL 定律列出回路的电压方程，由 KVL 定律，对回路Ⅰ有

$$I_3R_3-U_{S1}+I_1R_1=0$$

（4）将数据代入以上方程，进行求解。得到 $I_1=3A$，$I_3=1A$。

（5）求解 U 为

$$U=-I_SR_2+I_3R_3=-2\times6+1\times6=-6\text{（V）}$$

支路电流法是求解电路的最基本方法，对于支路比较多的电路而言，支路电流法所列方程较多，求解比较麻烦。

2．网孔电流法（*）

网孔电流法是以假想网孔电流为未知量，根据 KVL 列出网孔的电压方程并联立求解的方法。对于支路较多、网孔较少的电路，该方法列出的方程明显较少，便于计算。下面通过例题来说明解题方法。

【例题 1-10】已知电路如图 1-47 所示，求 R_4 中的电流 I_4。

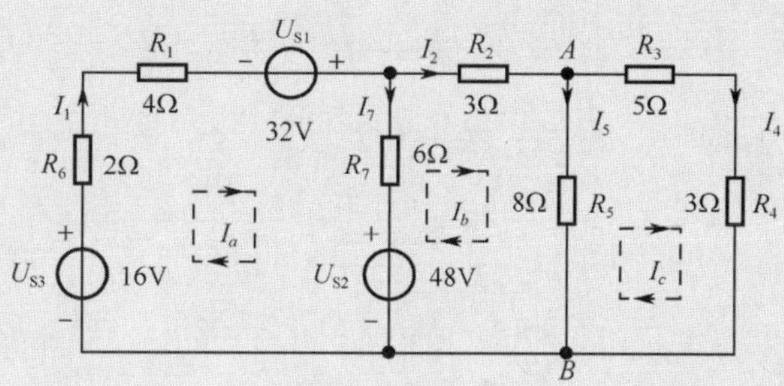

图 1-47 例题 1-10 图

【解】由图 1-47 可以看出，此电路虽然支路较多，但只有 3 个网孔，故可以确定 3 个独立回路。设网孔电流分别为 I_a、I_b、I_c，并以顺时针方向绕行，列出 3 个网孔的 KVL 方程：

$$\begin{cases}(R_6+R_1+R_7)I_a-R_7I_b=U_{S1}-U_{S2}+U_{S3}\\(R_7+R_2+R_5)I_b-R_7I_a-R_5I_c=U_{S2}\\(R_5+R_3+R_4)I_c-R_5I_b=0\end{cases}\tag{1-54}$$

为了便于理解，将式（1-54）概括为如下的形式：

$$\begin{cases}R_{11}I_a+R_{12}I_b+R_{13}I_c=U_{S11}\\R_{21}I_a+R_{22}I_b+R_{23}I_c=U_{S22}\\R_{31}I_a+R_{32}I_b+R_{33}I_c=U_{S33}\end{cases}\tag{1-55}$$

对上式的解释：

（1）R_{11}、R_{22}、R_{33} 分别称为网孔 a、网孔 b、网孔 c 的自电阻，它们分别是各自网孔内所有电阻的总和，如 $R_{11}=R_6+R_1+R_7$。

（2）R_{12} 称为网孔 a 与网孔 b 的互电阻，它是网孔 a 和网孔 b 的公有电阻的负值，即 $R_{12}=-R_7$。出现负号是因为网孔电流 I_a 和 I_b 以相反的方向流过公有电阻 R_7。

（3）R_{13} 称为网孔 a 与网孔 c 的互电阻，由于网孔 a 和网孔 c 没有公有电阻，因此 $R_{13}=0$。

（4）R_{23}、R_{21}、R_{32} 分别为其下标数字所示网孔间的互电阻，即相关两网孔公有电阻的负值。另外，$R_{12}=R_{21}$、$R_{23}=R_{32}$、$R_{13}=R_{31}$。

（5）U_{S11}、U_{S22}、U_{S33} 分别为网孔 a、网孔 b、网孔 c 中各电压源电压升的代数和，如 $U_{S11}=U_{S1}-U_{S2}+U_{S3}$。

式（1-55）为三网孔电路的网孔电流方程的普遍形式。对于不同的具体电路，其区别只是各个自电阻、互电阻和 U_{S11} 等具体内容不同。根据观察即可列出方程。

将已知数据代入式（1-54），可求得网孔电流 I_a、I_b 和 I_c。

$$\begin{cases}(2+4+6)I_a-6I_b=16-48+32\\-6I_a+(6+3+8)I_b-8I_c=48\\-8I_b+(8+5+3)I_c=0\end{cases}$$

解得

$$I_a=2.4\text{A}\qquad I_b=4.8\text{A}\qquad I_c=2.4\text{A}$$

从而求得各支路电流如下：

$$I_1=I_a=2.4\text{A}\qquad I_2=I_b=4.8\text{A}\qquad I_4=I_c=2.4\text{A}$$

$$I_7=I_a-I_b=-2.4\text{A}\qquad I_5=I_b-I_c=2.4\text{A}$$

【例题 1-11】 在图 1-48 中，$R_1=5\Omega$，$R_2=10\Omega$，$R_3=20\Omega$。用网孔电流法求各支路电流。

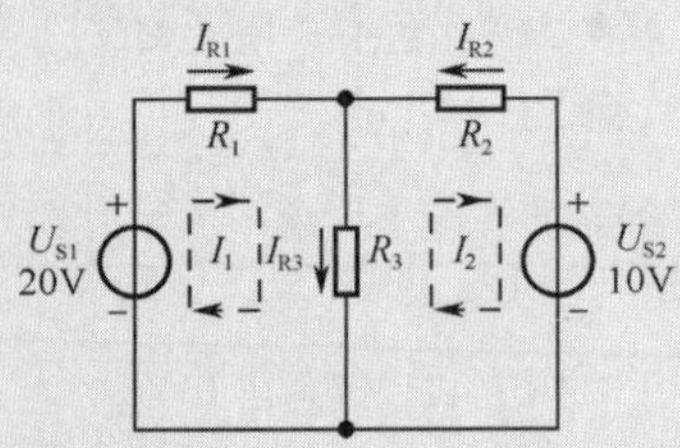

图 1-48 例题 1-11 图

【解】 网孔 1 的自电阻为

$$R_{11}=R_1+R_3=5+20=25\ (\Omega)$$

网孔 1 和网孔 2 的互电阻为

$$R_{12}=R_{21}=-R_3=-20\ (\Omega)$$

网孔 2 的自电阻为

$$R_{22}=R_2+R_3=10+20=30\ (\Omega)$$

又因为 $U_{S11}=20\text{V}$（对于网孔 1 的绕行方向，电压源的电压升为正），$U_{S22}=-10\text{V}$（对于网孔 2 的绕行方向，电压源的电压降为负），所以网孔电压方程为

$$\begin{cases}25I_1-20I_2=20\\-20I_1+30I_2=-10\end{cases}$$

解得

$$I_1=\frac{8}{7}\text{A}\qquad I_2=\frac{3}{7}\text{A}$$

再求各支路电流，即图 1-48 中的 I_{R1}、I_{R2} 及 I_{R3}：

$$I_{R1}=I_1=\frac{8}{7}\text{A}\qquad I_{R2}=-I_2=-\frac{3}{7}\text{A}\qquad I_{R3}=I_1-I_2=\frac{8}{7}-\frac{3}{7}=\frac{5}{7}\ (\text{A})$$

对于含有理想电流源的电路，可以设含有电流源的支路电流为网孔电流或增加电流源两端的电压为独立变量，再按 KVL 列出网孔的电压方程进行求解。

3．节点电位法（*）

扫一扫，听听解读

节点电位法是以电路中的节点电位为未知量列方程求解电路的分析方法，这种方法多用于支路多、节点少的电路，计算支路电流非常简便。

现以图 1-49 为例介绍只有两个节点的节点电位法。

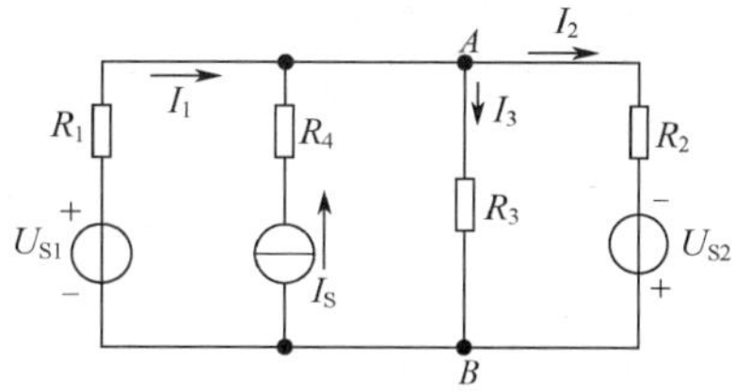

图 1-49　节点电位法示例图

（1）选取节点 B 为参考点，支路电流与 V_A 的关系式分别为

$$I_1=\frac{U_{S1}-V_A}{R_1}，\quad I_2=\frac{U_{S2}+V_A}{R_2}，\quad I_3=\frac{V_A}{R_3}$$

（2）节点 A 的 KCL 方程为

$$I_1+I_S-I_2-I_3=0$$

代入各电流值，得

$$\frac{U_{S1}-V_A}{R_1}+I_S-\frac{V_A}{R_3}-\frac{V_A+U_{S2}}{R_2}=0$$

整理得

$$V_A=\frac{\dfrac{U_{S1}}{R_1}-\dfrac{U_{S2}}{R_2}+I_S}{\dfrac{1}{R_1}+\dfrac{1}{R_2}+\dfrac{1}{R_3}} \tag{1-56}$$

即

$$V_A=\frac{\sum\dfrac{U_S}{R}+\sum I_S}{\sum\dfrac{1}{R}} \tag{1-57}$$

式中，分母为两节点之间各支路的恒压源为零后的电阻的倒数和；分子为各支路的恒压源与本支路电阻相除后的代数和。

（3）应用 V_A 的结果即可求得各支路电流的值。

【例题 1-12】 用节点电位法求图 1-49 所示的电路中的各支路电流。已知 $U_{S1}=9\text{V}$，$U_{S2}=12\text{V}$，$I_S=5\text{A}$，$R_1=3\Omega$，$R_2=R_3=6\Omega$，$R_4=10\Omega$。

【解】 设节点 B 为电位参考点，各支路电流方向如图 1-49 所示。

对节点 A，由式（1-57）得

$$V_A=\frac{\dfrac{U_{S1}}{R_1}-\dfrac{U_{S2}}{R_2}+I_S}{\dfrac{1}{R_1}+\dfrac{1}{R_2}+\dfrac{1}{R_3}}=\frac{\dfrac{9}{3}-\dfrac{12}{6}+5}{\dfrac{1}{3}+\dfrac{1}{6}+\dfrac{1}{6}}=9\text{（V）}$$

将 V_A 的结果代入各支路电流表达式得

$$I_1=\frac{U_{S1}-V_A}{R_1}=\frac{9-9}{3}=0\text{（V）}$$

$$I_2=\frac{U_{S2}+V_A}{R_2}=\frac{12+9}{6}=3.5\text{（A）}$$

$$I_3=\frac{V_A}{R_3}=\frac{9}{6}=1.5\ \text{(A)}$$

在应用式（1-57）分析计算电路时应注意以下两点。

（1）当恒压源两端极性与节点电压的参考极性一致时取正号，否则取负号。

（2）当恒流源流向节点时取正号，否则取负号。分母中不含与恒流源串联的电阻。

对于有两个以上节点的电路，也可以用节点电位法求解，现以图 1-50 为例进行介绍。

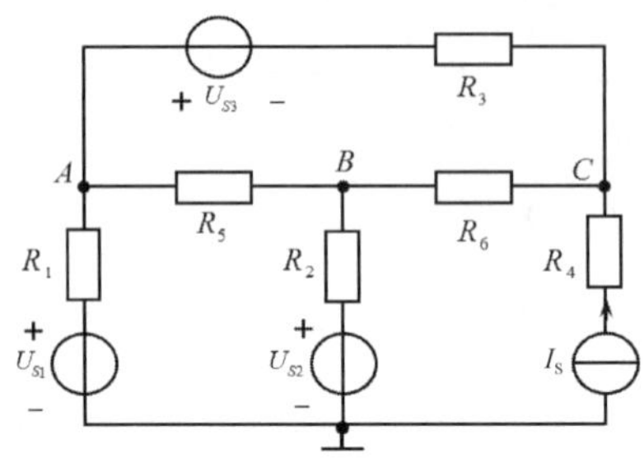

图 1-50　节点电位法示例

由 KCL，对节点 A、B、C，可分别列出电流方程：

$$\frac{V_A-U_{S1}}{R_1}+\frac{V_A-V_B}{R_5}+\frac{V_A-V_C-U_{S3}}{R_3}=0$$

$$\frac{V_B-V_A}{R_5}+\frac{V_B-U_{S2}}{R_2}+\frac{V_B-V_C}{R_6}=0$$

$$\frac{V_C-V_A+U_{S3}}{R_3}+\frac{V_C-V_B}{R_6}-I_S=0$$

整理可得

$$\left(\frac{1}{R_1}+\frac{1}{R_3}+\frac{1}{R_5}\right)V_A-\frac{1}{R_1}V_B-\frac{1}{R_3}V_C=\frac{U_{S1}}{R_1}+\frac{U_{S3}}{R_3}$$

$$-\frac{1}{R_5}V_A+\left(\frac{1}{R_2}+\frac{1}{R_5}+\frac{1}{R_6}\right)V_B-\frac{1}{R_6}V_C=\frac{U_{S2}}{R_2}$$

$$-\frac{1}{R_3}V_A-\frac{1}{R_6}V_B+\left(\frac{1}{R_3}+\frac{1}{R_6}\right)V_C=I_S$$

为了便于理解，将上面三个表达式概括为如下的形式：

$$\begin{cases}G_{11}V_A+G_{12}V_B+G_{13}V_C=I_{SA}\\G_{21}V_A+G_{22}V_B+G_{23}V_C=I_{SB}\\G_{31}V_A+G_{32}V_B+G_{33}V_C=I_{SC}\end{cases}\tag{1-58}$$

式中，G_{11}、G_{22}、G_{33} 分别为节点 A、B、C 的自电导，G_{12}=G_{21}、G_{13}=G_{31}、G_{23}=G_{32}，分别为节点 A 和 B、节点 A 和 C，以及节点 B 和 C 之间的互电导，均为负值；等号右边为流进节点的电流。这里要注意，自电导不包含与恒流源串联的电导。

4．电阻的星形与三角形连接的等效变换（*）

在电阻的连接关系中，还有一种连接，它既非串联，也非并联，如图 1-51（a）所示的桥式电路，其不具备参数对称条件，用串、并联简化的办法求得端口 a、b 间的等效电阻是不可能的。若能将图 1-51（b）中连接在①、②、③这 3 个端口间的 R_{12}、R_{23}、R_{31} 构成的三角形连接（又称为△连接）电路等效变换为图 1-51（c）所示的由 R_1、R_2、R_3 构成的星形连接（也称为 Y 连接）电路，则可方便地应用串、并联简化的办法求得端口 a、b 间的等效电阻，由此引出 Y-△等效变换的问题。

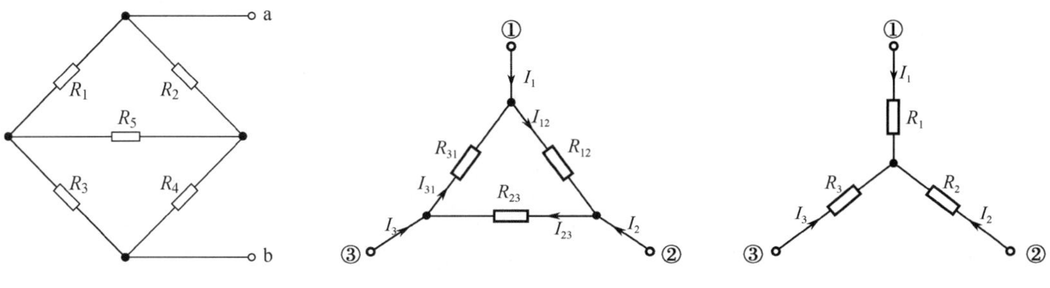

图 1-51　△连接和 Y 连接的等效变换

两电路要求对外等效，即满足以下条件。

（1）流入端口①、②、③的电流不变。

（2）端口①、②、③间的电压 U_{12}、U_{23}、U_{31} 保持不变。

一种简单的推导等效变换的方法是两电路在一个对应端口悬空的同等条件下，分别测量其他端口间的电阻，要求测得的电阻相等。

悬空端口③，得

$$R_1 + R_2 = \frac{R_{12}(R_{23} + R_{31})}{R_{12} + R_{23} + R_{31}}$$

悬空端口②，得

$$R_3 + R_1 = \frac{R_{31}(R_{12} + R_{23})}{R_{12} + R_{23} + R_{31}}$$

悬空端口①，得

$$R_2 + R_3 = \frac{R_{23}(R_{12} + R_{31})}{R_{12} + R_{23} + R_{31}}$$

将以上三式联立求解，可得

$$\begin{cases} R_1 = \dfrac{R_{12}R_{31}}{R_{12} + R_{23} + R_{31}} \\ R_2 = \dfrac{R_{12}R_{23}}{R_{12} + R_{23} + R_{31}} \\ R_3 = \dfrac{R_{23}R_{31}}{R_{12} + R_{23} + R_{31}} \end{cases} \tag{1-59}$$

利用式（1-59）可以方便地求出与△连接电阻等效的 Y 连接电阻。反过来，由 Y 连接电阻求其等效△连接电阻的公式可由式（1-59）中的公式两两相乘后相加，再分别除以式（1-59）中的每一个公式，得

$$
\begin{cases}
R_{12} = \dfrac{R_1R_2 + R_2R_3 + R_3R_1}{R_3} \\
R_{23} = \dfrac{R_1R_2 + R_2R_3 + R_3R_1}{R_1} \\
R_{31} = \dfrac{R_1R_2 + R_2R_3 + R_3R_1}{R_2}
\end{cases}
\tag{1-60}
$$

式（1-59）和式（1-60）可以概括为

$$R_i = \frac{\text{接于端口}i\text{的两个电阻的乘积}}{\text{三个电阻之和}}$$

$$R_{mn} = \frac{\text{电阻两两乘积之和}}{\text{接在与}R_{mn}\text{相对端口的电阻}}$$

特殊情况是若△连接的 3 个电阻相等，则 $R_{12}=R_{23}=R_{31}=R_{\triangle}$。

在等效变换后，Y 连接的 R_1、R_2、R_3 必然相等，满足

$$R_1 = R_2 = R_3 = R_{\mathrm{Y}} = \frac{1}{3}R_{\triangle} \tag{1-61}$$

反过来，若 $R_1=R_2=R_3=R_{\mathrm{Y}}$，则等效△连接时电阻相等，即

$$R_{12} = R_{23} = R_{31} = R_{\triangle} = 3R_{\mathrm{Y}} \tag{1-62}$$

【例题 1-13】 求图 1-52 所示的电路中端口 a、b 间的等效电阻。

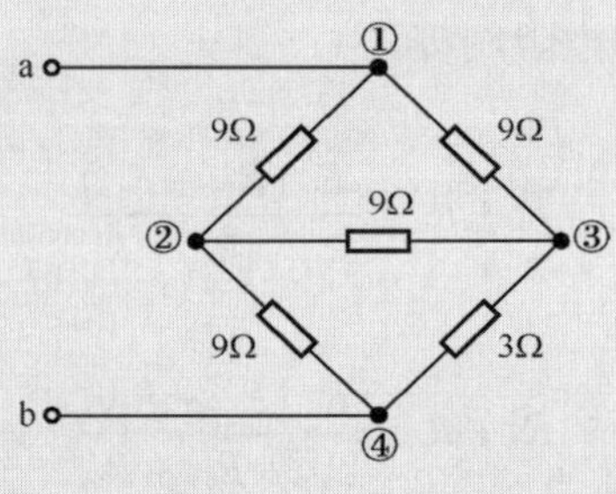

图 1-52　例题 1-13 图

【解】 由电阻的△-Y 变换，将图 1-53（a）中的虚线内的△连接电阻变换为图 1-53（b）中的 Y 连接电阻。

由式（1-61），可得 $R_{\mathrm{Y}} = \dfrac{1}{3}R_{\triangle} = 3$（Ω）。

对于图 1-53（b），容易求得 $R_{\mathrm{ab}} = 3+12//6 = 7$（Ω）。

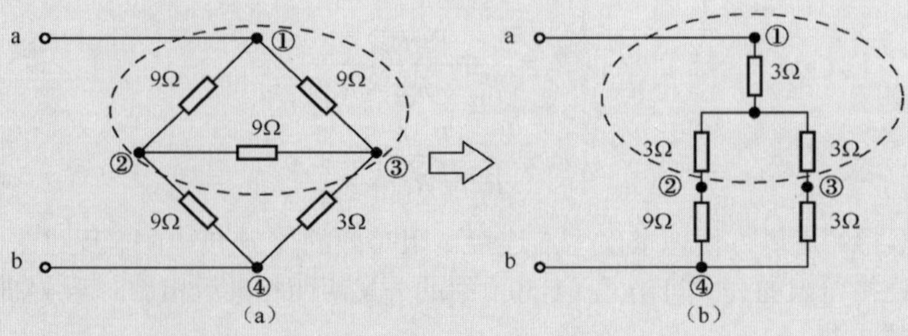

图 1-53　电路的△-Y 变换

5．齐次定理（*）

齐次定理描述了线性电路的齐次性或比例性。在线性电路中，当只有一个激励源（独立电压源或独立电流源）作用时，其响应（电路任一处的电压或电流）与激励成正比。

通过例题 1-14 来讲解齐次定理的应用。

【例题 1-14】求图 1-54 所示的电路的电流 I_O。

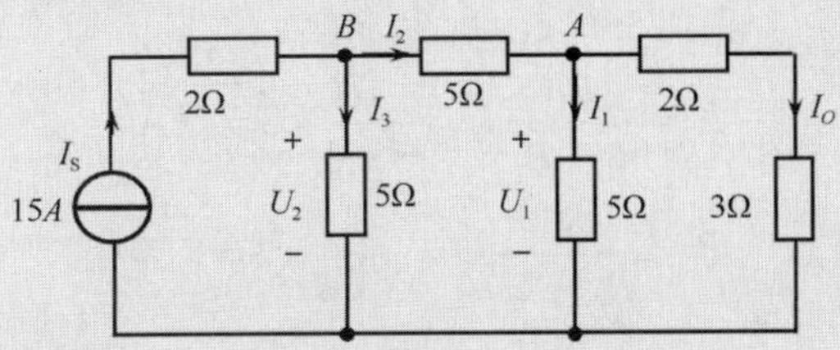

图 1-54 例题 1-14 图

【解】由图 1-54 可知，该电路由独立电源和电阻组成，属于线性电路。

假设 $I_O = 1\text{A}$，则

$$U_1 = (2+3)\times 1 = 5 \text{（V）}$$

得

$$I_1 = 1\text{A} \qquad I_2 = I_1 + I_O = 2\text{A} \qquad U_{BA} = 2I_2 = 10\text{V}$$

$$U_2 = U_{BA} + U_1 = 15\text{V} \qquad I_3 = \frac{U_2}{5} = 3\text{A} \qquad I_S = I_2 + I_3 = 5\text{A}$$

根据齐次定理，I_O 与 I_S 成正比，于是有

$$I_O = \frac{1\times 15}{5} = 3 \text{（A）}$$

6．叠加定理

扫一扫，听听解读

叠加定理是线性电路中的一条重要定理。在线性电路中，当有几个电源共同作用时，任意支路所产生的电流（或电压）等于这些电源单独作用在该支路时所产生电流（或电压）的代数和。

当某个独立电源单独作用于电路时，其他独立电源应该“除源”。电流源的电流为零，相当于电流源“开路”；电压源的电压为零，相当于电压源“短路”，如图 1-55 所示。

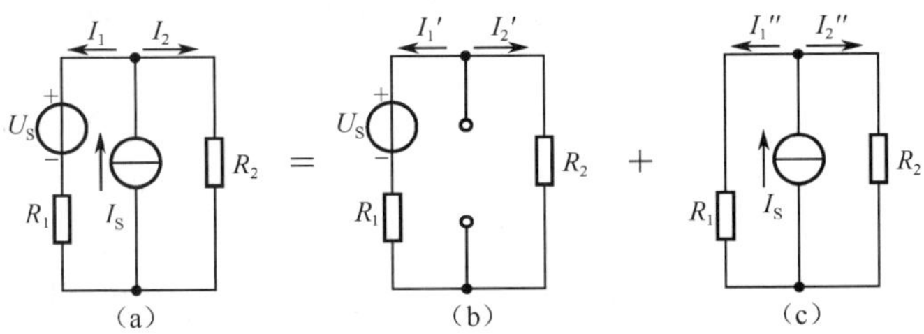

图 1-55　叠加定理示例

在图 1-55 中，有

$$I_1 = I_1' + I_1'', \quad I_2 = I_2' + I_2''$$

叠加定理先把复杂电路简化为多个简单电路进行求解，再将结果进行叠加。

【例题 1-15】 在图 1-55（a）所示的电路中，已知 $U_S=18V$，$R_1=3\Omega$，$R_2=6\Omega$，$I_S=3A$，求通过电阻 R_1 和 R_2 的电流 I_1 和 I_2。

【解】 当电压源单独作用时，如图 1-55（b）所示，有

$$-I_1'=I_2'=\frac{U_S}{R_1+R_2}=\frac{18}{3+6}=2(A)$$

当电流源单独作用时，如图 1-55（c）所示，有

$$I_1''=\frac{R_2}{R_1+R_2}I_S=\frac{6}{3+6}\times 3=2(A)$$

$$I_2''=\frac{R_1}{R_1+R_2}I_S=\frac{3}{3+6}\times 3=1(A)$$

应用叠加定理得

$$I_1=I_1'+I_1''=-2+2=0(A)$$

$$I_2=I_2'+I_2''=1+2=3(A)$$

在使用叠加定理时，应该注意以下几点。

（1）叠加定理适用于线性电路的电压和电流，不适用于非线性电路。

（2）在叠加的各分电路中，不作用的电压源置零，在电压源处用短路代替；不作用的电流源置零，在电流源处用开路代替。电路中的所有电阻保持不变。受控源则保留在各分电路中。

（3）在叠加时要注意电压和电流的参考方向，求代数和。

（4）不能用叠加定理直接计算功率。

扫一扫，听听解读

7. 戴维南定理

戴维南定理也称为等效电压源定理，是阐明线性有源二端网络外部特性的一个重要定理。若只需要分析和计算某一支路的电流或电压，则应用戴维南定理求解较为简单。

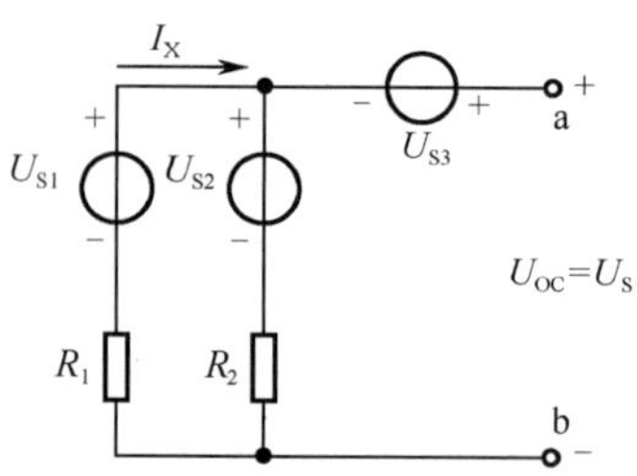

图 1-56　有源二端网络

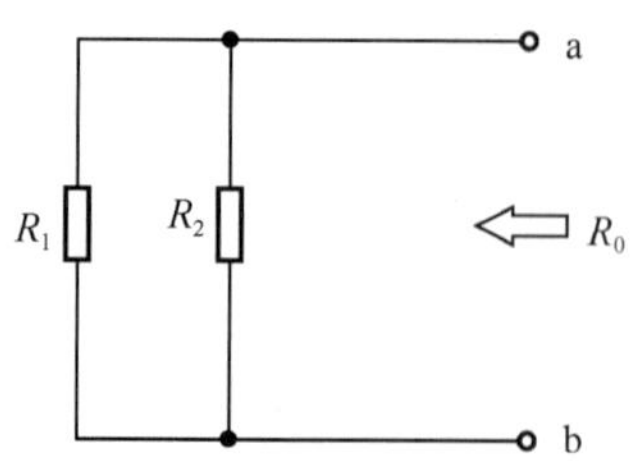

图 1-57　无源二端网络

在介绍戴维南定理之前，先对一些名词进行解释。

（1）二端网络：具有两个出线端口的网络（电路）。

（2）有源二端网络：含有独立电源的二端网络，如图 1-56 所示。

（3）无源二端网络：不含有独立电源的二端网络，如图 1-57 所示。

戴维南定理指出：任何一个线性有源二端网络，对其外部而言，都可以用一个实际电压源来等效代替。等效电压源的电压 U_S 等于有源二端网络的开路电压 U_{OC}，如图 1-56 所示；等效电压源的内电阻 R_0 等于有源二端网络除源（电压源被短路，电流源开路）后所得无源二端网络的等效电阻 R_{ab}，如图 1-57 所示。

【例题 1-16】 戴维南定理示例如图 1-58 所示，用戴维南定理求图 1-58（a）中通过电阻 R 的电流 I。

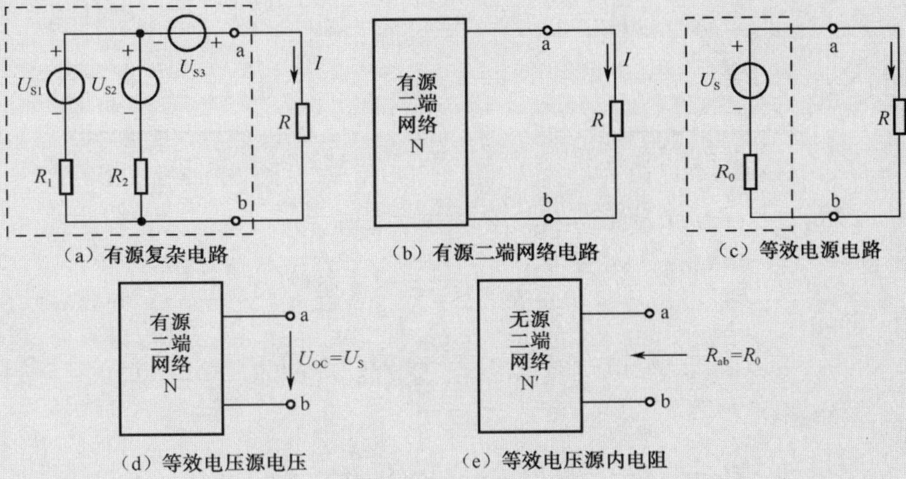

图 1-58　戴维南定理示例

【解】 第一步：将待求支路断开，求有源二端网络的开路电压 U_{OC}，如图 1-56 所示。有源二端网络内的电流为

$$I_X = \frac{U_{S1} - U_{S2}}{R_1 + R_2}$$

等效电压源的电压 U_S，即 a、b 两端的开路电压 U_{OC} 为

$$U_S = U_{OC} = U_{S3} + U_{S2} + I_X R_2$$

第二步：将有源二端网络除源，得到无源二端网络，求输入电阻 R_0，如图 1-57 所示。等效电压源内电阻为

$$R_0 = \frac{R_1 R_2}{R_1 + R_2}$$

第三步：画出等效电路图，如图 1-59 所示，求负载电流 I。

根据全电路的欧姆定律得通过电阻 R 的电流 I 为

$$I = \frac{U_S}{R + R_0}$$

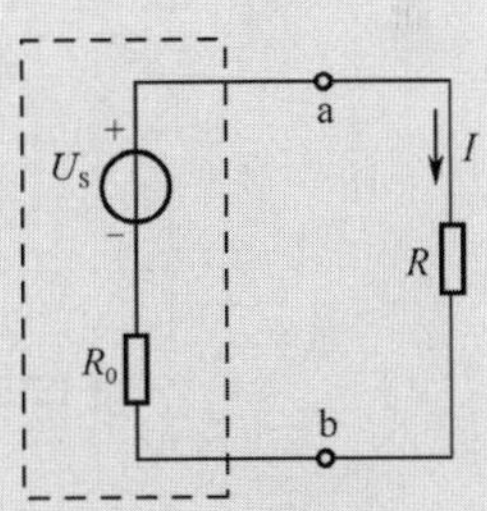

图 1-59　等效电源电路

总结：利用戴维南定理的解题步骤如下。

（1）将原电路切割成两部分，即待求电路和含源二端网络。

（2）利用戴维南定理将含源二端网络简化成等效电压源。

（3）将求出的等效电压源与待求电路组合成新电路求解未知量。

【例题 1-17】 利用戴维南定理求图 1-60 中的电流 I_5。已知 $U_{S1} = 12\text{V}$，$R_1 = R_2 = 5\Omega$，$R_3 = 10\Omega$，$R_4 = 5\Omega$，$R_5 = 10\Omega$。

【解】 图 1-60 的电路可转换为图 1-61 所示的等效电路。

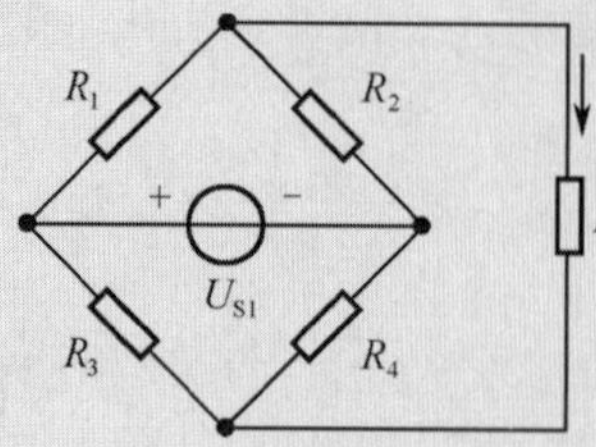

图 1-60　例题 1-17 图

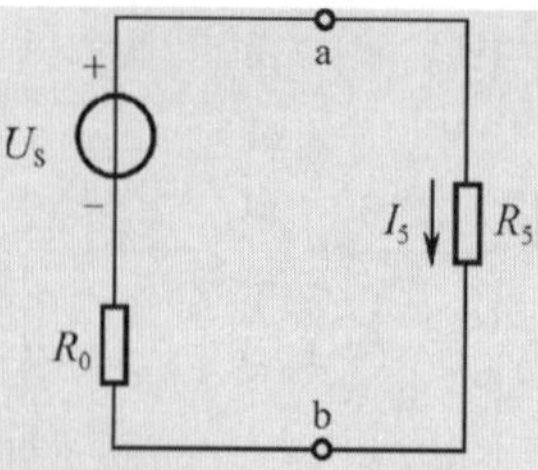

图 1-61　等效电路

等效电压源的电压（U_S）可由图 1-62（a）求得，即

$$I_1' = \frac{U_{S1}}{R_1 + R_2} = \frac{12}{5+5} = 1.2\text{（A）}$$

$$I_2' = \frac{U_{S1}}{R_3 + R_4} = \frac{12}{10+5} = 0.8\text{（A）}$$

于是有

$$U_S = U_{OC} = I_1'R_2 - I_2'R_4 = 1.2\times5 - 0.8\times5 = 2\text{（V）}$$

或

$$U_S = U_{OC} = -I_1'R_1 + I_2'R_3 = 0.8\times10 - 1.2\times5 = 2\text{（V）}$$

等效电压源的内阻 R_0 可由图 1-62（b）求得，即

$$R_0 = \frac{R_1R_2}{R_1+R_2} + \frac{R_3R_4}{R_3+R_4} = \frac{5\times5}{5+5} + \frac{10\times5}{10+5} = 5.8\text{（Ω）}$$

最后由图 1-61 求得

$$I_5 = \frac{U_S}{R_0 + R_5} = \frac{2}{5.8+10} \approx 0.126\text{（A）}$$

显然，此方法比其他方法要简单。

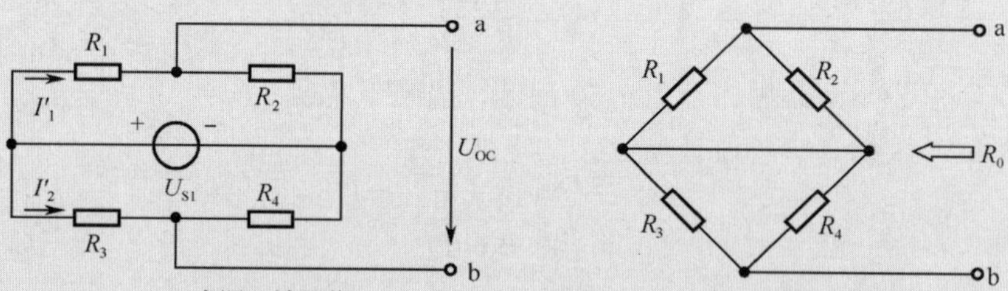

（a）有源二端网络　（b）无源二端网络

图 1-62　计算等效电压源 U_S 和 R_0 的电路

除了可以计算，还可以用实验的方法测量 a、b 两端的开路电压 U_{OC}，从而得到等效电压源的电压 U_S。

对等效电压源的内阻，除了可以计算，还可以通过下面的方法得到。

（1）在测得 U_{OC} 的基础上，将 a、b 端口短路，测得短路电流 I_{SC}，则

$$R_0 = \frac{U_{OC}}{I_{SC}} \tag{1-63}$$

（2）在对除源后的无源二端网络 a、b 端口处加电源 U，测端口处的电流 I，则

$$R_0=\frac{U}{I} \tag{1-64}$$

8．诺顿定理

扫一扫，听听解读

诺顿定理同样是用来分析含源二端网络的对外等效电路的，此定理可陈述为任何线性含源二端网络都可以用实际的电流源模型来代替；此电流源的电流等于二端网络端口处短路时的短路电流，其内电阻等于二端网络除源后，从端口处得到的等效电阻。

对有源二端网络的除源方法与戴维南定理方法相同，即电压源被短路，电流源开路。可见，对于线性有源二端网络，其戴维南等效电路与诺顿等效电路之间满足电源变换的要求。

戴维南定理和诺顿定理又称为等效电源定理。

【例题 1-18】 在图 1-63 所示的电路中，$U_{S1}=14\text{V}$，$U_{S2}=9\text{V}$，$R_1=20\Omega$，$R_2=5\Omega$，$R=4\Omega$，试用诺顿定理求流过 R 的电流 I。

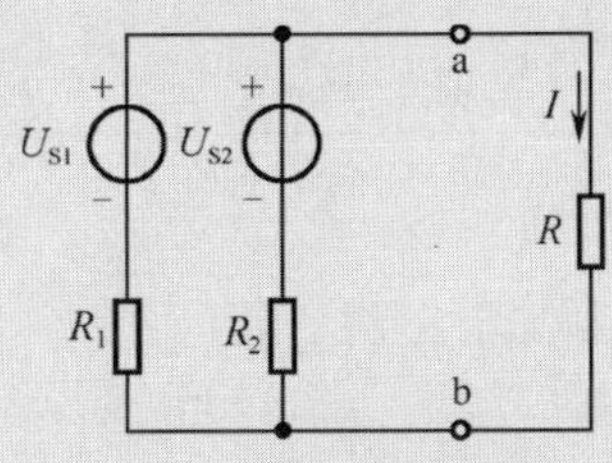

图 1-63　例题 1-18 图

【解】（1）将待求支路从原电路中移出，得到有源二端网络。

（2）对于短路有源网络的 a、b 端口，可以用图 1-64（a）分析。此短路电流 I_{SC} 为

$$I_{SC}=\frac{U_{S1}}{R_1}+\frac{U_{S2}}{R_2}=\frac{14}{20}+\frac{9}{5}=2.5\text{（A）}$$

（3）对有源网络除源，得到无源二端网络，如图 1-64（b）所示。等效电流源的内电阻为

$$R_0=R_{ab}=\frac{R_1R_2}{R_1+R_2}=\frac{20\times5}{20+5}=4\text{（}\Omega\text{）}$$

（4）画出诺顿等效电路，将电阻 R 接在 a、b 端口间，如图 1-64（c）所示。由分流公式得

$$I=2.5\times\frac{4}{4+4}=1.25\text{（A）}$$

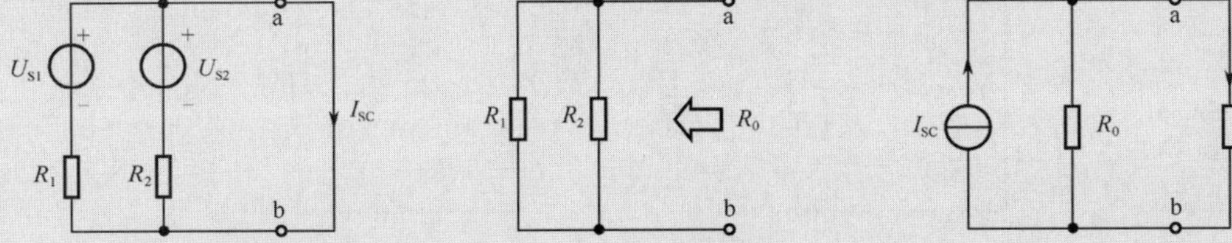

（a）有源二端网络　（b）无源二端网络　（c）等效电流源电路

图 1-64　例题 1-18 图解

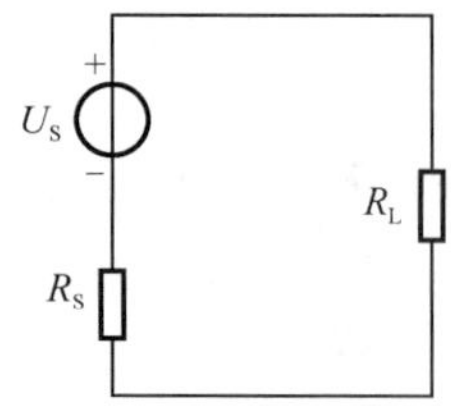

图 1-65　最大功率的传输

9．最大功率传输定理

对于一个含源线性端口电路，当其所接负载不同时，传输给负载的功率也不同，讨论负载为何值时能从电路获取最大功率，以及最大功率的值是多少的问题是有工程意义的。

下面以图 1-65 所示的电路为例来讨论最大功率的相关问题。在图 1-65 中，U_S 为电压源的电压，R_S 为电源的内阻，R_L 为负载。

负载所获得的功率 P_L 为

$$P_L = I_L^2 R_L = \left(\frac{U_S}{R_S + R_L}\right)^2 R_L = \frac{U_S^2}{R_S + R_L} \cdot \frac{R_L}{R_S + R_L} = P_S \eta \tag{1-65}$$

式中，$P_S = \dfrac{U_S^2}{R_S + R_L}$，为电源发出的功率；$\eta = \dfrac{R_L}{R_S + R_L}$，为功率的传输效率。

将 R_L 看作变量，P_L 将随 R_L 变化，当负载获得最大功率时，$\dfrac{dP_L}{dR_L} = 0$，即

$$\frac{dP_L}{dR_L} = U_S^2 \frac{(R_S + R_L)^2 - R_L \times 2(R_S + R_L)}{(R_S + R_L)^4} = 0$$

求解得

$$R_L = R_S \tag{1-66}$$

负载获得的最大功率为

$$P_L = \frac{U_S^2 R_S}{(2R_S)^2} = \frac{U_S^2}{4R_S} \tag{1-67}$$

即当 $R_L = R_S$ 时，负载获得最大功率，这种情况称为 R_L 与 R_S 匹配。

【例题 1-19】在图 1-66 所示的电路中，求当 R_L 为何值时，负载可以获得最大功率 P_{Lmax}，并求此功率。

【解】先分析图 1-66（a）所示的电路的戴维南等效电路。

$$U_{OC} = 20 \times \frac{5}{5+5} = 10(\text{V}),\quad R_S = \frac{5 \times 5}{5+5} = 2.5(\Omega)$$

其等效电路如图 1-66（b）所示。显然，当 $R_L = R_S = 2.5\Omega$ 时，负载可获得最大功率。

$$P_{Lmax} = \frac{10^2}{4 \times 2.5} = 10(\text{W})$$

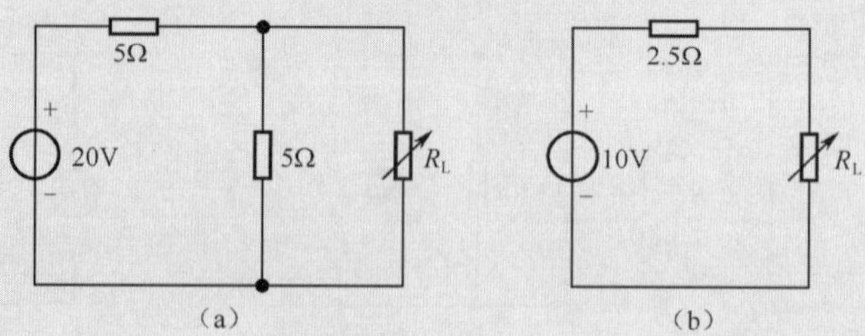

图 1-66　例题 1-19 图

10. 含受控源的等效电路（*）

互联约束和元件的电压电流关系是分析电路的基本依据。前面介绍的各种方法和定理都可以用于分析含有受控源的电路；把受控源先按独立源对待和处理，但必须掌握受控源是非独立源的特点。

（1）在分析含受控源的电路时，将受控源和独立源一样进行对待和处理。但在网络方程中，要将受控源的控制量用电路变量来表示。

【例题 1-20】 含 CCVS 的电路如图 1-67 所示，已知 $I_S=7A$，$R_1=3\Omega$，$R_2=1\Omega$，求电流源电压及各元件的功率。

【解】 由 KCL 得

$$I_1+I_2=I_S$$

由 KVL 得

$$I_1R_1=I_2R_2+\frac{1}{2}I_1$$

并且有

$$U=I_1R_1$$

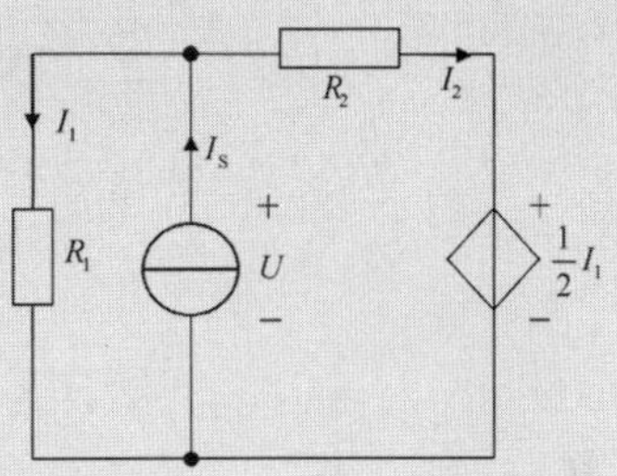

图 1-67　含 CCVS 的电路

代入数据，可得

$$I_1=2A，\quad I_2=5A，\quad U=6V$$

电流源的功率 $P_{I_S}=-UI_S=-6\times7=-42(W)<0$，为发出功率。

受控源的功率 $P_{U_S}=I_2\cdot\frac{1}{2}I_1=5\times1=5(W)>0$，为吸收功率。

电阻 R_1 的功率 $P_{R_1}=I_1^2R_1=2^2\times3=12(W)>0$，为吸收功率。

电阻 R_2 的功率 $P_{R_2}=I_2^2R_2=5^2\times1=25(W)>0$，为吸收功率。

（2）受控电压源和电阻串联组合与受控电流源和电阻并联组合之间，像独立源一样，可以进行等效变换。

图 1-68（a）所示的 VCVS 可变换为图 1-68（b）所示的 VCCS 电路。

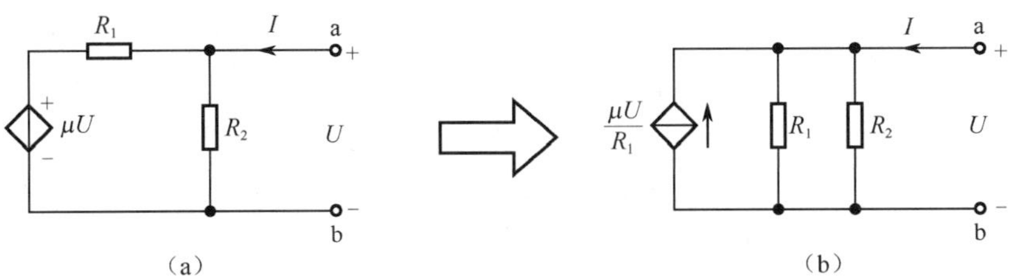

图 1-68　受控电压源与受控电流源的等效变换

（3）在求解含受控源电路时，若需要对电路进行化简，则需要注意在化简过程中不要把受控源的控制量消除掉，否则无法计算结果。

【例题 1-21】 在图 1-69 所示的电路中，已知 R_1、R_2、I_S，求电压 U。

【解】 由 KCL 得

$$I+2I_A-I_A-I_S=0$$

又有

$$I=\frac{U}{R_2},\quad I_A=-\frac{U}{R_1},\quad \frac{U}{R_2}-2\frac{U}{R_1}+\frac{U}{R_1}-I_S=0$$

得

$$U=\frac{I_S}{-\dfrac{1}{R_1}+\dfrac{1}{R_2}}$$

扫一扫，做做练习

本题不能合并电阻或进行电源的等效变换，否则，受控源的控制量 I_A 将消失，无法计算结果。

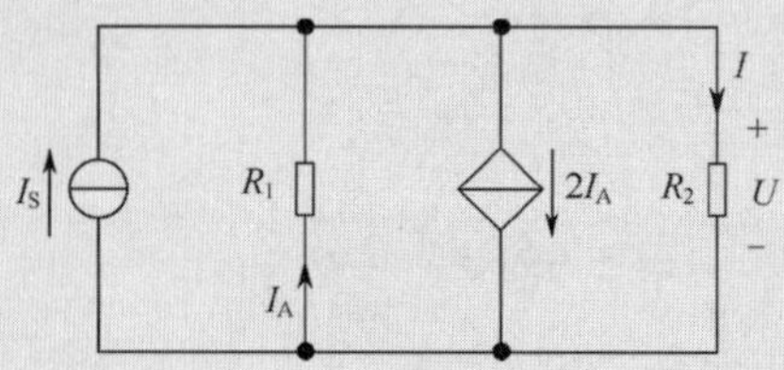

图 1-69　例题 1-21 图

（4）只含有受控源和电阻的二端网络是无源网络，可等效为一个电阻。

【例题 1-22】在图 1-70 所示的电路中，求等效电阻 R_{ab}。

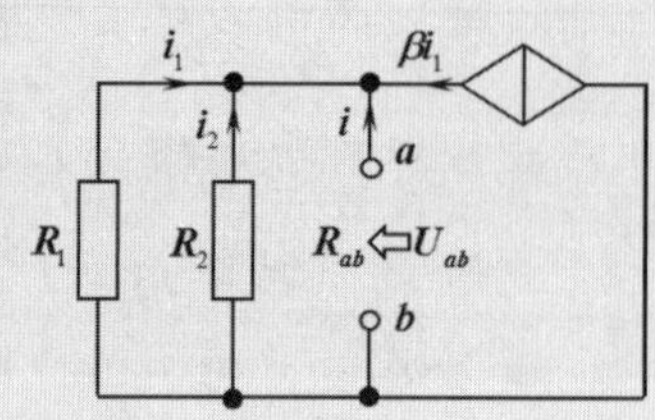

图 1-70　例题 1-22 图

【解】求输入电阻，可以用外施电压源法和伏安法。

【方法 1】外施电压源法

给二端网络施加电压 U_{ab}，显然有

$$i_1=-\frac{U_{ab}}{R_1}\qquad i_2=-\frac{U_{ab}}{R_2}$$

由 KCL 得

$$i_1+i_2+i+\beta i_1=0$$

$$i=-i_1-i_2-\beta i_1=\frac{U_{ab}}{R_1}+\frac{U_{ab}}{R_2}+\frac{\beta U_{ab}}{R_1}$$

$$=U_{ab}\left(\frac{1+\beta}{R_1}+\frac{1}{R_2}\right)$$

$$R_{ab}=\frac{U_{ab}}{i}=\frac{R_1R_2}{R_1+(1+\beta)R_2}$$

【方法 2】伏安法

设受控源的控制量 $i_1=1\text{A}$，则 $i_2=\frac{R_1}{R_2}$，由 KCL 得

$$i_1+i_2+i+\beta i_1=0$$

$$i=-i_1-i_2-\beta i_1=-1-\frac{R_1}{R_2}-\beta$$

$$U_{ab}=-1\times R_1=-R_1$$

$$R_{ab}=\frac{U_{ab}}{i}=\frac{-R_1}{-1-\frac{R_1}{R_2}-\beta}=\frac{R_1R_2}{R_1+(1+\beta)R_2}$$

（5）在应用叠加定理求解含有受控源的电路时，注意除源时受控源要保留原位。

【例题 1-23】 在图 1-71（a）所示的电路中，利用叠加定理求 I_α。

【解】 根据叠加定理，当电压源单独作用时，对电流源除源后的电路如图 1-71（b）所示。由 KVL 得

$$12I'_\alpha+36=-6I'_\alpha+6I'_\alpha$$

解得 $I'_\alpha=-3\text{A}$。

当电流源单独作用时，对电压源除源后的电路如图 1-71（c）所示。

显然有

$$12I''_\alpha=6(12-I''_\alpha)+6I''_\alpha$$

解得 $I''_\alpha=6\text{A}$。

由叠加定理得

$$I_\alpha=I'_\alpha+I''_\alpha=3\text{A}$$

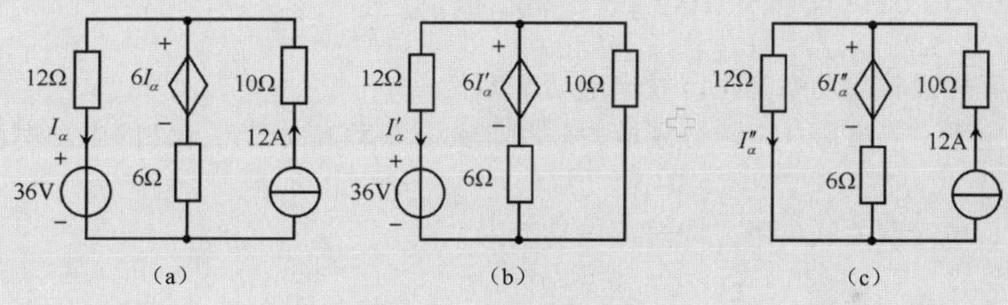

图 1-71　例题 1-23 图

内容回顾

1．电路的组成与作用

（1）电路是指电流通过的途径，由电源、负载、中间环节组成。电路的作用是实现能量的传输、转换及信号的传递和处理。

（2）由理想电路元件构成的电路称为实际电路的电路模型，简称电路。

2．电路的基本物理量

（1）电流。导体中的自由电子在电场力的作用下，做有规则的定向运动，就形成了电流。电流的大小用电流强度 i 表示，即

$$i=\frac{\mathrm{d}q}{\mathrm{d}t}$$

规定：正电荷定向移动的方向为电流的实际方向。

任意假定一个方向作为电流的参考方向，若与实际方向一致，则电流值为正，反之为负。

（2）电压。电压是电场力把单位正电荷从 a 点移到 b 点所做的功，电压也是两点之间的电位差。其表达式为

$$u_{ab}=\frac{\mathrm{d}w}{\mathrm{d}q}=v_a-v_b$$

规定：电压降的方向为电压的实际方向。

任意假定一个方向作为电压的参考方向，若与实际方向一致，则电压值为正，反之为负。

（3）电路有开路（断路）、短路（短接）和通路（负载）三种工作状态。

（4）电位在数值上等于单位正电荷在沿任意路径从该点移至无穷远处的过程中电场力所做的功。

电位是相对的物理量。在电路中，只有选定了参考点，并规定参考点的电位为零，某点电位才有唯一确定的数值。

（5）关联参考方向。在一个元件或一段电路上，电流与电压的参考方向一致时为关联参考方向，反之则为非关联参考方向。

（6）电能和电功率。单位时间内消耗的电能称为电功率，用符号 P 表示，即

$$P=\frac{W}{t}=UI=I^2R=\frac{U^2}{R}$$

规定：元件吸收电功率为正，发出电功率为负。

在此规定下，当电压、电流分别取关联和非关联参考方向时，元件的电功率计算具有不同形式。

当电压、电流取关联参考方向时，电功率为

$$P=UI$$

当电压、电流取非关联参考方向时，电功率为

$$P=-UI$$

电功率的单位是瓦特（W）。

在 t_0 到 t 的一段时间内，电路消耗的电能为

$$w=\int_{t_0}^{t}p\mathrm{d}t=\int_{t_0}^{t}ui\mathrm{d}t$$

对直流而言，有

$$W=IUt=I^2Rt=\frac{U^2}{R}t$$

电能的单位为焦耳（J），常用单位是千瓦时（kW・h），俗称度。

3．欧姆定律与电阻

在不同参考方向下，线性电阻元件的元件约束关系如下。

当电压、电流取关联参考方向时，则

$$U=RI$$

当电压、电流取非关联参考方向时，则

$$U=-RI$$

4．电容与电感

1）电容元件

（1）电容元件的电量与电压的比值称为电容元件的容量，单位为法拉（F），其表达式为

$$C=\frac{q}{u}$$

（2）当电压、电流取关联参考方向时，电容元件的电压与电流的关系为

$$i=C\frac{\mathrm{d}u}{\mathrm{d}t}$$

（3）在任意时刻 t，电容元件储存的电场能量为

$$w_C=\frac{1}{2}Cu^2(t)$$

2）电容的连接

（1）当电容并联时，各电容的电压为同一电压，等效电容为各并联电容之和，其表达式（以 3 个电容并联为例）为

$$C=C_1+C_2+C_3$$

并联电容的耐压值等于并联电容中的最低额定电压。

（2）当电容串联时，各电容所带电量相等，等效电容的倒数等于各串联电容的倒数之和，其表达式（以 3 个电容串联为例）为

$$\frac{1}{C}=\frac{1}{C_1}+\frac{1}{C_2}+\frac{1}{C_3}$$

串联电容的耐压值应根据电量的限额来确定。各电容与其相应耐压值的乘积的最小值为串联电容的电量限额，等效电容的耐压即为电量的限额与等效电容的比值。

3）电感元件

（1）电感元件是代表实际线圈基本电磁性能的理想二端元件。电感元件的自感磁链与通过其电流的比称为电感元件的自感系数或电感系数，简称电感，其表达式为

$$L=\frac{\psi}{i_{\mathrm{L}}}$$

（2）当电压、电流取关联参考方向时，电感元件的电压与电流的关系为

$$u=L\frac{\mathrm{d}i}{\mathrm{d}t}$$

（3）在任意时刻 t，电感元件储存的磁场能量为

$$w_L=\frac{1}{2}Li^2(t)$$

5．电压源、电流源及受控源

（1）理想电压源。电压是确定的时间函数，电流由其外电路决定。其吸收或发出功率的大小也由外电路确定。

（2）理想电流源。电流是确定的时间函数，电压由其外电路决定。其吸收或发出功率的大小也由外电路确定。

（3）受控源的电压或电流是受电路中其他部分的电流或电压控制的，当控制量消失或为

零时，受控电源的电压或电流也为零。受控源有 VCVS、CCVS、VCCS 和 CCCS 4 种类型。

6．理想电压源、理想电流源的串联与并联

（1）理想电压源与任何元件并联，等效为理想电压源。

（2）理想电压源串联，等效为各理想电压源的代数和。

（3）理想电流源与任何元件串联，等效为理想电流源。

（4）理想电流源并联，等效为各理想电流源的代数和。

7．实际电源的两种模型及其等效变换

（1）实际电压源模型为理想电压源串联电阻，输出电压为

$$U = U_S - IR_0$$

（2）实际电流源模型为理想电流源并联电阻，输出电流为

$$I = I_S - \frac{U}{R_S}$$

两种电源模型的等效互换条件为

$$I_S = \frac{U_S}{R} \text{ 或 } U_S = I_S R\text{，}R_S = R_0$$

8．基尔霍夫定律

1）KCL

在任意时刻，流入任意节点的电流之和等于流出该节点的电流之和。

2）KVL

在任意时刻，对任意闭合回路，沿任意方向绕行一周，各段电压的代数和为零。

3）*复杂电路的求解方法*

（1）支路电流法。支路电流法以 b 个支路的电流为未知数，列 $n-1$ 个节点电流方程，列 $b-n+1$ 个网孔回路电压方程，共列 b 个方程联立求解。

（2）网孔电流法。网孔电流法以网孔电流为未知量，找出网孔电流与支路电流的关系，根据 KVL 列出网孔电压方程并联立求解。

（3）节点电压法。该方法适合于多支路、多网孔但少节点的电路。根据各节点的自电导、节点间的互电导，以及流进节点的电流，列出节点电流方程并联立求解。

（4）齐次定理。在线性电路中，当只有一个激励源（独立电压源或独立电流源）作用时，其响应（电路任一处的电压或电流）与激励成正比。

（5）叠加定理。在线性电路中，每一支路的响应等于各独立源单独作用下在此支路中所产生响应的代数和。

（6）戴维南定理。含独立源的二端线性电阻网络，对其外部而言，都可以用电压源和电阻串联来等效。电压源的电压等于网络的开路电压 U_{OC}，电阻 R 等于网络除源后的等效电阻。

对戴维南等效电路而言，当外电阻等于戴维南等效电阻时，外电阻获得最大功率。

典型例题解析

【典例 1-1】在图 1-72（a）中，已知 $I_1=1\text{A}$，$I_4=2\text{A}$，$I_5=5\text{A}$，试求电流 I_2、I_3、I_6。

【解】根据 KCL，得

$$I_2=I_1+I_4=1+2=3\text{（A）}$$

$$I_3=I_2+I_5=3+5=8\text{（A）}$$

$$I_6=-(I_4+I_5)=-(2+5)=-7\text{（A）}$$

根据图 1-72（b）中虚线闭合面构成的广义节点，由 KCL 得

$$I_1=I_3+I_6$$

从而有

$$I_6=I_1-I_3=1-8=-7\text{（A）}$$

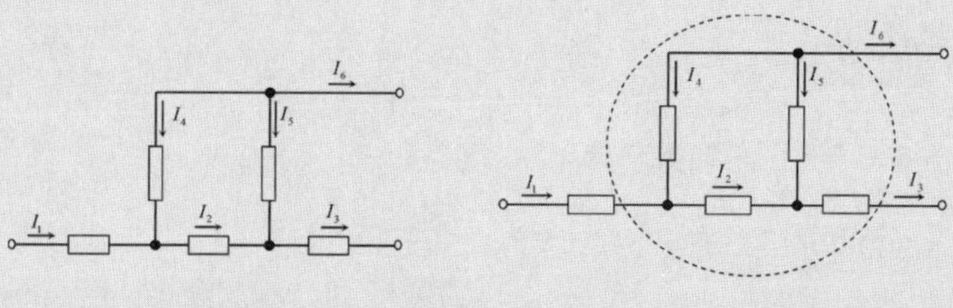

（a）　　（b）

图 1-72　典例 1-1 图

【典例 1-2】分析图 1-73 中各支路吸收和发出功率的情况。

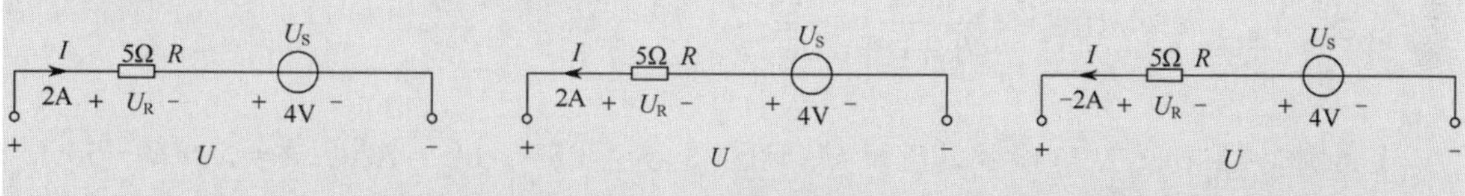

（a）　　（b）　　（c）

图 1-73　典例 1-2 图

分析：先根据欧姆定律计算电阻元件两端的电压 U_R（其参考方向如图 1-73 所示）；再计算总电压 $U=U_R+U_S$；最后根据 U 与 I 为关联参考方向时的公式 $P=UI$ 和 U 与 I 为非关联参考方向时的公式 $P=-UI$ 进行计算。当计算结果 $P>0$ 时，该支路吸收功率；当计算结果 $P<0$ 时，该支路发出功率。

【解】对于图 1-73（a），有

$$U_R=IR=2\times5=10\text{（V）}，U=U_R+U_S=10+4=14\text{（V）}$$

U、I 为关联参考方向，$P=UI=14\times2=28$（W）>0，表明该支路吸收 28W 的功率。

对于图 1-73（b），有

$$U_R=-IR=-2\times5=-10\text{（V）}，U=U_R+U_S=-10+4=-6\text{（V）}$$

U、I 为非关联参考方向，$P=-UI=-(-6)\times2=12$（W）>0，表明该支路吸收 12W 的功率。

对于图 1-73（c），有

$$U_R = -IR = -(-2)\times 5 = 10\ (\text{V}),\ U = U_R + U_S = 10+4 = 14\ (\text{V})$$

U、I 为非关联参考方向，$P=-UI=-14\times(-2)=28$（W）＞0，表明该支路吸收 28W 的功率。

【典例 1-3】如图 1-74 所示，电路中的 R_1、R_2、R_3、U_S、α 已知，求解 R_3 两端的电压 U 及独立电压源 U 发出的功率。

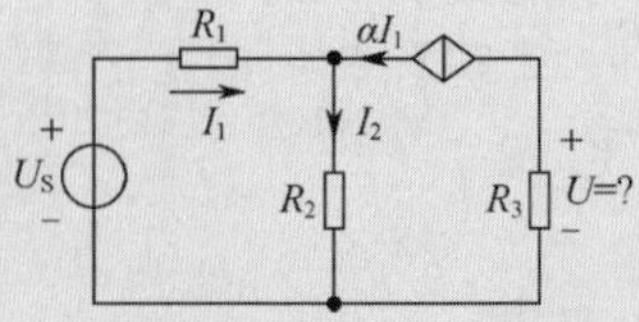

图 1-74 典例 1-3 图

分析：本题考查对 KCL、KVL、元件的吸收功率及受控源的熟练运用。

【解】由图 1-74 可知，R_3 的电压与电流是非关联参考方向，所以有

$$U = -\alpha I_1 R_3$$

电压源的功率表达式为

$$P = -U_S I_1$$

节点的 KCL 方程为

$$I_1 + \alpha I_1 = I_2$$

对于左边的网孔，KVL 方程为

$$I_1 R_1 + I_2 R_2 - U_S = 0$$

得

$$I_1 = \frac{U_S}{R_1 + (1+\alpha)R_2}$$

$$U = -\alpha I_1 R_3 = -\frac{\alpha R_3 U_S}{R_1 + (1+\alpha)R_2}$$

$$P = -U_S I_1 = -\frac{U_S^2}{R_1 + (1+\alpha)R_2} < 0\text{（表明该电压源发出功率）}$$

【典例 1-4】如图 1-75 所示，已知 $U_{S1}=25$V，$U_{S2}=25$V，$U_{S3}=70$V，$R_1=R_2=R_3=50\Omega$。试用节点电位法求各支路电流。

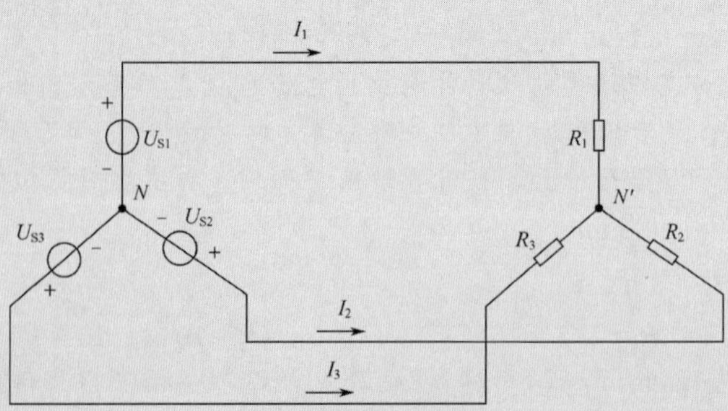

图 1-75 典例 1-4 图

分析：本题中含有 3 个电压源。将 N 点设为参考点，用节点电位法可以方便地求出 N' 的电位 $U_{N'N}$，再应用开口形式的 KVL，可以求出各支路电流。

【解】采用节点电位法，有

$$U_{N'N}=\frac{\frac{U_{S1}}{R_1}+\frac{U_{S2}}{R_2}+\frac{U_{S3}}{R_3}}{\frac{1}{R_1}+\frac{1}{R_2}+\frac{1}{R_3}}=\frac{\frac{25}{50}+\frac{25}{50}+\frac{70}{50}}{\frac{1}{50}+\frac{1}{50}+\frac{1}{50}}=40(\text{V})$$

由开口形式的 KVL，有

$$-U_{S1}+I_1R_1+U_{N'N}=0$$
$$-U_{S2}+I_2R_2+U_{N'N}=0$$
$$-U_{S3}+I_3R_3+U_{N'N}=0$$

求得各支路电流分别为

$$I_1=\frac{U_{S1}-U_{N'N}}{R_1}=\frac{25-40}{50}=-0.3\text{（A）}$$
$$I_2=\frac{U_{S2}-U_{N'N}}{R_2}=\frac{25-40}{50}=-0.3\text{（A）}$$
$$I_3=\frac{U_{S3}-U_{N'N}}{R_3}=\frac{70-40}{50}=0.6\text{（A）}$$

【典例 1-5】如图 1-76 所示，已知 $U_S=6\text{V}$，$R_1=1\Omega$，$R_2=3\Omega$，$I_S=4\text{A}$，$\alpha=2/3$，试用节点电位法求电路的 U 和 I_1。

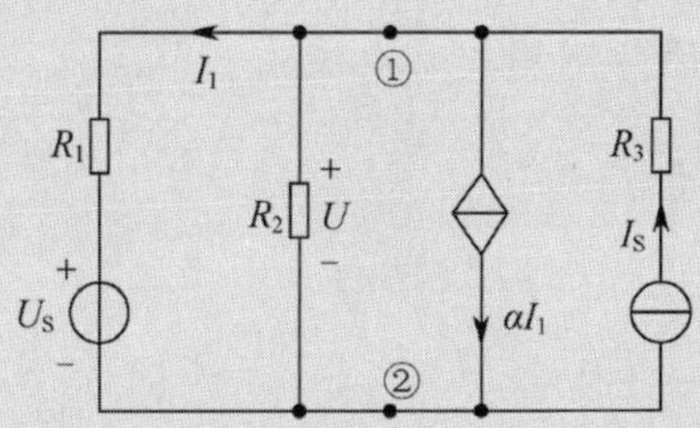

图 1-76 典例 1-5 图

【解】此电路共有 2 个节点，设节点②为参考节点，将受控源看作独立电流源，节点①的电位也是电路中 R_2 的电压，节点①的节点方程为

$$U=\frac{\frac{U_S}{R_1}+I_S-\alpha I_1}{\frac{1}{R_1}+\frac{1}{R_2}}=\frac{\frac{6}{1}+4-\frac{2}{3}I}{1+\frac{1}{3}}=\frac{30-2I}{4}$$

而

$$U=I_1R_1+U_S$$

代入数据，以上两式联立求解，可得

$$I_1=1\text{（A）}$$
$$U=7\text{（V）}$$

【典例 1-6】求图 1-77（a）中电路的戴维南等效电路。

【解】$U_{OC}=2+2=4$（V）

在求解 R_0 时，先将独立源除源，即用短路线代替电压源。在电路两端施加电源 U，电路如图 1-77（b）所示。

由 KVL 得

$$2I+2\times(2I+I)=U$$

即

$$8I=U$$

得

$$R_0=8\Omega$$

所求电路的戴维南等效电路如图 1-77（c）所示。

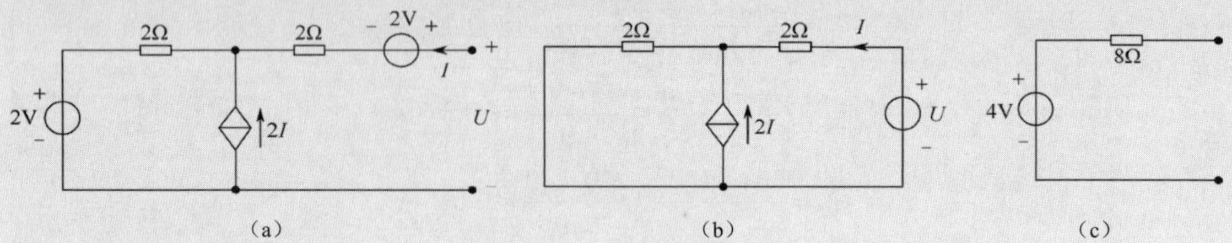

图 1-77　典例 1-6 图

【典例 1-7】求图 1-78 所示的电路中的电流 I。

分析： 本题比较简单，下面分别用支路电流法、节点电位法、电源等效变换法、叠加定理、戴维南定理进行求解。

【解】

1）支路电流法

由 KCL 得

$$I_1+2=I$$

由 KVL 得

$$-4+2I_1+3I=0$$

解得

$$I=1.6\text{ A}$$

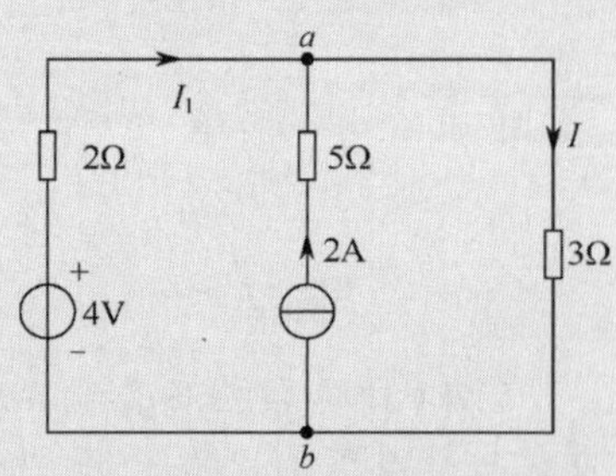

图 1-78　典例 1-7 图

注意： 在选择独立回路列 KVL 方程时，要尽量避开电流源支路。否则，还需要设出电流源的电压。

2）节点电位法

$$V_a=\frac{\frac{4}{2}+2}{\frac{1}{2}+\frac{1}{3}}=4.8\text{（V）}$$

$$I=\frac{V_a}{R}=\frac{4.8}{3}=1.6\text{（A）}$$

3）电源等效变换法

图 1-78 所示的电路可进行电源等效变换，如图 1-79 所示。

由分流公式得

$$I=\frac{2}{2+3}\times 4=1.6\text{（A）}$$

4）叠加定理

根据叠加定理，分别求电压源和电流源产生的响应 I' 和 I''，如图 1-80 所示。

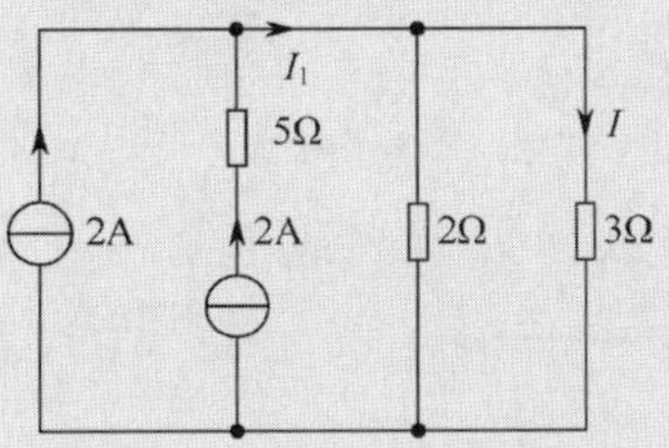

图 1-79　电源等效变换法

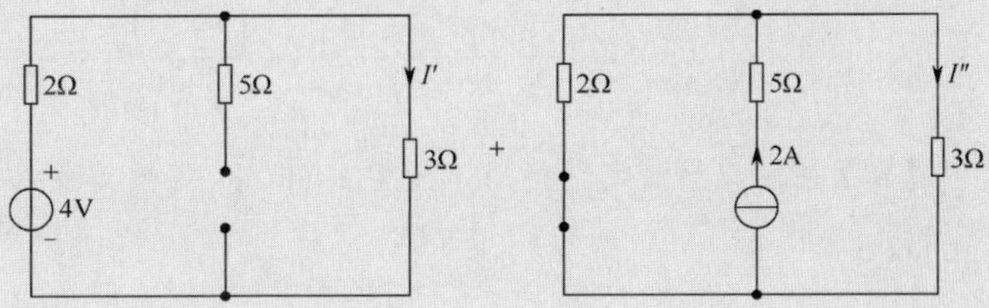

图 1-80　叠加定理

$$I'=\frac{4}{2+3}=0.8\text{（A）}$$

$$I''=\frac{2}{2+3}\times 2=0.8\text{（A）}$$

由叠加定理得

$$I=I'+I''=0.8+0.8=1.6\text{（A）}$$

5）戴维南定理

首先，由图 1-81 求解有源二端网络的开口电压 U_{ab}，即

$$U_{ab}=2\times 2+4=8\text{（V）}$$

其次，求除源后无源二端网络的等效电阻 R_{ab}（注意，除源的方法是对电压源短路，电流源开路），如图 1-82（a）所示。

$$R_{ab}=2\Omega$$

最后，画出总的戴维南等效电路，如图 1-82（b）所示。

由全欧姆定律得

$$I=\frac{8}{2+3}=1.6\text{（A）}$$

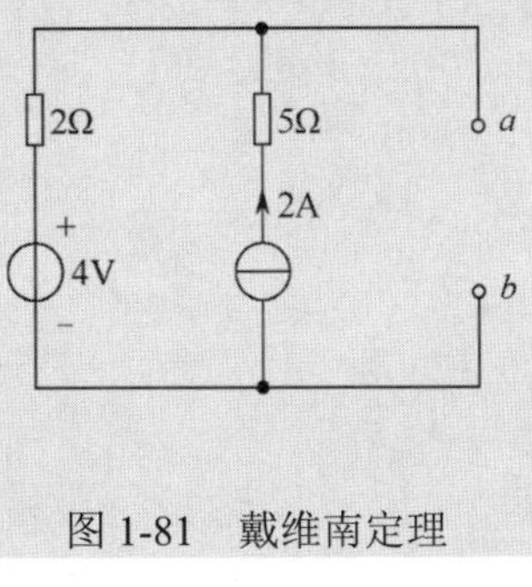

图 1-81　戴维南定理

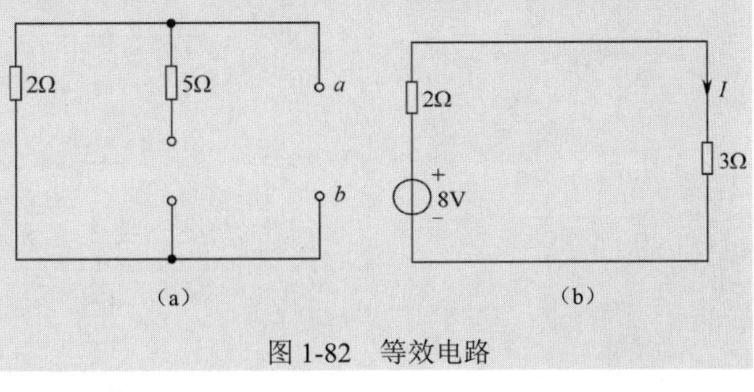

（a）　（b）

图 1-82　等效电路

【典例 1-8】在图 1-83 所示的电路中，求 R 为何值时，其获得的功率最大？该最大功率是多少？功率的传递效率是多少？

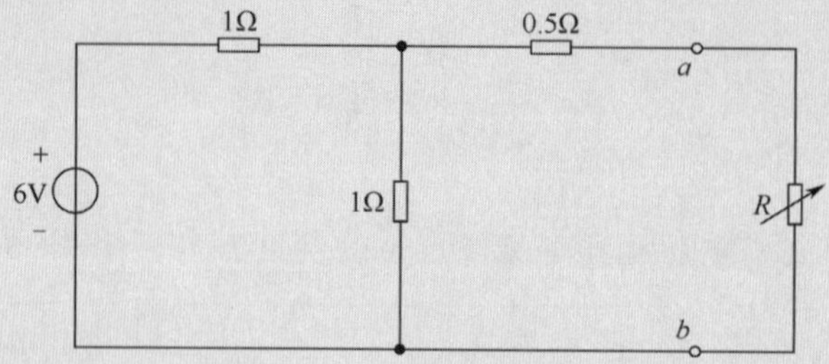

图 1-83 典例 1-8 图

【解】应用戴维南定理将二端网络 1-84（a）等效为一条含源支路，如图 1-84（b）所示。

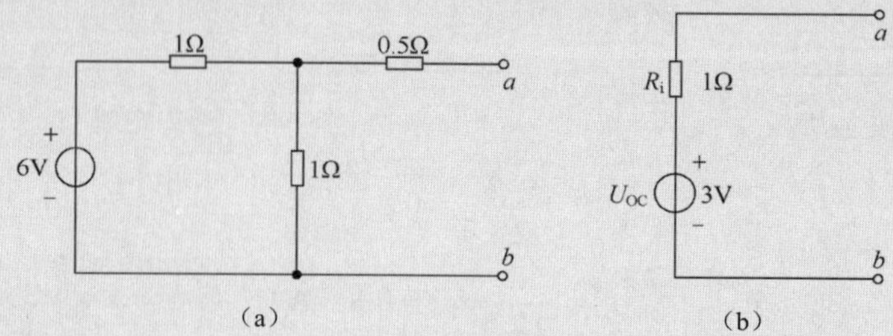

图 1-84 等效电路

当 $R=R_i$，即 $R=1\Omega$ 时，R 获得最大功率，为

$$P=\frac{U_{OC}^2}{4R_i}=\frac{9}{4}=2.25\text{（W）}$$

对于 3V 等效电源而言，功率传输效率为 50%。但是，对于 6V 原电源而言，功率的传输效率则不同。

为了求解各元件的功率，设各支路电流如图 1-85 所示。

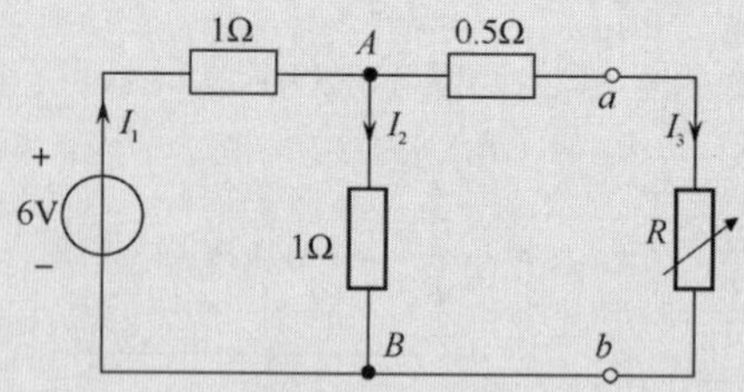

图 1-85 各支路电流

由节点电位法，得

$$V_A=\frac{\frac{6}{1}}{\frac{1}{1}+\frac{1}{1}+\frac{1}{1.5}}=2.25\text{（V）}$$

则有

$$I_1=\frac{6-2.25}{1}=3.75\text{（A）}$$

$$I_2 = \frac{2.25}{1} = 2.25\text{（A）}$$

$$I_3 = I_1 - I_2 = 3.75 - 2.25 = 1.5\text{（A）}$$

6V 原电源的功率为

$$P_S = -6 \times 3.75 = -22.5\text{（W）} < 0\text{（表明发出功率）}$$

而 R 吸收的功率为

$$P_R = I_3^{\ 2} R = 1.5^2 \times 1 = 2.25\text{（W）}$$

功率传输效率为

$$\eta = \frac{2.25}{22.5} = 10\%$$

练习题 1

扫一扫看练习题 1 参考答案

1．试写出图 1-86 所示电路中 U_{ab} 和 I 的关系式。

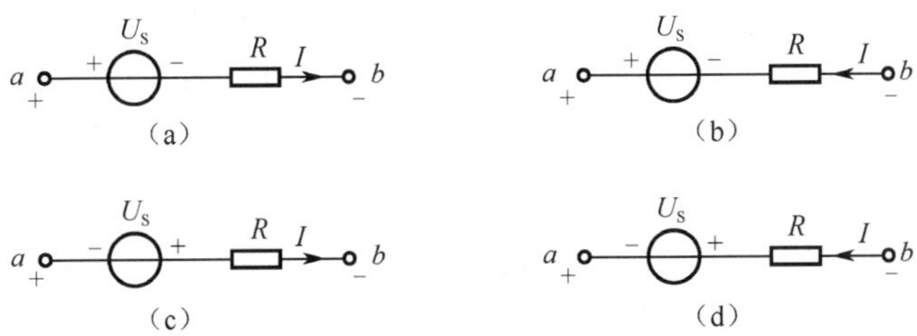

图 1-86　练习题 1 图

2．各元件如图 1-87 所示，完成以下内容：（1）在图 1-87（a）中，元件吸收功率为 10W，求 U；（2）在图 1-87（b）中，元件吸收功率为 10W，求 I；（3）在图 1-87（c）中，求元件产生的功率；（4）在图 1-87（d）中，若元件为电阻，则求电阻 R 及其吸收的功率。

3．求图 1-88（a）中的电流 I 及图 1-88（b）中电流源两端的电压 U。

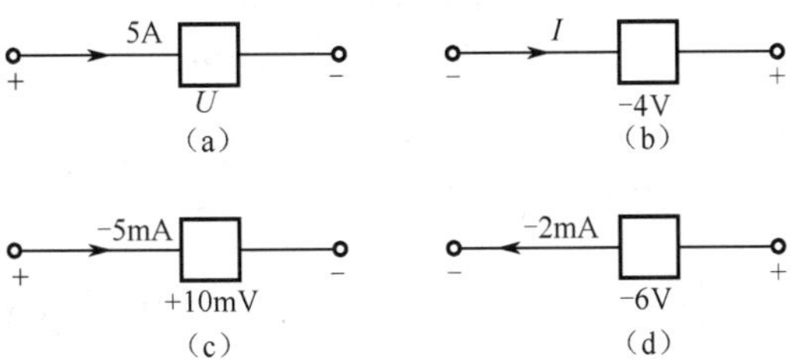

图 1-87　练习题 2 图

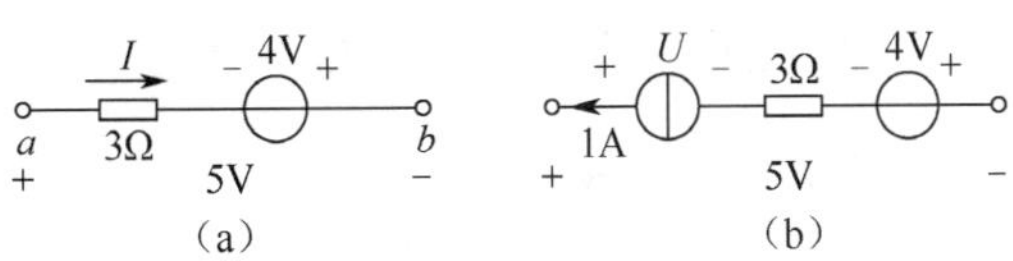

图 1-88　练习题 3 图

4．求图 1-89 所示电路中电阻上的电压，说明电路中各元件的功率关系。

5．计算图 1-90 所示电路中的电压 U_{ac}、U_{bc}、U_{ab}。

6．求图 1-91 所示电路的开路电压 U_{ab}。

7．求图 1-92（a）、图 1-92（b）、图 1-92（c）电路的等效电源模型。

8．利用支路电流法求解图 1-93 所示电路中的电流 I_1、I_2、I_3 及电压 U。

9．利用 KCL 与 KVL 求解图 1-94 所示电路中的 I。

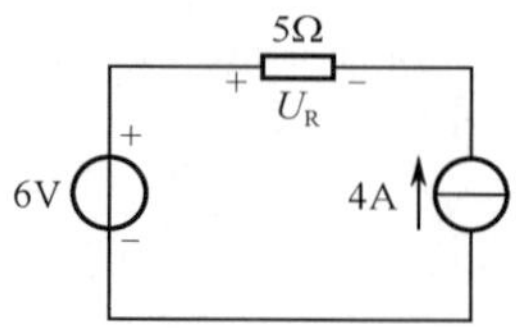

图 1-89　练习题 4 图

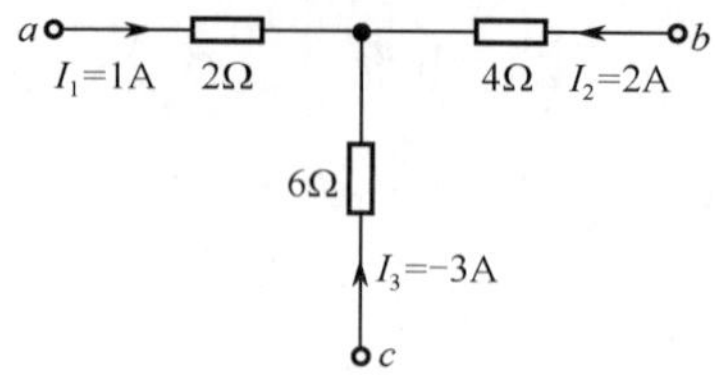

图 1-90　练习题 5 图

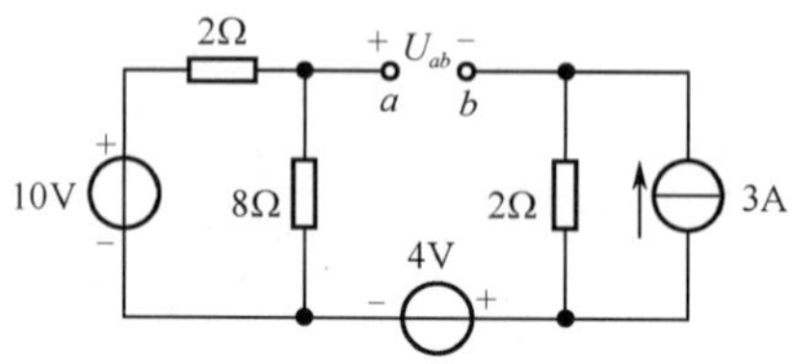

图 1-91　练习题 6 图

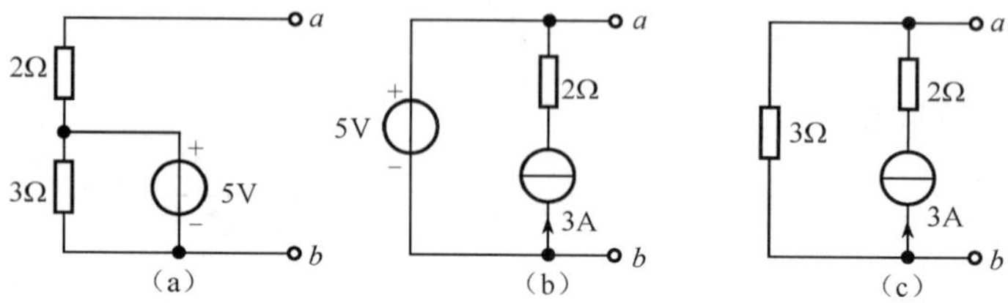

图 1-92　练习题 7 图

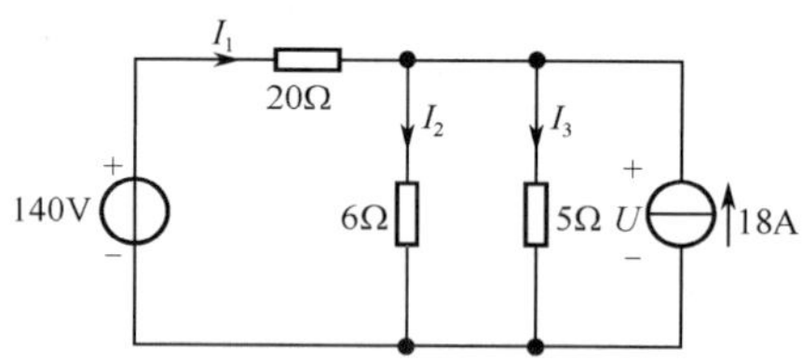

图 1-93　练习题 8 图

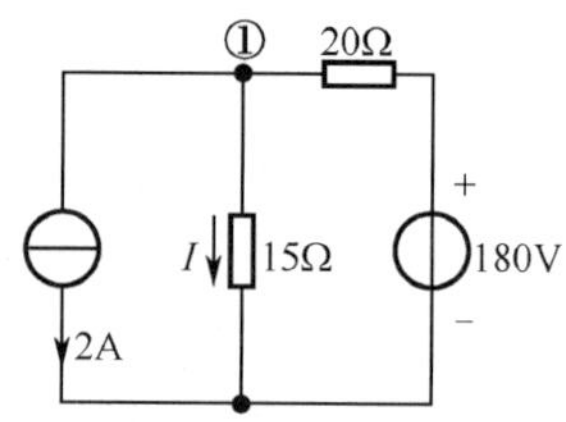

图 1-94　练习题 9 图

10．在图 1-95 所示的电路中，求 R 获得最大功率时的电阻值，并计算功率的传递效率。

11．试用叠加原理求图 1-96 所示电路中的电流 I。

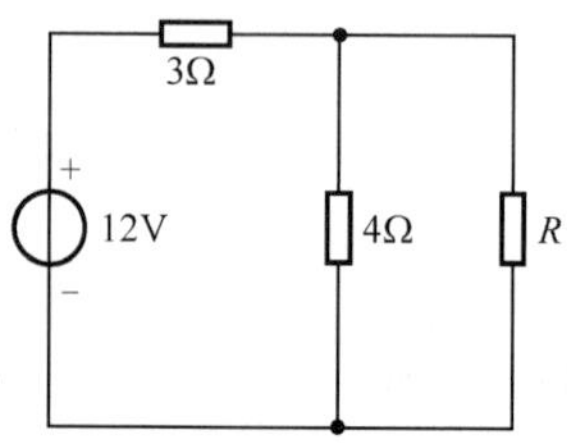

图 1-95　练习题 10 图

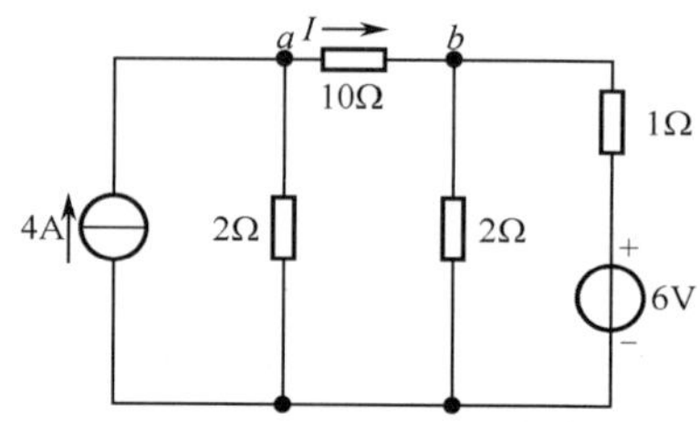

图 1-96　练习题 11 图

12．分别用支路电流法和叠加原理求图 1-97 所示电路中流过电阻 R_1、R_2 的电流 I_1、I_2。

13．利用戴维南定理求图 1-98 所示电路中二端网络的等效电路。

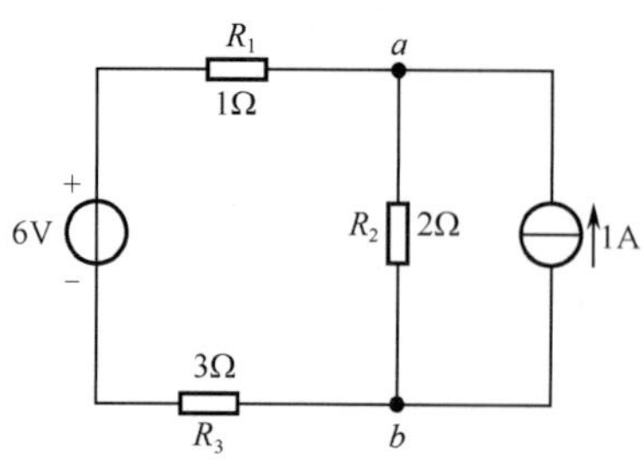

图 1-97　练习题 12 图

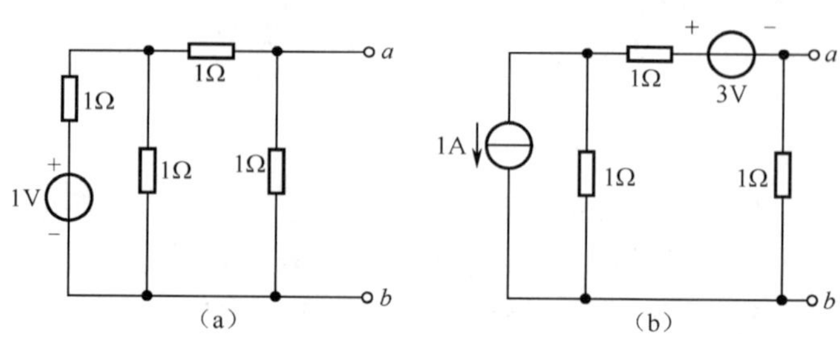

图 1-98　练习题 13 图

14．在图 1-99 所示电路中，试用戴维南定理求流过 R_x 的电流 I。

15．在图 1-100 所示电路中，求 I_1。

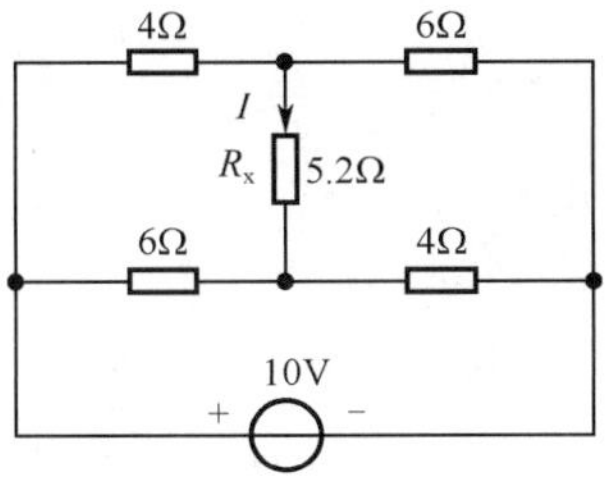

图 1-99　练习题 14 图

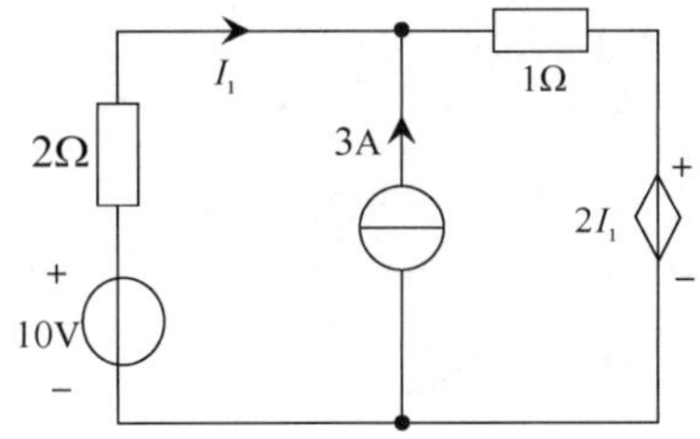

图 1-100　练习题 15 图

扫一扫看复习•提高•检测 1

扫一扫看复习•提高•检测 1 参考答案

模块2 单相正弦交流电路的测量与学习

任务 2.1 单相正弦交流电的概念

<table>
<tr><td>演示元件</td><td colspan="2">日光灯管、镇流器、启辉器、导线、开关、交流电压表</td><td>演示电路</td></tr>
<tr><td>演示方式</td><td colspan="2">教师演示、学生练习</td><td rowspan="5">
图 2-1 日光灯电路示意图</td></tr>
<tr><td rowspan="3">演示结果</td><td>电路总电压</td><td>223.4V</td></tr>
<tr><td>镇流器电压</td><td>174V</td></tr>
<tr><td>日光灯管电压</td><td>110V</td></tr>
<tr><td colspan="3">问题 1：交流电路与直流电路的不同之处是什么？
问题 2：正弦交流电路的描述是什么？
问题 3：单一元件交流电路的特征是什么？</td></tr>
</table>

在图 2-1 中，日光灯电路中的镇流器与日光灯管串联，根据测量结果得出结论：电路的总电压为 223.4V，不等于镇流器电压（174V）与日光灯管电压（110V）之和，说明交流电路的研究方式与直流电路不同。

2.1.1 正弦交流电的基本物理量（三要素）

大小和方向都随时间按正弦规律做周期性变化的电动势、电压和电流统称为正弦交流电（简称交流电）。以正弦电流为例，其数学表达式为

$$i(t) = I_{\mathrm{m}} \sin(\omega t + \varphi_i) \tag{2-1}$$

正弦电流的波形图如图 2-2 所示。

（1）瞬时值：交流电在变化过程中，正弦量的瞬时值，用 $i(t)$或 i、$u(t)$或 u 表示。

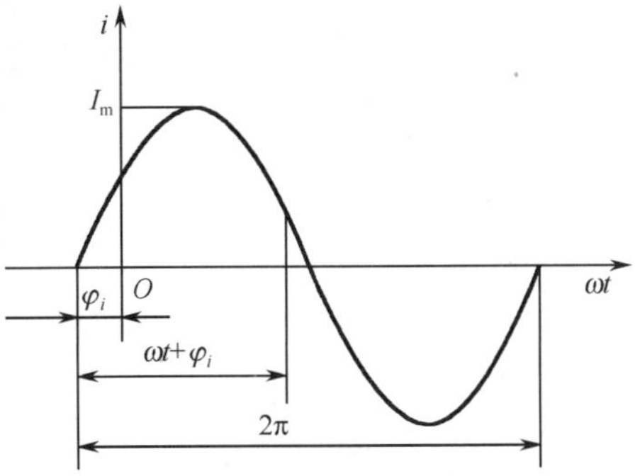

图 2-2　正弦电流的波形图

（2）最大值：正弦量瞬时值中的最大值，称为振幅或峰值，用带下标的大写字母表示，如 U_m、I_m 等。

（3）周期：正弦量完整变化一周所需要的时间，用 T 表示，单位是秒（s）。

（4）频率：正弦量在每秒钟内变化的次数，用 f 表示，单位是赫兹（用字母 Hz 表示），简称赫。周期与频率的关系为

$$f=\frac{1}{T}$$

（5）角频率：正弦量单位时间内变化的弧度数（电角度），用ω表示，反映正弦量变化的快慢。其单位为弧度/秒（rad/s）。交流电变化一周（时间为 T），就相当于变化了 2π 弧度（360°）。角频率和周期、频率的关系为

$$\omega=\frac{2\pi}{T}=2\pi f \tag{2-2}$$

（6）相位：$\omega t+\varphi_i$ 表示正弦量随时间变化的弧度或角度，称为瞬时相位（简称相位）。它反映出正弦量随时间变化的进程，对于每一给定的时刻，都有相应的相位。

（7）初相角：φ_i 表示 t=0 时的相位，称为初相位（初相角），简称初相。

（8）三要素：对于一个正弦量，若已知 I_m、ω、φ_i，则可写出该正弦量的解析式或画出其波形，该正弦量才能被确定。通常把最大值（振幅或幅值）I_m、角频率 ω（f、T）和初相 φ_i 称为正弦量的三要素。

2.1.2　正弦交流电的相位差

两个同频率正弦量的相位之差（或初相位之差）称为相位角差或相位差，用 φ 表示。

若有

$$u=U_m\sin(\omega t+\varphi_u)\ ,\quad i=I_m\sin(\omega t+\varphi_i)$$

则有

$$\begin{aligned}\varphi&=(\omega t+\varphi_u)-(\omega t+\varphi_i)\\&=\varphi_u-\varphi_i\end{aligned} \tag{2-3}$$

相位差如图 2-3 所示。可以看出，两个同频率正弦量的相位差是初相的差值。初相的取值范围为$-180°\leqslant\varphi<+180°$，电路中常用“超前”和“滞后”来说明两个同频率正弦量相位比较的结果。

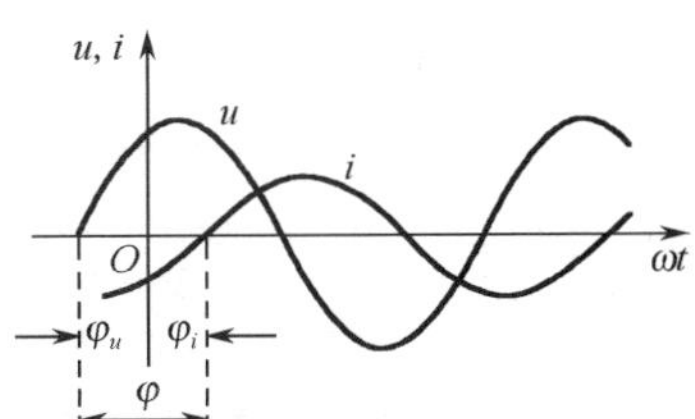

图 2-3　相位差

（1）若 $\varphi=\varphi_u-\varphi_i>0$，如图 2-4（a）所示，则称电压超前电流一个角度 φ，也可以说电流滞后电压一个角度 φ。

（2）若 $\varphi=\varphi_u-\varphi_i<0$，则结论与上述情况相反，即电压滞后电流一个角度$|\varphi|$，或称电流超前电压一个角度$|\varphi|$。

（3）若 $\varphi=\varphi_u-\varphi_i=0$，则称电压与电流同相，其特点是两正弦量同时达到正最大值或同时过零点，如图 2-4（b）所示。

（4）若 $\varphi=\varphi_u-\varphi_i=\pm\pi$，则称电压与电流反相，其特点是当一正弦量的值达到正最大值时，另一正弦量的值刚好为负最大值，如图 2-4（c）所示。

（5）若$\varphi=\varphi_u-\varphi_i=\pm\dfrac{\pi}{2}$，则称电压与电流正交，其特点是当一正弦量的值达到正最大值时，另一正弦量的值刚好为零。

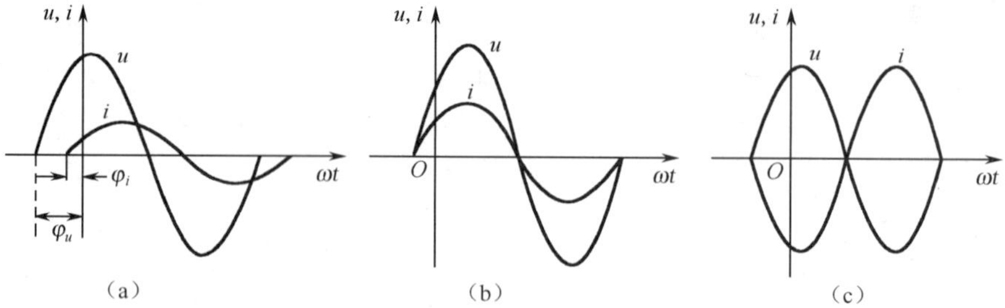

图 2-4　相位差讨论

2.1.3　正弦交流电的有效值

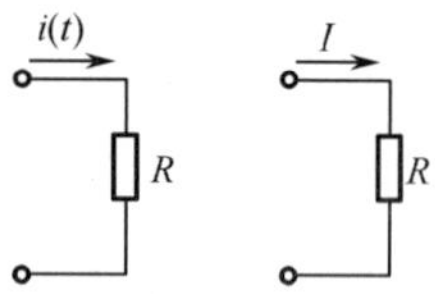

图 2-5　有效值

交流电的大小是时刻变化的，在电工技术中，需要一个能够表达其大小的特定值——有效值，来表示交流电的大小。

有效值的定义：设某一交流电流 $i(t)$和一直流电流 I 分别通过同一个电阻 R，在相同时间内所做功（产生的热量）相等时，称此直流电流 I 的数值是该交流电流 i 的有效值，如图 2-5 所示。

根据有效值的定义，在一个周期T 内，有

$$\int_0^T i^2 R\mathrm{d}t = I^2 RT$$

则周期电流的有效值为

$$I=\sqrt{\frac{1}{T}\int_0^T i^2\mathrm{d}t}$$

设正弦电流$i=I_{\mathrm{m}}\sin(\omega t+\varphi_i)$，则有

$$I=\frac{I_{\mathrm{m}}}{\sqrt{2}}\approx 0.707I_{\mathrm{m}} \tag{2-4}$$

同理可得

$$U=\frac{U_{\mathrm{m}}}{\sqrt{2}}\approx 0.707U_{\mathrm{m}} \tag{2-5}$$

$$E=\frac{E_{\mathrm{m}}}{\sqrt{2}}\approx 0.707E_{\mathrm{m}} \tag{2-6}$$

在工程和日常生活中所说的交流电压或电流的大小，均指其有效值。例如，交流测量仪表中的读数及交流电气设备铭牌上的额定值都是其有效值。我国所使用的单相正弦电源电压的有效值是 220V，最大值是 311V。我国工业交流电的频率为 50Hz，简称工频。

扫一扫，做做练习

2.1.4　正弦交流电的相量表示

前面介绍过正弦量的三角函数式和波形图表示法。前者能方便地求出正弦量的瞬时值，而后者形象直观。由于用这两种表示法进行几个同频率正弦量的运算比较复杂，因此引入正

弦量的相量表示法，就是利用复数来表示正弦交流量的一种方法。它是交流电路分析计算中较为方便的一种方法。用复数来表示相对应的正弦量称为相量表示法，由于相量本身就是复数，因此下面将对复数及其运算进行简要介绍。

1．复数

复数可以用复平面上所对应的点表示。对于直角坐标系，横轴为实轴，纵轴为虚轴，此直角坐标系所确定的平面称为复平面。设 A 为一个复数，a 和 b 分别为它的实部和虚部，则有

$$A = a + \mathrm{j}b$$

式中，$\mathrm{j} = \sqrt{-1}$，为虚单位。

复数 A 还可以用矢量来表示，如图 2-6 所示。该矢量的长度称为复数 A 的模，记作 $|A|$，其表达式为

$$|A| = \sqrt{a^2 + b^2} \qquad (2\text{-}7)$$

复数 A 的矢量与实轴正向间的夹角 φ 称为 A 的辐角，记作

$$\varphi = \arctan\frac{b}{a} \qquad (2\text{-}8)$$

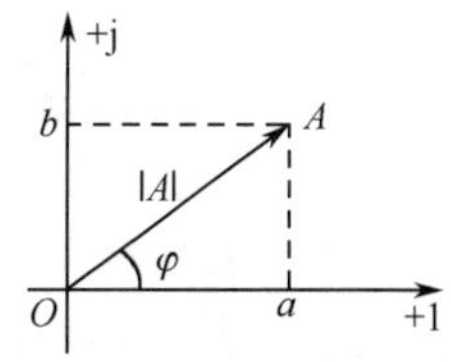

图 2-6　复数的矢量表示

$A = a + \mathrm{j}b = |A|(\cos\varphi + \mathrm{j}\sin\varphi)$ 为复数的三角函数形式。

根据欧拉公式，有

$$\mathrm{e}^{\mathrm{j}\varphi} = \cos\varphi + \mathrm{j}\sin\varphi \qquad (2\text{-}9)$$

解得 $A = |A|\mathrm{e}^{\mathrm{j}\varphi}$，此为复数的指数形式，在工程上简写为 $A = |A|\underline{/\varphi}$ 。

2．复数的 4 种表示形式

复数 A 可用下面 4 种形式来表示。

（1）代数形式：

$$A = a + \mathrm{j}b \qquad (2\text{-}10)$$

（2）三角函数形式：

$$A = |A|(\cos\varphi + \mathrm{j}\sin\varphi) \qquad (2\text{-}11)$$

（3）指数形式：

$$A = |A|\mathrm{e}^{\mathrm{j}\varphi} \qquad (2\text{-}12)$$

（4）极坐标形式：

$$A = |A|\underline{/\varphi} \qquad (2\text{-}13)$$

极坐标形式是指数形式的简写，复数的 4 种表示形式之间可以相互转换。

3．复数运算

设有两个复数分别为

$$A_1 = a_1 + \mathrm{j}\,b_1 = |A_1|\mathrm{e}^{\mathrm{j}\varphi_1} = |A_1|\underline{/\varphi_1}$$

$$A_2 = a_2 + \mathrm{j}b_2 = |A_2|\mathrm{e}^{\mathrm{j}\varphi_2} = |A_2|\underline{/\varphi_2}$$

（1）复数的加减运算为

$$A_1 \pm A_2 = (a_1 + \mathrm{j}\,b_1) \pm (a_2 + \mathrm{j}\,b_2) = (a_1 \pm a_2) + \mathrm{j}(b_1 \pm b_2)$$

（2）复数的乘除运算为

$$A_1 \cdot A_2 = |A_1| \mathrm{e}^{\mathrm{j}\varphi_1} \cdot |A_2| \mathrm{e}^{\mathrm{j}\varphi_2} = |A_1| \cdot |A_2| \mathrm{e}^{\mathrm{j}(\varphi_1+\varphi_2)}$$

$$A_1 \cdot A_2 = |A_1| \cdot |A_2| \underline{/\varphi_1 + \varphi_2}$$

$$\frac{A_1}{A_2} = \frac{|A_1| \mathrm{e}^{\mathrm{j}\varphi_1}}{|A_2| \mathrm{e}^{\mathrm{j}\varphi_2}} = \frac{|A_1|}{|A_2|} \mathrm{e}^{\mathrm{j}(\varphi_1-\varphi_2)} = \frac{|A_1|}{|A_2|} \underline{/\varphi_1 \varphi_2}$$

4．正弦量的相量表示

在正弦交流电路中，所有的电压、电流都是同频率的正弦量，相量法就是用复数表示的正弦量，是将正弦交流电路的稳态分析与计算转换为复数运算的一种方法。下面介绍如何用复数表示正弦量。

一个正弦量由三要素来确定，即频率、幅值和初相。在同一个正弦交流电路中，电压和电流均为同频率的正弦量，即频率是已知或特定的，可以不必考虑。只需要确定正弦量的幅值（或有效值）和初相就可表示正弦量。而一个复数也需要用模和辐角两个量来描述。

如图 2-7 所示，将复数 $I_{\mathrm{m}}\mathrm{e}^{\mathrm{j}\varphi_i}$ 乘上因子 $\mathrm{e}^{\mathrm{j}\omega t}$，其模不变，辐角随时间均匀增加，即在复平面上以角速度ω逆时针旋转，其在虚轴上的投影等于 $i = I_{\mathrm{m}}\sin(\omega t+\varphi_i)$，正好是用正弦函数表示的正弦电流 i。将正弦电流 $i = I_{\mathrm{m}}\sin(\omega t+\varphi_i)$ 用复数表示，复数的模 $|A|$ 代表正弦量的幅值 I_{m}（或有效值），用辐角 φ_i 代表正弦量的初相，得到一个表示正弦量的复数，这就是正弦量的相量表示法。

复数 $I_{\mathrm{m}}\mathrm{e}^{\mathrm{j}\varphi_i}$ 与正弦电流 $i = I_{\mathrm{m}}\sin(\omega t+\varphi_i)$ 是相互对应的关系，可用复数 $I_{\mathrm{m}}\mathrm{e}^{\mathrm{j}\varphi_i} = I_{\mathrm{m}}\underline{/\varphi_i}$ $\underline{/\varphi_1\varphi_2}$ 来表示正弦电流 i，记为

$$\dot{I}_{\mathrm{m}} = I_{\mathrm{m}}\mathrm{e}^{\mathrm{j}\varphi_i} = I_{\mathrm{m}}\underline{/\varphi_i} \tag{2-14}$$

$$\dot{I} = I\mathrm{e}^{\mathrm{j}\varphi_i} = I\underline{/\varphi_i} \tag{2-15}$$

$\dot{I}_{\mathrm{m}}$ 和 $\dot{I}$ 分别称为最大值相量和有效值相量。

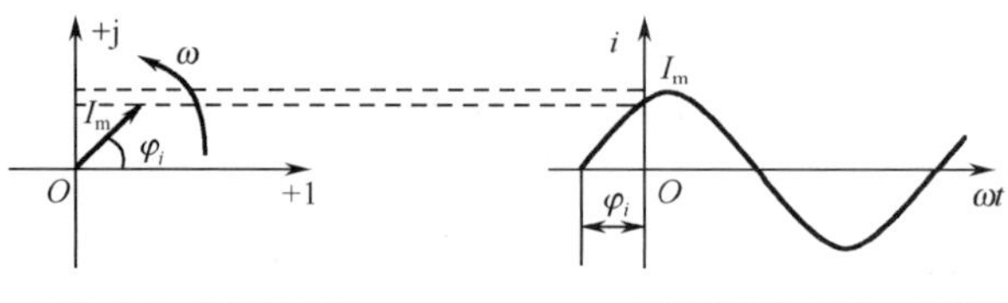

（a）以角速度ω旋转的复数　　（b）旋转复数在虚轴上的投影

图 2-7　正弦量的相量表示法

相量是用复数表示的正弦量。相量不等于正弦量，相量与正弦量是一一对应关系。为了区别相量与复数，相量在大写字母上端加一个点表示，相量运算与复数运算的方法相同。

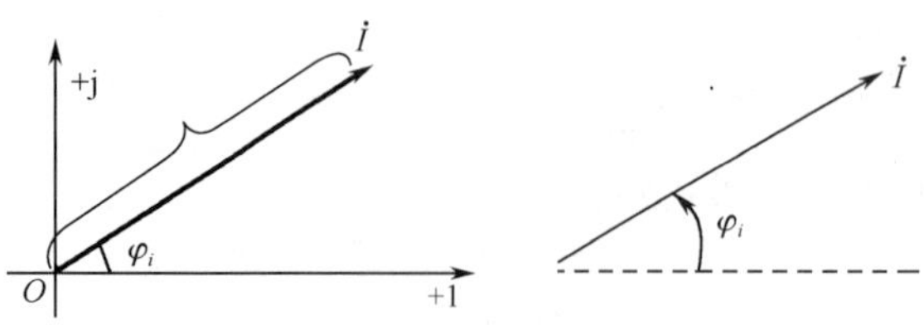

（a）有效值相量图　　（b）简化相量图

图 2-8　正弦电流 $i = I_{\mathrm{m}}\sin(\omega t+\varphi_i)$ 的相量

相量也可以用复平面上的一条有向线段表示。正弦电流 $i = I_{\mathrm{m}}\sin(\omega t+\varphi_i)$ 的相量如图 2-8 所示，其中 φ_i >0。相量的长度为正弦电流的有效值 I，相量与正实轴的夹角是正弦电流的初相，有效值相量图如图 2-8（a）所示；也可以画成图 2-8（b）所示的简化相量图的形式。

【例题 2-1】 已知 $u_1 = 100\sqrt{2}\sin(314t + 60°)\text{V}$ ，$u_2 = 50\sqrt{2}\sin(314t - 60°)\text{V}$ 。写出表示 u_1 和 u_2 的相量。

【解】 $\dot{U}_1 = 100\angle 60°$ V，$\dot{U}_2 = 50\angle -60°$ V。

【例题 2-2】 已知 $i_1 = 5\sqrt{2}\sin(\omega t - 36.9°)\text{A}$ ，$i_2 = 10\sqrt{2}\sin(\omega t + 53.1°)\text{A}$ ，试用相量法求 $i = i_1 + i_2$ 。

【解】 根据正弦量可以写出相应的相量为

$$\dot{I}_1 = 5\angle -36.9° \text{ ，} \dot{I}_2 = 10\angle 53.1°$$

$$\dot{I} = \dot{I}_1 + \dot{I}_2 = 5\angle -36.9° + 10\angle 53.1°$$

$$= (4 - \text{j}3) + (6 + \text{j}8) = 10 + \text{j}5 = 11.18\angle 26.6°$$

根据相量写出对应的正弦量为

$$i = 11.18\sqrt{2}\sin(\omega t + 26.6°)\text{A}$$

【例题 2-3】 已知 $\dot{U} = 220\angle -45°$ V，$\dot{I} = 10\angle 30°$ A，试求电压、电流的解析式。

【解】

$$u = 220\sqrt{2}(\sin\omega t - 45°)\text{V}$$

$$i = 10\sqrt{2}(\sin\omega t + 30°)\text{A}$$

任务 2.2　单一参数元件的电路

电阻 R、电感 L、电容 C 是交流电路中的基本电路元件。下面分别讨论 3 种元件上的电压与电流关系、能量的转换及功率。

2.2.1　电阻元件电路

1．电压与电流的关系

图 2-9（a）所示为电阻元件电路，设加在电阻两端的正弦交流电压为

$$u_\text{R} = U_\text{Rm}\sin(\omega t + \varphi_u)$$

根据欧姆定律 $u=iR$，电路中的电流为

$$i_\text{R} = \frac{u_\text{R}}{R} = \frac{U_\text{Rm}\sin(\omega t + \varphi_u)}{R} = I_\text{Rm}\sin(\omega t + \varphi_i) \quad (2\text{-}16)$$

$$I_\text{Rm} = \frac{U_\text{Rm}}{R}\text{，}\quad \varphi_u = \varphi_i \quad (2\text{-}17)$$

写成有效值关系为

$$I_\text{R} = \frac{U_\text{R}}{R} \text{ 或 } U_\text{R} = RI_\text{R} \quad (2\text{-}18)$$

由以上分析可知，电阻两端的电压与电流同频率、相位，电阻两端的电压有效值 U_R 等于电流有效值 I_R 乘以电阻 R。

电阻元件电压与电流的相量关系：根据电流、电压的三角函数表达式，分别得到其有效值相量为

$$\dot{I}_\text{R} = I_\text{R}\angle\varphi_i \quad (2\text{-}19)$$

$$\dot{U}_{\mathrm{R}} = U_{\mathrm{R}} \angle \varphi_i \tag{2-20}$$

$$\dot{U}_{\mathrm{R}} = RI_{\mathrm{R}} \angle \varphi_i$$

根据式（2-19）与式（2-20）可得

$$\dot{U}_{\mathrm{R}} = R\dot{I}_{\mathrm{R}} \tag{2-21}$$

式（2-21）就是电阻元件上电压与电流的相量关系，也就是欧姆定律的相量形式。它既能表示电压与电流有效值之间的关系，又能表示其相位关系。

电压、电流的相量如图 2-9（b）所示，波形图（$\varphi_u = 0$）如图 2-10 所示。

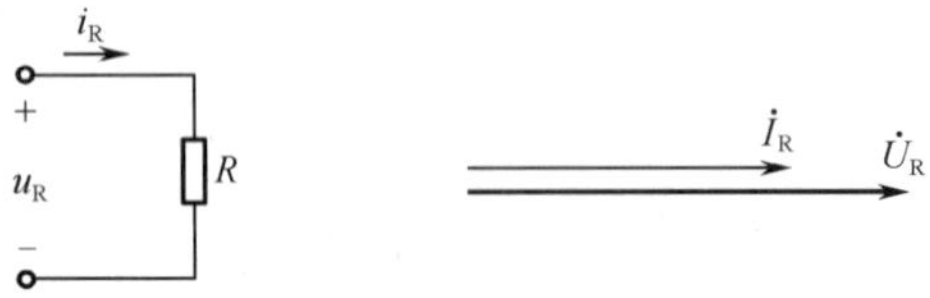

（a）电阻电路　　（b）电压、电流的相量

图 2-9　电阻电路及电压、电流的相量

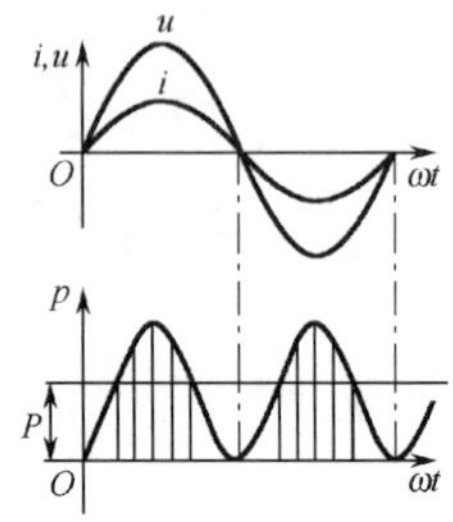

图 2-10　波形图（$\varphi_u = 0$）

2. 电阻元件的功率

在正弦交流电路中，任意电路元件上的电压瞬时值与电流瞬时值的乘积称为该元件的瞬时功率，用小写字母 p 表示。

当 u_{R}、i_{R} 为关联参考方向时，$p = u_{\mathrm{R}} i_{\mathrm{R}}$。

假设电阻两端的电压、电流分别为

$$u_{\mathrm{R}} = U_{\mathrm{Rm}} \sin \omega t$$

$$i_{\mathrm{R}} = I_{\mathrm{Rm}} \sin \omega t$$

则正弦交流电路中电阻元件上的瞬时功率为

$$\begin{aligned} p = u_{\mathrm{R}} i_{\mathrm{R}} &= U_{\mathrm{Rm}} \sin \omega t \times I_{\mathrm{Rm}} \sin \omega t \\ &= U_{\mathrm{Rm}} I_{\mathrm{Rm}} \sin^2 \omega t \\ &= U_{\mathrm{R}} I_{\mathrm{R}} (1 - \cos 2\omega t) \end{aligned} \tag{2-22}$$

可以看出，电阻元件吸收的功率是随时间变化的，但 p 始终大于零，表明了电阻的耗能特性。式（2-22）还表明了电阻元件瞬时功率的频率是电流的频率的 2 倍。瞬时功率的波形图如图 2-10 所示。

由于瞬时功率是随时间变化的，不便于描述功率的大小，因此引入平均功率来描述功率的大小。

瞬时功率在一个周期内的平均值称为平均功率（有功功率），记为 P，其有效值公式为

$$\begin{aligned} P_{\mathrm{R}} &= \frac{1}{T}\int_0^T p\mathrm{d}t = \frac{1}{T}\int_0^T U_{\mathrm{R}} I_{\mathrm{R}} (1 - \cos 2\omega t)\mathrm{d}t \\ &= U_{\mathrm{R}} I_{\mathrm{R}} \end{aligned}$$

又因为 $U_{\mathrm{R}} = RI_{\mathrm{R}}$，所以有

$$P_{\mathrm{R}} = U_{\mathrm{R}} I_{\mathrm{R}} = I_{\mathrm{R}}{}^2 R = \frac{U_{\mathrm{R}}{}^2}{R} \tag{2-23}$$

在正弦交流电路中，通常所说的功率都是指平均功率，平均功率又称为有功功率，单位为 W。

【例题 2-4】 有一电阻 $R = 100\Omega$，通过的电流为 $i(t) = 1.414\sin(\omega t - 30°)$ A。试求：（1）R 两端电压 U 和 u；（2）其消耗的功率 P。

【解】（1）电流的有效值为

$$I = \frac{I_{\mathrm{m}}}{\sqrt{2}} = \frac{1.414}{\sqrt{2}} = 1\ \text{（A）}$$

$$U = RI = 100 \times 1 = 100\ \text{（V）}$$

$$u(t) = Ri = 100 \times 1.414\sin(\omega t - 30°) = 141.4\sin(\omega t - 30°)\ \text{（V）}$$

用相量关系求解得

$$\dot{I} = \frac{1.414}{\sqrt{2}}\angle -30° = 1\angle -30°\ \text{（A）}$$

$$\dot{U} = R\dot{I} = 100 \times 1\angle -30° = 100\angle -30°\ \text{（V）}$$

对应的正弦量为

$$u(t) = 100\sqrt{2}\sin(\omega t - 30°) = 141.4\sin(\omega t - 30°)\ \text{（V）}$$

（2）R 消耗的功率为

$$P = UI = 100 \times 1 = 100\ \text{（W）}$$

2.2.2 电感元件电路

扫一扫，听听解读

1. 电压与电流关系

设电感 L 中通入正弦电流，其参考方向如图 2-11（a）所示。

设 $i_{\mathrm{L}} = I_{\mathrm{Lm}}\sin(\omega t + \varphi_i)$，当电压和电流为关联参考方向时，电感 L 上的伏安关系为

$$\begin{aligned} u_{\mathrm{L}} &= L\frac{\mathrm{d}i_{\mathrm{L}}}{\mathrm{d}t} \\ &= L\frac{\mathrm{d}I_{\mathrm{Lm}}\sin(\omega t + \varphi_i)}{\mathrm{d}t} \\ &= I_{\mathrm{Lm}}\omega L\cos(\omega t + \varphi_i) \\ &= U_{\mathrm{Lm}}\sin\left(\omega t + \varphi_i + \frac{\pi}{2}\right) \\ &= U_{\mathrm{Lm}}\sin(\omega t + \varphi_u) \end{aligned} \tag{2-24}$$

其中，最大值为

$$U_{\mathrm{Lm}} = \omega L I_{\mathrm{Lm}} \tag{2-25}$$

相位关系为

$$\varphi_u = \varphi_i + \frac{\pi}{2} \tag{2-26}$$

有效值为

$$U_{\mathrm{L}} = \omega L I_{\mathrm{L}}\ \text{或}\ I_{\mathrm{L}} = \frac{U_{\mathrm{L}}}{X_{\mathrm{L}}} \tag{2-27}$$

由以上分析可知，电感两端的电压与电流同频率，在关联参考方向下，电压超前电流90°的相位角，电压与电流有效值（或最大值）之比为 ωL。令

$$X_L = \frac{U_L}{I_L} = \omega L = 2\pi f L \tag{2-28}$$

式中，X_L 称为感抗，表示电感元件对电流阻碍作用的一个物理量，单位为欧姆（Ω）。

电感的电压与电流有效值之间的关系不仅与 L 有关，还与频率 f 有关。当 L 不变，U_L 一定时，f 越高则电流 I_L 越小；f 越低则电流 I_L 越大。当 f=0（直流激励）时，X_L 等于零，电感相当于短路。

设流过电感 L 的电流为

$$i_L = \sqrt{2} I_L \sin(\omega t + \varphi_i)$$

电流相量为

$$\dot{I}_L = I_L \angle \varphi_i$$

电感两端电压为

$$u_L = \sqrt{2}\omega L I_L \sin\left(\omega t + \varphi_i + \frac{\pi}{2}\right)$$

电压相量为

$$\dot{U}_L = \omega L I_L \angle \varphi_i + 90^\circ = j\omega L \dot{I}_L = jX_L \dot{I}_L$$

或

$$\dot{I}_L = \frac{\dot{U}_L}{jX_L} \tag{2-29}$$

式（2-29）的两层含义：在数值上，电感的电压有效值等于电流有效值乘以感抗；在相位上，电压超前电流 90°的相位角。

线性电感中正弦电压和电流的相量如图 2-11（b）所示，波形图（$\varphi_i = 0$）如图 2-12 所示。

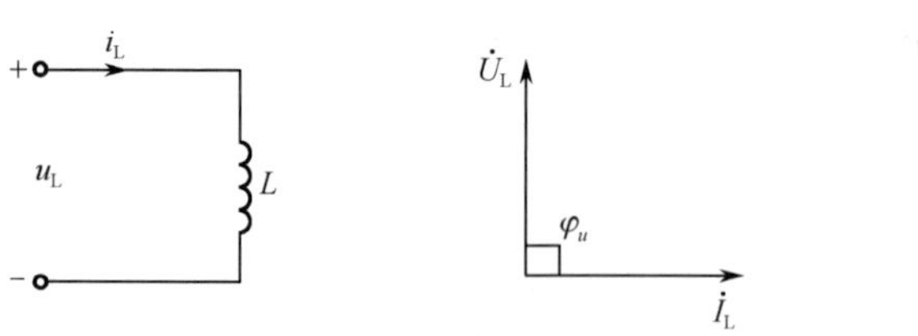

（a）电感电路　（b）线性电感中正弦电压和电流的相量

图 2-11　电感元件

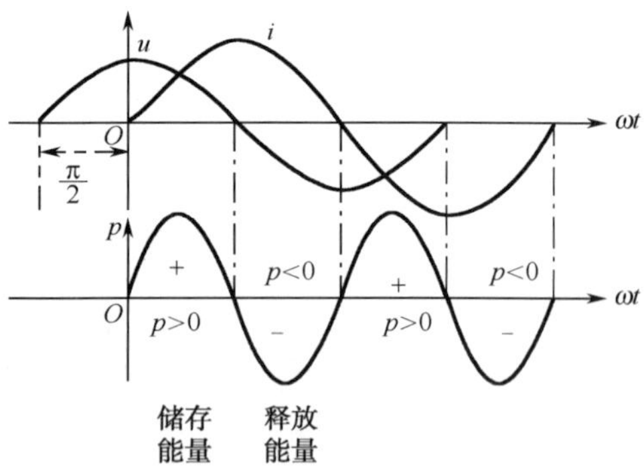

图 2-12　波形图（$\varphi_i = 0$）

2. 电感元件的功率

在电压与电流为关联参考方向时，电感元件的瞬时功率为

$$p = u_L i_L$$

若电感两端的电流、电压（设 φ_i=0）分别为

$$i_L = I_{Lm} \sin \omega t$$

$$u_{\rm L}=U_{\rm Lm}\sin\left(\omega t+\frac{\pi}{2}\right)$$

则正弦交流电路中电感元件上的瞬时功率为

$$\begin{aligned}p=u_{\rm L}i_{\rm L}&=U_{\rm Lm}\sin\left(\omega t+\frac{\pi}{2}\right)\times I_{\rm Lm}\sin\omega t\\&=U_{\rm Lm}I_{\rm Lm}\sin\omega t\cos\omega t\\&=U_{\rm L}I_{\rm L}\sin 2\omega t\end{aligned}\qquad(2\text{-}30)$$

电压、电流（$\varphi_i=0$）、功率的波形图如图 2-12 所示。由式（2-30）或图 2-12 可以看出，瞬时功率的频率是电流（或电压）频率的 2 倍。瞬时功率有大于零与小于零两种状态，并且这两种状态是可逆的能量转换状态。

正弦交流电路中电感元件上的有功功率（平均功率）为

$$P_{\rm L}=\frac{1}{T}\int_0^T p(t){\rm d}t=\frac{1}{T}\int_0^T U_{\rm L}I_{\rm L}\sin 2\omega t{\rm d}t=0\qquad(2\text{-}31)$$

有功功率等于零，说明电感元件不消耗功率，只与外界进行交换能量。

从图 2-12 中可以看出，在第 1 个和第 3 个 1/4 周期内，u 和 i 同为正值或负值时，p 为正值，说明此时电感吸收电能，以磁场能量储存起来；在第 2 个和第 4 个 1/4 周期内，u 和 i 为一正一负，p 为负值，电感元件释放能量，将磁场能转换为电能，说明电感元件与外电路在不断地进行着能量的交换。

用无功功率 $Q_{\rm L}$ 表示电源与电感元件间能量交换的规模，其表达式为

$$Q_{\rm L}=U_{\rm L}I_{\rm L}=I^2_{\rm L}X_{\rm L}=\frac{U^2_{\rm L}}{X_{\rm L}}\qquad(2\text{-}32)$$

无功功率的单位为乏（var）或千乏（kvar）。

【例题 2-5】已知一电感 $L=80\text{mH}$，外加电压 $u_{\rm L}=50\sqrt{2}\sin(314t+65°)\text{V}$。试求：（1）感抗 $X_{\rm L}$；（2）电感中的电流 $I_{\rm L}$；（3）电流瞬时值 $i_{\rm L}$。

【解】（1）电路中的感抗为

$$X_{\rm L}=\omega L=314\times 0.08\approx 25\ (\Omega)$$

（2）电感中的电流为

$$I_{\rm L}=\frac{U_{\rm L}}{X_{\rm L}}=\frac{50}{25}=2\ (\text{A})$$

（3）电流瞬时值 $i_{\rm L}$ 比电压瞬时值 $u_{\rm L}$ 滞后 90°，则有

$$i_{\rm L}=2\sqrt{2}\sin(314t-25°)\ (\text{A})$$

2.2.3　电容元件电路

扫一扫，听听解读

1. 电压与电流关系

设电容 C 中通入正弦交流电，其参考方向如图 2-13（a）所示。设外接正弦交流电压为

$$u_{\rm C}=U_{\rm Cm}\sin(\omega t+\varphi_u)$$

当电压和电流为关联参考方向时，则有

$$
\begin{aligned}
i_{\rm C} &= C\frac{{\rm d}u_{\rm C}}{{\rm d}t} = C\frac{{\rm d}U_{\rm Cm}\sin(\omega t+\varphi_u)}{{\rm d}t} \\
&= U_{\rm Cm}\omega C\cos(\omega t+\varphi_u) \\
&= I_{\rm Cm}\sin\left(\omega t+\varphi_u+\frac{\pi}{2}\right) \\
&= I_{\rm Cm}\sin(\omega t+\varphi_i)
\end{aligned} \tag{2-33}
$$

其中，最大值关系为

$$I_{\rm Cm}=U_{\rm Cm}\omega C \tag{2-34}$$

相位关系为

$$\varphi_i=\varphi_u+\frac{\pi}{2} \tag{2-35}$$

有效值为

$$I_{\rm C}=\omega CU_{\rm C}=\frac{U_{\rm C}}{X_{\rm C}}$$

或

$$\frac{U_{\rm C}}{I_{\rm C}}=\frac{1}{\omega C}=X_{\rm C} \tag{2-36}$$

由以上分析可知，电容两端的电压与电流同频率；电容两端的电压在相位上滞后电流90°；电容两端的电压与电流有效值之比为$\frac{1}{\omega C}$。令

$$X_{\rm C}=\frac{1}{\omega C}=\frac{1}{2\pi fC} \tag{2-37}$$

式中，$X_{\rm C}$称为容抗，是表示电容元件对电流阻碍作用的一个物理量，它与电容和频率成反比，单位为欧姆（Ω）。

当电压一定时，电容 C 不变，频率 f 越高，容抗 $X_{\rm C}$ 越小，则电流 $I_{\rm C}$ 越大；频率 f 越低，容抗 $X_{\rm C}$ 越大，则电流 $I_{\rm C}$ 越小。当 $f=0$（直流激励）时，$X_{\rm C}\to\infty$，$I_{\rm C}=0$，电容相当于开路。由此可知，电容具有“通交流隔直流”的作用。

设电容两端的电压为

$$u_{\rm C}=\sqrt{2}U_{\rm C}\sin(\omega t+\varphi_u)$$

其相量为

$$\dot{U}_{\rm C}=U_{\rm C}\underline{/\varphi_u}$$

则流过电容的电流为

$$i_{\rm C}=\sqrt{2}\omega CU_{\rm C}\sin\left(\omega t+\varphi_u+\frac{\pi}{2}\right)$$

其相量形式为

$$\dot{I}_{\rm C}=\omega CU_{\rm C}\underline{/\varphi_u+90^\circ}={\rm j}\omega C\dot{U}_{\rm C}={\rm j}\frac{\dot{U}_{\rm C}}{X_{\rm C}}=\frac{\dot{U}_{\rm C}}{-{\rm j}X_{\rm C}}$$

或

$$\dot{U}_{\rm C}=-{\rm j}X_{\rm C}\dot{I}_{\rm C} \tag{2-38}$$

电容元件正弦电压和电流的相量图、波形图（$\varphi_u = 0$）分别如图 2-13（b）和图 2-14 所示。

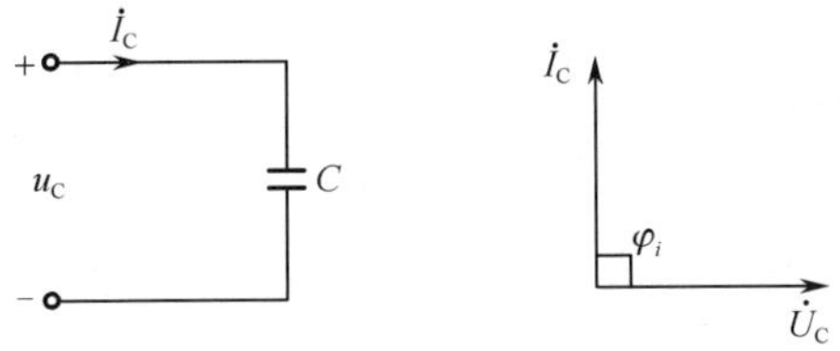

（a）电容电路　（b）正弦电压和电流的相量图

图 2-13　电容元件

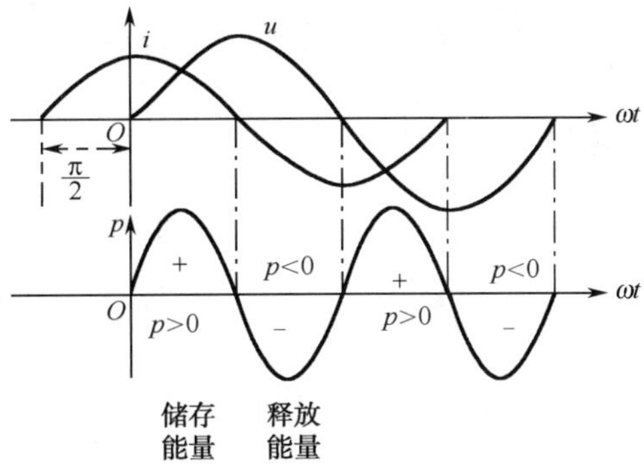

图 2-14　波形图（$\varphi_u = 0$）

2．电容元件的功率

在电压与电流为关联参考方向时，设 $u_C=U_{Cm}\sin\omega t$，则电容元件的瞬时功率为

$$\begin{aligned} p = u_C i_C &= U_{Cm}\sin\omega t \times I_{Cm}\sin\left(\omega t + \frac{\pi}{2}\right) \\ &= U_{Cm} I_{Cm} \sin\omega t \cos\omega t \\ &= U_C I_C \sin 2\omega t \end{aligned} \quad (2\text{-}39)$$

电容元件的电压、电流、功率的波形图如图 2-14 所示。由式（2-39）或图 2-14 都可以看出，此功率是以 2 倍频率进行正弦变化的。其瞬时功率有大于零与小于零两种可逆的能量转换过程。

电容元件的平均功率为

$$P_C = \frac{1}{T}\int_0^T p(t)\mathrm{d}t = \frac{1}{T}\int_0^T U_C I_C \sin 2\omega t \mathrm{d}t = 0 \quad (2\text{-}40)$$

式（2-40）说明电容元件的平均功率（有功功率）为零，电容元件是不消耗能量的，和电感元件一样，它与外电路之间只发生能量的互换。而这个能量互换的规模也由无功功率来度量，它等于瞬时功率的幅值，用 Q_C 表示，其表达式为

$$Q_C = -U_C I_C = -I_C^2 X_C = -\frac{U_C^2}{X_C} \quad (2\text{-}41)$$

负号“−”的意义是区别于电感元件的无功功率。

无功功率的单位为乏（var）或千乏（kvar）。

【例题 2-6】已知某电容 $C=50\mu F$，接在 220V、50Hz 的正弦交流电源上，求：（1）容抗 X_C；（2）电路中的电流 I_C 和无功功率 Q_C。

【解】（1）

$$X_C = \frac{1}{\omega C} = \frac{1}{2\pi f C} = \frac{1}{2\times 3.14\times 50\times 10^{-6}\times 50} \approx 63.7\ (\Omega)$$

（2）

$$I_C = \frac{U_C}{X_C} = \frac{220}{63.7} \approx 3.45\ (\mathrm{A})$$

$$Q_C = -U_C I_C = -220\times 3.45 = -759\ (\mathrm{var})$$

【例题 2-7】已知某电容 $C=100\mu F$，接在 $u=220\sqrt{2}\sin(1000t-45°)V$ 的电源上。求：（1）流过电容的电流 I_C 和 i_C；（2）电容元件的有功功率 P_C 和无功功率 Q_C；（3）绘制电流、电压的相量图。

【解】（1）

$$\dot{U}_C=220\underline{/-45°}\ (V)$$

$$X_C=\frac{1}{\omega C}=\frac{1}{1000\times100\times10^{-6}}=10\ (\Omega)$$

$$\dot{I}_C=\frac{\dot{U}_C}{-jX_C}=\frac{220\underline{/-45°}}{10\underline{/-90°}}=22\underline{/45°}\ (A)$$

$$i_C=22\sqrt{2}\sin(1000t+45°)\ (A)$$

（2）

$$P_C=0$$

$$Q_C=-U_CI_C=-220\times22=-4840\ (var)$$

（3）电压、电流的相量图如图 2-15 所示。

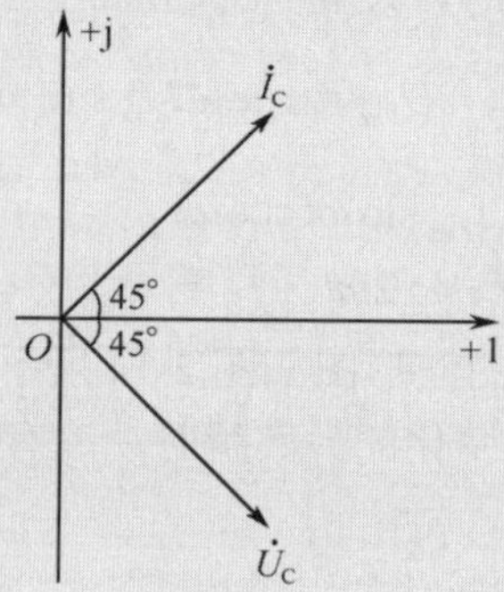

图 2-15　电压、电流的相量图

扫一扫，做做练习

任务 2.3　RLC 串、并联电路的分析

2.3.1　RLC 串联电路

扫一扫，听听解读

1．电压与电流的关系及阻抗

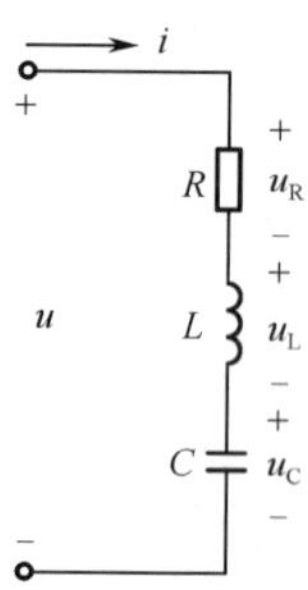

图 2-16　RLC 串联电路

RLC 串联电路如图 2-16 所示，该电路在正弦电压的作用下通过正弦电流 i，在 3 种元件上分别引起电压 u_R、u_L 和 u_C，其参考方向如图 2-16 所示。

设 $i(t)=\sqrt{2}I\sin\omega t$，则有

$$\dot{I}=\sqrt{2}I\underline{/0°}$$

$$\dot{U}_R=R\dot{I}$$

$$\dot{U}_L=jX_L\dot{I}$$

$$\dot{U}_C=-jX_C\dot{I}$$

根据 KVL，有

$$u=u_R+u_L+u_C \tag{2-42}$$

因为电压均是同频率的正弦电压，所以可以写成 KVL 的相量形式，即

$$\dot{U}=\dot{U}_{R}+\dot{U}_{L}+\dot{U}_{C} \tag{2-43}$$

根据电阻、电感和电容元件伏安关系的相量形式，有

$$\begin{aligned}\dot{U}&=[R+j(X_{L}-X_{C})]\dot{I}\\&=(R+jX)\dot{I}=Z\dot{I}\end{aligned}$$

或

$$\dot{I}=\frac{\dot{U}}{Z} \tag{2-44}$$

式中，$Z=R+j(X_{L}-X_{C})=R+jX$，$X=X_{L}-X_{C}$，则有

$$Z=\frac{\dot{U}}{\dot{I}}=R+jX \tag{2-45}$$

可见，在 RLC 串联电路中，电压相量$\dot{U}$与电流相量$\dot{I}$之比为一复数 Z，它的实部为电路的电阻 R，虚部为电路中的感抗 X_L 与容抗 X_C 之差，X 称为电路的电抗，Z 称为电路的复阻抗。将复阻抗写成指数形式，则为

$$Z=\sqrt{R^{2}+X^{2}}\ \angle\arctan\frac{X}{R}=|Z|\angle\varphi \tag{2-46}$$

式中，复阻抗的模为

$$|Z|=\sqrt{R^{2}+X^{2}}=\sqrt{R^{2}+(X_{L}-X_{C})^{2}} \tag{2-47}$$

阻抗角φ（辐角）为

$$\varphi=\arctan\frac{X}{R}=\arctan\frac{X_{L}-X_{C}}{R} \tag{2-48}$$

式（2-47）与式（2-48）表明：复阻抗的模$|Z|$及辐角φ的大小只与参数及角频率有关，而与电压及电流无关。式（2-46）还说明，复阻抗的模$|Z|$和 R 及 X 构成一个直角三角形，如图 2-17 所示，该三角形称为阻抗三角形，辐角φ又称为阻抗角。

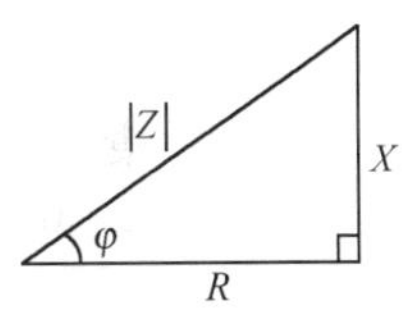

图 2-17　阻抗三角形

阻抗三角形可说明 R、X、$|Z|$ 数值之间的关系。

复阻抗又可写为

$$Z=\frac{\dot{U}}{\dot{I}}=\frac{U\angle-\varphi_{u}}{I\angle-\varphi_{i}}=\frac{U}{I}\angle\varphi_{u}-\varphi_{i}=|Z|\angle\varphi \tag{2-49}$$

式中，

$$|Z|=\frac{U}{I},\quad \varphi=\varphi_{u}-\varphi_{i} \tag{2-50}$$

由此可见，复阻抗的模$|Z|$等于电压有效值与电流的有效值之比，辐角φ等于电压与电流的相位差角。复阻抗 Z 决定了电压、电流的有效值大小和相位间的关系。复阻抗是正弦交流电路中一个十分重要的概念。复阻抗可简称阻抗。

RLC 串联电路中电压与电流的关系也可采用相量作图的方法表示，如图 2-18（a）所示。先取电流相量$\dot{I}$为参考相量，再根据 R、L、C 上的电压与电流间的相位关系分别做电压相量。

做$\dot{U}_R$与$\dot{I}$同相，做$\dot{U}_L$超前$\dot{I}$ 90°，做$\dot{U}_C$滞后$\dot{I}$ 90°，根据平行四边形法则或三角形法则，进行相量相加，就得到了端电压$\dot{U}$相量，如图2-18（b）所示。

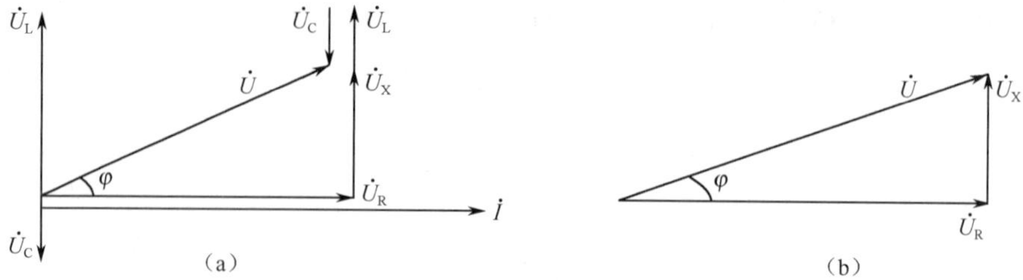

图2-18　串联电路相量图和电压阻抗三角形

由图2-18（a）可以看出，电压的有效值关系为

$$U=\sqrt{U_R^2+(U_L-U_C)^2}=\sqrt{U_R^2+(U_X)^2} \tag{2-51}$$

$$\varphi=\arctan\frac{U_X}{U_R}=\arctan\frac{U_L-U_C}{U_R} \tag{2-52}$$

由图2-18（b）可以看出，电压有效值相量$\dot{U}$、$\dot{U}_R$及（$\dot{U}_L-\dot{U}_C$）恰好组成一个直角三角形，该三角形称为电压三角形，如图2-18（b）所示。从电压三角形可看出总电压有效值与各分电压有效值的数量关系，如式（2-51）所示，利用这个电压三角形可求电压的有效值。

2．电路参数对电路性质的影响

扫一扫，听听解读

由以上分析可知，当频率一定时，相位差角的大小决定了电路的参数及电路的性质。

（1）当$X>0$、$\omega L>\dfrac{1}{\omega C}$时，$\varphi>0$，电压超前电流一个$\varphi$，该电路为电感性电路。

（2）当$X<0$、$\omega L<\dfrac{1}{\omega C}$时，$\varphi<0$，电压滞后电流一个$\varphi$，该电路为电容性电路。

（3）当$X=0$、$\omega L=\dfrac{1}{\omega C}$时，$\varphi=0$，电压$u$与电流$i$同相，电路呈电阻性，这种状态称为谐振状态（后续内容会介绍）。

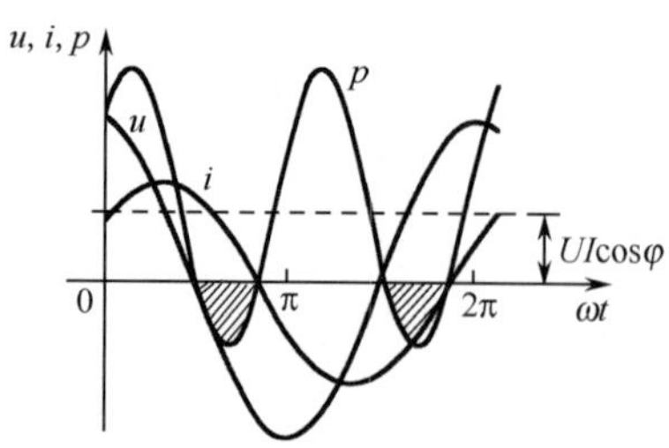

图2-19　电压、电流和瞬时功率随时间变化的曲线

3．功率

设有一个二端网络（如RLC串联电路），其电压、电流和瞬时功率随时间变化的曲线如图2-19所示。

设$i(t)=\sqrt{2}I\sin(\omega t+\varphi_i)$，$u(t)=\sqrt{2}U\sin(\omega t+\varphi_u)$，则在任意瞬间的瞬时功率为

$$\begin{aligned}p&=u(t)\cdot i(t)\\&=\sqrt{2}U\sin(\omega t+\varphi_u)\sqrt{2}I\sin(\omega t+\varphi_i)\\&=UI\cos\varphi-UI\cos(2\omega t+\varphi)\end{aligned} \tag{2-53}$$

式中，φ为电压与电流的相位差。

瞬时功率是随时间变化的，其曲线如图2-19所示。可以看出，瞬时功率有时为正值，有时为负值。正值表示负载从电源吸收功率，负值表示从负载中的储能元件（电感、电容）释放能量送回电源。

扫一扫，听听解读

1）有功功率（平均功率）

有功功率是指瞬时功率在一个周期内的平均值，简称功率，其表达式为

$$P=\frac{1}{T}\int_0^T[UI\cos\varphi-UI\cos(2\omega t+\varphi)]\,\mathrm{d}t \\ =UI\cos\varphi \qquad (2\text{-}54)$$

式中，有功功率 P 的单位是瓦（W）；$\varphi=\varphi_u-\varphi_i$；$\cos\varphi$ 称为功率因数，其值取决于电路中总的电压和电流的相位差，由于一个交流负载可以用一个等效复阻抗来表示，因此它的阻抗角决定电路中的电压和电流的相位差，即 $\cos\varphi$ 中的 φ 就是复阻抗的阻抗角。

由上述分析可知，在交流负载中只有电阻部分才消耗能量，在 RLC 串联电路中电阻是耗能元件，则有 $P=U_RI=I^2R$。

扫一扫，听听解读

2）无功功率

在电路中有储能元件电感和电容，它们虽不消耗功率，但与电源之间要进行能量交换。用无功功率 Q 表示这种能量交换的规模，其表达式为

$$Q=(U_L-U_C)I=Q_L-Q_C=UI\sin\varphi \qquad (2\text{-}55)$$

这里着重解释一下电路的无功功率 Q 为什么等于 Q_L 与 Q_C 之差，而不是 Q_L 与 Q_C 之和。由于在 RLC 串联电路中，电感和电容上流过的是同一电流 i，而电压 u_L 与 u_C 是反向的，因此无功功率 Q_L 与无功功率 Q_C 的作用也是相反的，在一个“吞”的同时，另一个就“吐”。这样就减轻了电源的负担，使电源与电路总负载之间传输的无功功率等于 Q_L 与 Q_C 之差。

无功功率的单位为乏（var）或千乏（kvar）。

扫一扫，听听解读

3）视在功率

在交流电路中，端电压与电流的有效值乘积称为视在功率，用 S 表示，即

$$S=UI \qquad (2\text{-}56)$$

视在功率的单位为伏安（VA）或千伏安（kVA）。

虽然视在功率 S 具有功率的量纲，但它与有功功率和无功功率是有区别的。视在功率 S 通常用来表示电源设备的容量，如变压器容量、发电机容量等。

综上所述，有功功率 P、无功功率 Q、视在功率 S 之间存在以下关系：

$$P=UI\cos\varphi=S\cos\varphi \qquad (2\text{-}57)$$

$$Q=UI\sin\varphi=S\sin\varphi \qquad (2\text{-}58)$$

显然，S、P、Q 构成一个直角三角形，如图 2-20 所示。此直角三角形称为功率三角形，它与电压三角形、阻抗三角形相似。P、Q 和 S 之间满足下列关系：

$$S=\sqrt{P^2+Q^2}=UI \quad (2\text{-}59)$$

$$\varphi=\arctan\frac{Q}{P} \quad (2\text{-}60)$$

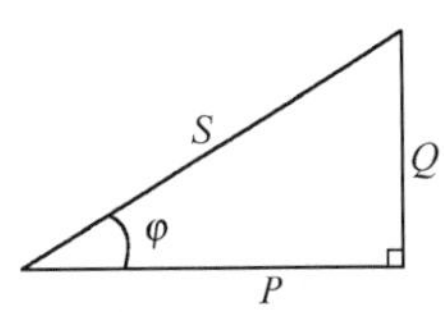

图 2-20　功率三角形

【例题 2-8】 在 RLC 串联电路中，交流电源电压 $U=220\text{V}$，频率 $f=50\text{Hz}$，$R=30\Omega$，$L=445\text{mH}$，$C=32\mu\text{F}$。试求：（1）电路中的电流大小 I；（2）总电压与电流的相位差 φ；（3）各

元件上的电压 U_R、U_L、U_C。

【解】（1）$X_L=2\pi fL\approx140$（Ω），$X_C=\dfrac{1}{2\pi fC}\approx100$（Ω），$|Z|=\sqrt{R^2+(X_L-X_C)^2}=50$（Ω），则

$$I=\frac{U}{|Z|}=4.4\ \text{（A）}$$

（2）$\varphi=\arctan\dfrac{X_L-X_C}{R}=\arctan\dfrac{40}{30}\approx53.1°$，即总电压比电流超前53.1°，电路呈感性。

（3）$U_R=RI=132$（V），$U_L=X_LI=616$（V），$U_C=X_CI=440$（V）。

在本例题中，电感电压、电容电压都比电源电压大，在交流电路中，各元件上的电压可以比总电压大，这是交流电路与直流电路不同之处。

【例题2-9】为了测量电感线圈的 R 和 L，在电感线圈两端加 $U=110\text{V}$、$f=50\text{Hz}$ 的正弦交流电压，如图2-21所示，测得流入线圈中的电流 $I=5\text{A}$，消耗的平均功率 $P=400\text{W}$，试计算线圈参数 R 和 L。

【解】根据 $P=I^2R$，得

$$R=\frac{P}{I^2}=16(\Omega)$$

$$\frac{U}{I}=|Z|=\sqrt{R^2+(\omega L)^2}$$

$$\left(\frac{U}{I}\right)^2=R^2+\omega^2L^2$$

$$484=16^2+314^2L^2$$

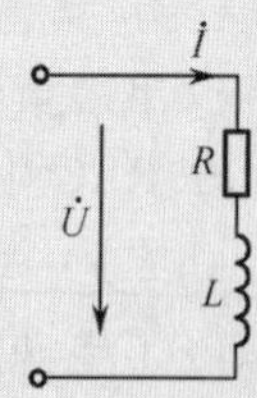

图2-21　电感线圈

解得

$$L\approx48.1(\text{mH})$$

【例题2-10】在RLC串联电路中，$R=30\Omega$，$L=382\text{mH}$，$C=39.8\mu\text{F}$，外加电压 $u=220\sqrt{2}\sin(314t+60°)\text{V}$，试求：（1）复阻抗 Z，并确定电路的性质；（2）$\dot{I}$、$\dot{U}_R$、$\dot{U}_L$、$\dot{U}_C$；（3）绘出相量图。

【解】（1）由已知条件可得

$$\begin{aligned}Z&=R+\text{j}(X_L-X_C)=R+\text{j}\left(\omega L-\frac{1}{\omega C}\right)\\&=30+\text{j}\left(314\times0.382-\frac{10^6}{314\times39.8}\right)\\&\approx30+\text{j}(120-80)=30+\text{j}40\approx50\underline{/53.1°}\ (\Omega)\end{aligned}$$

因为 $\varphi=53.1°>0$，所以此电路为电感性电路。

（2）

$$\dot{I}=\frac{\dot{U}}{Z}=\frac{220\underline{/60°}}{50\underline{/53.1°}}=4.4\underline{/6.9°}\ \text{（A）}$$

$$\dot{U}_R=\dot{I}R=4.4\underline{/6.9°}\times30=132\underline{/6.9°}\ \text{（V）}$$

$$\dot{U}_L=\dot{I}jX_L=4.4\underline{/6.9^\circ}\times 120\underline{/90^\circ}=528\underline{/96.9^\circ}\quad(\text{V})$$

$$\dot{U}_C=-\dot{I}jX_C=4.4\underline{/6.9^\circ}\times 80\underline{/-90^\circ}=352\underline{/-83.1^\circ}\quad(\text{V})$$

（3）相量图如图 2-22 所示。

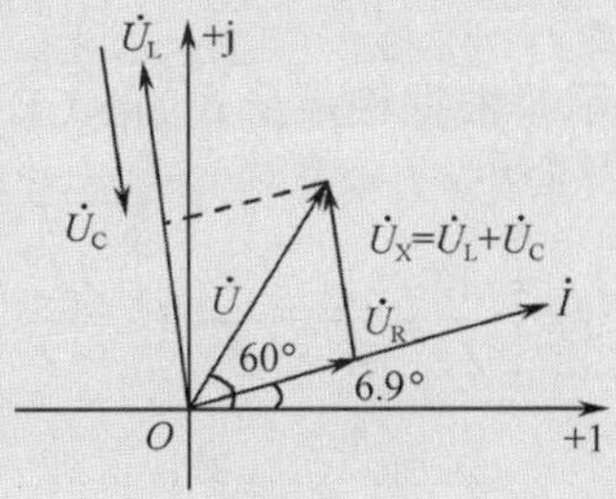

图 2-22　相量图

2.3.2　阻抗的串并联

1．复阻抗

在 RLC 串联电路中引入复阻抗概念，正弦稳态无源二端网络端口处的电压相量$\dot{U}$与电流相量$\dot{I}$之比定义为该二端网络的复阻抗，记为Z，其表达式为

$$\begin{aligned}Z&=\frac{\dot{U}}{\dot{I}}=|Z|\underline{/\varphi}=|Z|\mathrm{e}^{\mathrm{j}\varphi}\\&=|Z|\cos\varphi+\mathrm{j}|Z|\sin\varphi=R+\mathrm{j}X\end{aligned}\tag{2-61}$$

式中，阻抗Z的电阻分量$R=|Z|\cos\varphi$；阻抗Z的电抗分量$X=|Z|\sin\varphi$；阻抗的模$|Z|=\dfrac{U}{I}=\sqrt{R^2+X^2}$；阻抗角$\varphi=\arctan\dfrac{X}{R}=\varphi_u-\varphi_i$。

$|Z|$、R、X之间的关系符合阻抗三角形，与串联 RLC 电路中的阻抗三角形相同。

正弦稳态无源二端网络如图 2-23 所示。

2．阻抗的串联

阻抗的串联电路如图 2-24 所示，根据相量形式的 KVL 可得

$$\begin{aligned}\dot{U}&=\dot{U}_1+\dot{U}_2+\dot{U}_3\\&=(Z_1+Z_2+Z_3)\dot{I}=Z\dot{I}\end{aligned}\tag{2-62}$$

式中，Z为全电路的等效阻抗，其表达式为

$$Z=Z_1+Z_2+Z_3\tag{2-63}$$

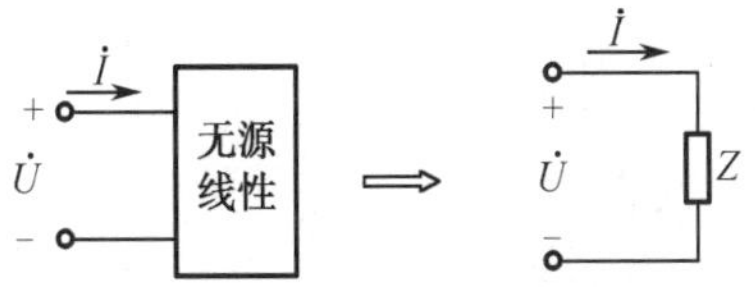

图 2-23　正弦稳态无源二端网络

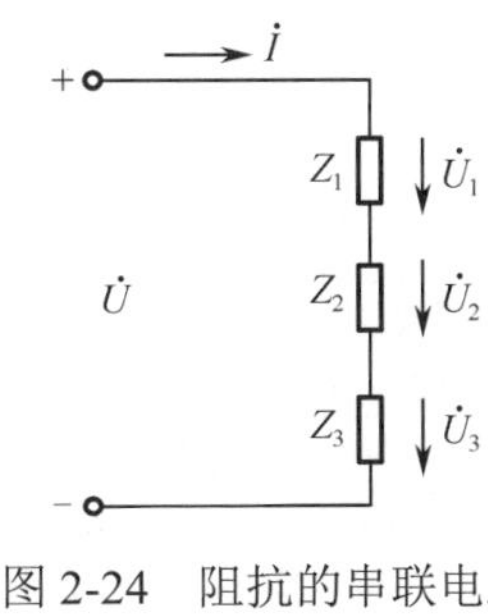

图 2-24　阻抗的串联电路

两阻抗串联的分压公式为

$$\dot{U}_1=\frac{Z_1}{Z_1+Z_2}\dot{U},\quad \dot{U}_2=\frac{Z_2}{Z_1+Z_2}\dot{U} \tag{2-64}$$

3. 阻抗的并联

阻抗的并联电路如图2-25所示，根据相量形式的KCL可得

$$\begin{aligned}\dot{I}&=\dot{I}_1+\dot{I}_2+\dot{I}_3\\&=\left(\frac{1}{Z_1}+\frac{1}{Z_2}+\frac{1}{Z_3}\right)\dot{U}=\frac{\dot{U}}{Z}\end{aligned} \tag{2-65}$$

式中，

$$\frac{1}{Z}=\frac{1}{Z_1}+\frac{1}{Z_2}+\frac{1}{Z_3} \tag{2-66}$$

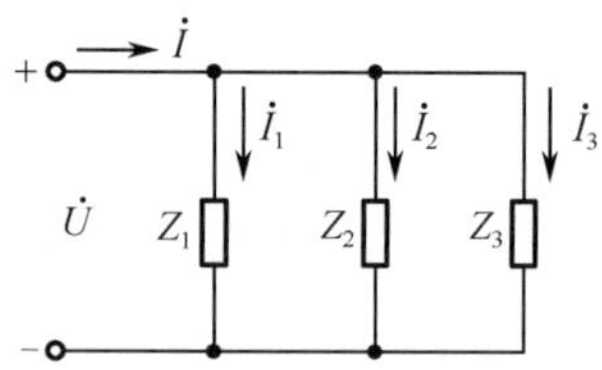

图2-25　阻抗的并联电路

几个复阻抗并联时，电路的等效复阻抗的倒数等于各复阻抗的倒数之和。

两阻抗并联的分流公式为

$$\dot{I}_1=\frac{Z_2}{Z_1+Z_2}\dot{I},\quad \dot{I}_2=\frac{Z_1}{Z_1+Z_2}\dot{I} \tag{2-67}$$

4. 阻抗的混联电路

在正弦交流电路中的电压与电流用相量表示及引用复阻抗的概念后，阻抗的串联与并联的分析方法在形式上与直流电路中的相应公式相似，对阻抗的混联电路的分析可按照直流电路的分析方法进行。

【例题2-11】如图2-26所示，已知$Z_1=10+\text{j}6.28(\Omega)$，$Z_2=20-\text{j}31.9(\Omega)$，$Z_3=15+\text{j}15.7(\Omega)$，求等效复阻抗$Z_{\text{ab}}$。

【解】

$$Z_{\text{ab}}=Z_3+\frac{Z_1Z_2}{Z_1+Z_2}=Z_3+Z_{12}$$

$$\begin{aligned}Z_{12}&=\frac{(10+\text{j}6.28)(20-\text{j}31.9)}{10+\text{j}6.28+20-\text{j}31.9}\\&=\frac{11.81\angle 32.13^\circ\times 37.65\angle -57.61^\circ}{39.45\angle -40.5^\circ}\\&=10.89+\text{j}2.86\end{aligned}$$

所以有

$$\begin{aligned}Z_{\text{ab}}&=Z_3+Z_{12}=15+\text{j}15.7+10.89+\text{j}2.86\\&=25.89+\text{j}18.56=31.9\angle 35.6^\circ\ (\Omega)\end{aligned}$$

【例题 2-12】如图 2-27 所示，在 RLC 并联电路中，已知 $R=5\Omega$，$L=5\mu H$，$C=0.4\mu F$，电压有效值 $U=10V$，$\omega=10^6$ rad/s，求总电流 i，并说明电路的性质。

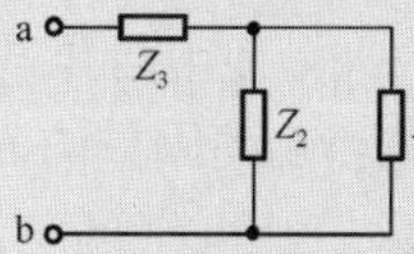

图 2-26　例题 2-11 电路

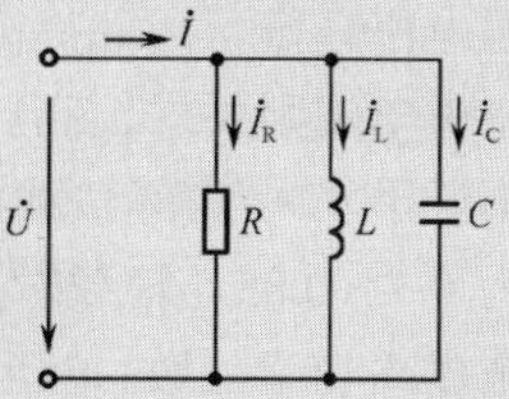

图 2-27　例题 2-12 电路

【解】

$$X_L=\omega L=10^6\times5\times10^{-6}=5\ (\Omega)$$

$$X_C=\frac{1}{\omega C}=\frac{1}{10^6\times0.4\times10^{-6}}=2.5\ (\Omega),\quad \dot{U}=10\underline{/0^\circ}\ \ (V)$$

$$\dot{I}_R=\frac{\dot{U}}{R}=\frac{10\underline{/0^\circ}}{5}=2\ (A)$$

$$\dot{I}_L=\frac{\dot{U}}{jX_L}=\frac{10\underline{/0^\circ}}{j5}=-j2\ (A)$$

$$\dot{I}_C=\frac{\dot{U}}{-jX_C}=\frac{10\underline{/0^\circ}}{-j2.5}=j4\ (A)$$

$$\dot{I}=\dot{I}_R+\dot{I}_L+\dot{I}_C=2-j2+j4=2+j2=2\sqrt{2}\underline{/45^\circ}\ \ (A)$$

$$i=4\sin(10^6t+45^\circ)\ (A)$$

因为电流的相位比电压超前，所以电路呈容性。

2.3.3　功率因数的提高

在交流电路中，负载从电源获得的有功功率为

$$P=UI\cos\varphi$$

它除了与负载的电压、电流有效值有关，还与负载功率因数 $\cos\varphi$ 有关。若负载功率因数越低，则电源输出有功功率越小，无功功率即负载与电源之间的能量交换部分所占的比例越大，这显然是不利的。如何提高功率因数是电力工程中的一个重要问题。

1. 提高功率因数的意义

1）充分提高电源设备容量的利用率

扫一扫，听听解读

电源设备的额定容量是额定电压和额定电流的乘积。而容量一定的电源设备输出的有功功率为

$$P=S_N\cos\varphi$$

它除了与负载的本身容量（额定视在功率）有关，还与负载功率因数有关。若负载功率因数 $\cos\varphi$ 越低，则电源输出的有功功率 P 越小，这显然是不利的。为了充分利用电源设备的容量，应设法提高负载网络的功率因数。

例如，对于容量为 1000kVA 的变压器，当负载的 $\cos\varphi=1$ 时，变压器可输出 1000kW 的有功功率；而当 $\cos\varphi=0.5$ 时，变压器只能输出 500kW 的有功功率。

2）减小输电线路和供电设备的功率损耗

当负载的 P、U 一定时，$\cos\varphi$ 越低，电流 I 就越大，则线路上的功率损耗 $\Delta P = I^2 r$ 就越大，负载上的电压越低。因此提高功率因数有很大的经济意义。

电力系统供电规则要求，高压供电企业的平均功率因数应不低于 0.95，其他单位的平均功率因数应不低于 0.9。实际负载的功率因数都较低，如工厂中大量使用的异步电动机，满载时功率因数为 0.7～0.85，轻载时则更低，日光灯作为感性负载，功率因数约为 0.5，所以有必要采取措施提高功率因数。

2. 提高功率因数的方法

扫一扫，听听解读

扫一扫，听听解读

提高功率因数的方法除了可以提高用电设备本身的功率因数，如正确选用异步电动机的容量或减少轻载和空载，还可以采用在感性负载两端并联电容器的方法对无功功率进行补偿。

由功率三角形可知，负载的功率因数为

$$\cos\varphi = \frac{P}{S} = \frac{P}{\sqrt{P^2 + Q^2}}$$

式中，$Q = Q_L - Q_C$。可以利用 Q_L 和 Q_C 之间的相互补偿作用，让容性无功功率 Q_C 在负载网络内部补偿感性负载所需的无功功率 Q_L，使电源提供的无功功率 Q 接近或等于 0。由此可见，补偿无功功率就可以提高功率因数。

感性负载两端并联电容如图 2-28 所示，原负载为感性负载，其功率因数为 $\cos\varphi_1$，电流为 $\dot{I}_1$。在其两端并联电容以后，并不影响原负载的工作状态。由于增加了一个超前于电压 90°的电流 $\dot{I}_C$，因此线路上的电流变为 $\dot{I} = \dot{I}_1 + \dot{I}_C$。

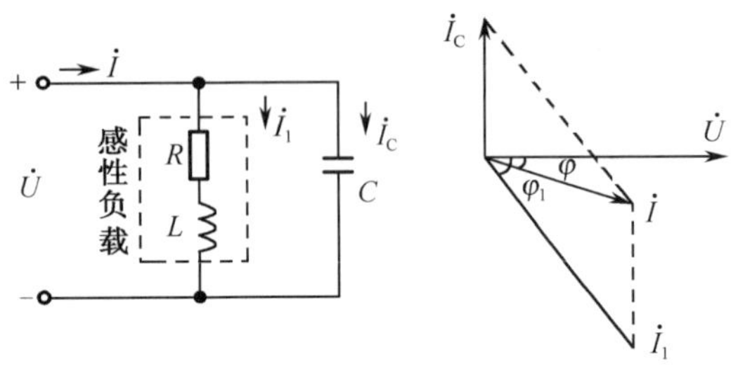

（a）电路　　（b）相量图

图 2-28　感性负载两端并联电容

由图 2-28（b）可知，由于电容电流补偿了负载中的无功电流，总电流减小，这时电路功率因数为 $\cos\varphi$，因此电路的功率因数提高了。只要电容 C 选得适当，即可达到补偿要求。

设有一感性负载的端电压为 U，功率为 P，功率因数为 $\cos\varphi_1$，为了使功率因数提高到 $\cos\varphi$，所需并联电容 C 的计算公式为

$$I_1 \cos\varphi_1 = I\cos\varphi = \frac{P}{U}$$

由相量图得到流过电容的电流为

$$I_C = I_1 \sin\varphi_1 - I\sin\varphi = \frac{P}{U}(\tan\varphi_1 - \tan\varphi)$$

又因为有

$$I_C = U\omega C$$

所以有

$$C = \frac{P}{\omega U^2}(\tan\varphi_1 - \tan\varphi) \tag{2-68}$$

在感性负载两端并联适当的电容后，电源向负载提供的有功功率未变，电源的功率因数提高，线路电流下降。电源与负载之间进行部分能量的交换，这时感性负载所需的无功功率不全由电源提供，大部分能量的互换在电感与电容之间进行，电源提供有功功率及少量的无功功率。

【例题 2-13】 有一日光灯等效电路（电阻、电感串联电路），已知 $P=40\text{W}$，$U=220\text{V}$，$I=0.4\text{A}$，$f=50\text{Hz}$，求：

（1）此日光灯的功率因数。

（2）若要把功率因数提高到 0.9，则所需要并联的电容 C。

【解】（1）因为 $P=UI\cos\varphi_1$，所以有

$$\cos\varphi_1=\frac{P}{UI}=\frac{40}{220\times0.4}\approx0.455$$

（2）由 $\cos\varphi_1=0.455$，得 $\varphi_1=63°$，$\tan\varphi_1=1.96$。

由 $\cos\varphi=0.9$，得 $\varphi=26°$，$\tan\varphi=0.455$。利用式（2-68）可得

$$C=\frac{P}{\omega U^2}(\tan\varphi_1-\tan\varphi)=\frac{40}{314\times220^2}\times(1.96-0.455)$$
$$\approx3.96\times10^{-6}=3.96\ (\mu\text{F})$$

扫一扫，做做练习

任务 2.4　正弦稳态交流电路的分析与计算

前面几节讨论了用相量表示法对由 R、L、C 元件组成的串并联交流电路的分析与计算。本节在此基础上进一步研究复杂正弦稳态交流电路的分析与计算。

直流电路中的基本定律、定理及各种分析方法在正弦稳态交流电路中都能使用。不同的是，在正弦稳态交流电路中，电压和电流用相量表示，电阻、电感和电容及其组成的电路用阻抗或导纳来表示，采用相量法计算。

1．相量（复数）形式的欧姆定律

$$\begin{cases}\text{电阻电路：}\dot{U}=\dot{I}R\\ \text{纯电感电路：}\dot{U}=\dot{I}(\text{j}X_\text{L})\\ \text{纯电容电路：}\dot{U}=\dot{I}(-\text{j}X_\text{C})\\ \text{一般电路：}\dot{U}=\dot{I}Z\end{cases}$$

2．相量形式的基尔霍夫定律

$$\begin{cases}\text{KCL：}\sum\dot{I}=0\\ \text{KVL：}\sum\dot{U}=0\end{cases}$$

3．一般正弦交流电路的解题步骤

（1）根据原电路图画出相量模型图（电路结构不变）。

$$R\to R\quad L\to\text{j}X_\text{L}\quad C\to-\text{j}X_\text{C}$$
$$u\to\dot{U}\quad i\to\dot{I}\quad e\to\dot{E}$$

（2）根据相量模型列出相量方程式或画出相量图。

（3）用相量法或相量图求解。

（4）将结果变换成要求的形式。

下面通过举例说明。

【例题 2-14】 在图 2-29 所示的电路中，已知 $u_1 = 230\sin 314t$，$u_2 = 227\sin 314t$，$Z_1 = (0.1+\text{j}0.5)\Omega$，$Z_2 = (0.1+\text{j}0.5)\Omega$，$Z_3 = (5+\text{j}5)\Omega$，试求电流 $\dot{I}_3$。

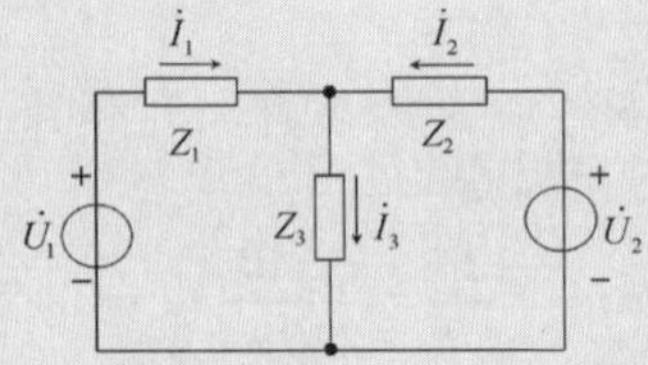

图 2-29　例题 2-14 电路

【解】 电路中的电源为同一频率，则有

$$\dot{U}_1 = 230\underline{/0°}\ \text{A} \qquad \dot{U}_2 = 227\underline{/0°}\ \text{A}$$

本例仿照电阻电路用不同的方法求解。

（1）应用基尔霍夫定律列出相量表示方程，然后求解。

$$\begin{cases} \dot{I}_1 + \dot{I}_2 - \dot{I}_3 = 0 \\ Z_1\dot{I}_1 + Z_3\dot{I}_3 = \dot{U}_1 \\ Z_2\dot{I}_2 + Z_3\dot{I}_3 = \dot{U}_2 \end{cases}$$

代入已知数据，可得

$$\begin{cases} \dot{I}_1 + \dot{I}_2 - \dot{I}_3 = 0 \\ (0.1+\text{j}0.5)\dot{I}_1 + (5+\text{j}5)\dot{I}_3 = 230\underline{/0°}\ \text{V} \\ (0.1+\text{j}0.5)\dot{I}_2 + (5+\text{j}5)\dot{I}_3 = 227\underline{/0°}\ \text{V} \end{cases}$$

解得 $\dot{I}_3 = 31.3\underline{/-46.1°}\ \text{A}$。

（2）应用叠加原理求解正弦交流电路。

根据叠加原理，图 2-29 所示电路的电流可看成由图 2-30（a）和 2-30（b）所示的两个电路的电流叠加起来的。

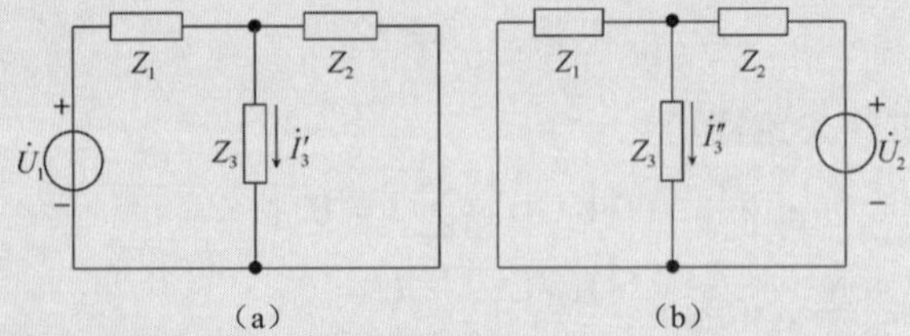

图 2-30　应用叠加原理求解正弦交流电路

当 $\dot{U}_1$ 单独作用时，有

$$\dot{I}_3' = \frac{\dot{U}_1}{Z_1 + Z_2 // Z_3} \times \frac{Z_2}{Z_2 + Z_3}$$

同理，当 $\dot{U}_2$ 单独作用时，有

$$\dot{I}_3''=\frac{\dot{U}_2}{Z_2+Z_1//Z_3}\times\frac{Z_1}{Z_1+Z_3}$$

$$\dot{I}_3=\dot{I}_3'+\dot{I}_3''=31.3\underline{/-46.1^\circ}\ \text{A}$$

（3）应用戴维南定理求解正弦交流电路。

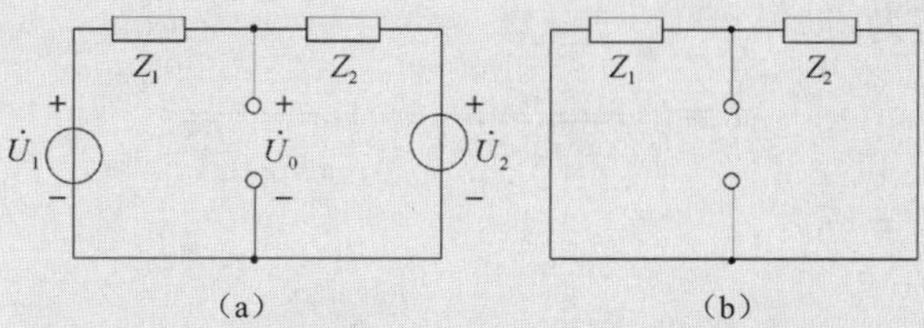

图 2-31　应用戴维南定理求解正弦交流电路

① 断开 Z_3 支路，如图 2-31（a）所示，开路电压 $\dot{U}_0$ 为

$$\dot{U}_0=\frac{\dot{U}_1-\dot{U}_2}{Z_1+Z_2}\times Z_2+\dot{U}_2=228.85\underline{/0^\circ}\ \text{V}$$

② 对图 2-31（a）所示的电路除源，如图 2-31（b）所示，等效内阻抗 Z_0 为

$$Z_0=\frac{Z_1Z_2}{Z_1+Z_2}=\frac{Z_1}{2}=(0.05+\text{j}0.25)\Omega$$

③ 由全欧姆定理得

$$\dot{I}_3=\frac{\dot{U}_0}{Z_0+Z_3}=31.3\underline{/-46.1^\circ}\ \text{A}$$

4．正弦稳态交流电路的最大功率传输

电源的电能先通过传输线输送给负载，再通过负载将电能转换为热能、机械能等其他形式的能量供人们生活、生产使用。在忽略传输线上的能量损耗的前提下，负载若要尽可能多地获得能量，就必须从给定的电源（信号源）中获得尽可能大的功率。

下面以图 2-32 为例，说明负载如何从给定的信号源中获得最大功率。如图 2-32（a）所示，电路为含源单口网络 N_S 向终端负载 Z_L 传输功率。根据戴维南定理，该问题可以简化为图 2-32（b）所示的等效电路进行研究。Z_L 是实际用电设备的等效负载阻抗，电路中除 Z_L 以外的部分等效为线性含源单口网络的戴维南等效模型，Z_0 为戴维南等效阻抗。

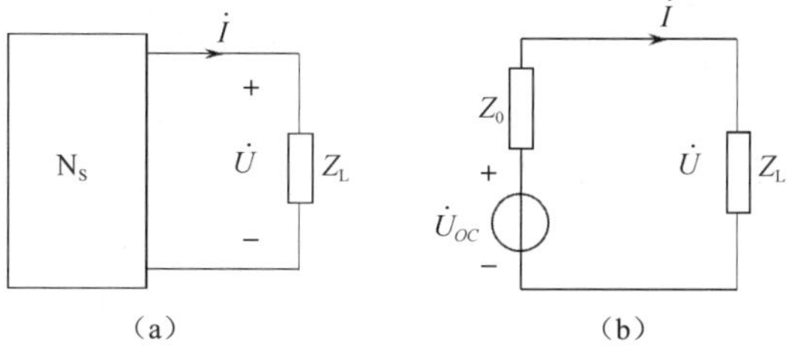

图 2-32　最大功率传输

设戴维南等效阻抗为

$$Z_0=R_0+\text{j}X_0 \tag{2-69}$$

负载阻抗为

$$Z_{\mathrm{L}}=R_{\mathrm{L}}+\mathrm{j}X_{\mathrm{L}} \tag{2-70}$$

由图 2-32（b）可求得戴维南等效电路中的电流相量为

$$\dot{I}=\frac{\dot{U}_{OC}}{Z_0+Z_{\mathrm{L}}}=\frac{U_{OC}\angle\varphi_u}{(R_0+R_{\mathrm{L}})+\mathrm{j}(X_0+X_{\mathrm{L}})} \tag{2-71}$$

可求得电流有效值为

$$I==\frac{U_{OC}}{\sqrt{(R_0+R_{\mathrm{L}})^2+(X_0+X_{\mathrm{L}})^2}} \tag{2-72}$$

因此负载获得的功率 为

$$P=I^2R_{\mathrm{L}}==\frac{U_{OC}{}^2R_{\mathrm{L}}}{(R_0+R_{\mathrm{L}})^2+(X_0+X_{\mathrm{L}})^2} \tag{2-73}$$

从式（2-73）可以看出，负载获得的功率与含源单口网络的等效参数（内部）和负载的参数（外部）有关。若内部不便变动（且 U_{OC} 不等于零），则负载阻抗 Z_L 必须根据等效阻抗 Z_0 进行配置，才可能获得最大功率。配置条件不同，获得的最大功率也不同，若 R_L 和 X_L 可以任意变动，而其他参数不变，则获得最大功率的条件为

$$X_0+X_{\mathrm{L}}=0 \tag{2-74}$$

$$\frac{\mathrm{d}}{\mathrm{d}R}\left[\frac{R_{\mathrm{L}}}{(R_0+R_{\mathrm{L}})^2}\right]=0 \tag{2-75}$$

解得

$$\begin{cases}X_{\mathrm{L}}=-X_0\\R_{\mathrm{L}}=R_0\end{cases} \tag{2-76}$$

则有

$$Z_{\mathrm{L}}=R_0-\mathrm{j}X_0=Z_0{}^* \tag{2-77}$$

此时负载获得的最大功率为

$$P_{\max}=\frac{U_{OC}^2}{4R_0} \tag{2-78}$$

式（2-76）、式（2-77）称为最佳匹配及共轭匹配，在工程中，还可以根据其他匹配条件求解最大功率，在此不一一列举。

【例题 2-15】 如图 2-33 所示，已知 $\dot{U}=0.1\underline{/0^\circ}\ \mathrm{V}$，$f=100\mathrm{MHz}$。求负载 R 获最大功率时，R、C、$P_{\max}$ 的值。

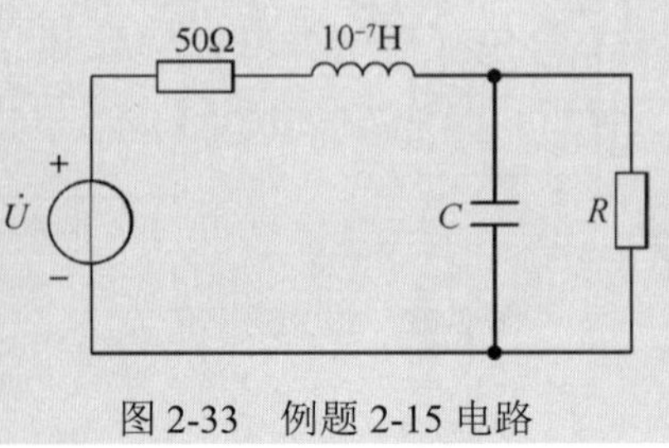

图 2-33　例题 2-15 电路

【解】

$$Z_0 = \left[50 + \mathrm{j}\left(2\pi \times 100 \times 10^6 \times 10^{-7}\right)\right]\Omega = (50 + \mathrm{j}62.8)\Omega$$

$$Z_\mathrm{L} = \frac{R - \mathrm{j}\omega CR^2}{1 + (\omega CR)^2}$$

由最大功率传输条件

$$Z_\mathrm{L} = Z_0^*$$

有

$$\frac{R}{1 + (\omega CR)^2} = 50$$

$$\frac{\omega CR^2}{1 + (\omega CR)^2} = 62.8$$

$$\omega CR = 1.256$$

解得

$$R = 128.9\Omega$$

$$C = 15.5\mathrm{pF}$$

$$P_{\max} = \frac{U^2}{4R_0} = 50\mu\mathrm{W}$$

任务 2.5 交流电路中的谐振

<table>
<tr><td>演示元件</td><td colspan="5">电阻 $R = 200\Omega$、电感 $L = 30\mathrm{mH}$、电容 $C = 0.01\mu\mathrm{F}$、导线、交流电压表（mV）、信号发生器</td><td>演示电路</td></tr>
<tr><td>演示方式</td><td colspan="5">教师演示、学生练习</td><td rowspan="10">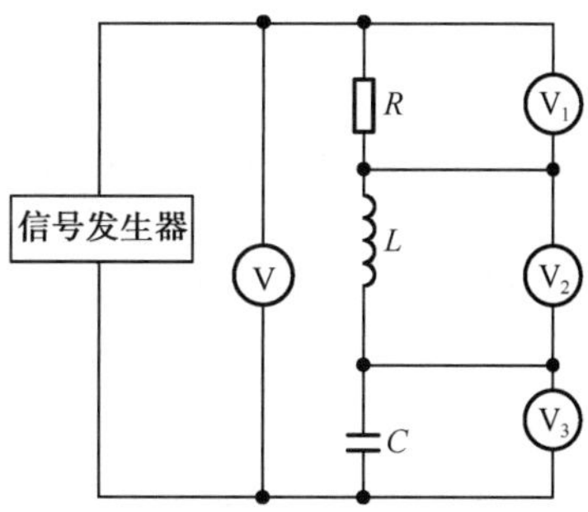

图 2-34 串联谐振电路</td></tr>
<tr><td rowspan="8">演示结果</td><td>电源频率</td><td>V_1</td><td>V_2</td><td>V_3</td><td>V</td></tr>
<tr><td>8kHz</td><td>161</td><td>1085</td><td>1402</td><td>400</td></tr>
<tr><td>9kHz</td><td>268</td><td>2069</td><td>2117</td><td>400</td></tr>
<tr><td>9.1kHz</td><td>271</td><td>2107</td><td>2109</td><td>400</td></tr>
<tr><td>9.2kHz</td><td>270</td><td>2113</td><td>2070</td><td>400</td></tr>
<tr><td>9.3kHz</td><td>266</td><td>2094</td><td>2009</td><td>400</td></tr>
<tr><td>10kHz</td><td>195</td><td>1606</td><td>1337</td><td>400</td></tr>
<tr><td>11kHz</td><td>125</td><td>1101</td><td>755</td><td>400</td></tr>
<tr><td colspan="6">问题 1：交流电路中的频率变化对交流是否有影响？
问题 2：正弦交流电路的总电压一定大于电路中任意元件的电压吗？
问题 3：元件的电压随频率变化的特征是什么？</td></tr>
</table>

在 RLC 电路中，在正弦电源作用下，改变电路的参数（L、C）或电源的频率，使电压和电流达到同相，电路呈电阻性，这个过程称为电路发生了谐振。谐振现象是正弦稳态电路中的一种特定的工作状况，一方面，它可广泛地应用于电工技术和无线电技术，如收音机和电视机；但另一方面，谐振会在电路的某些元件中产生较大的电压或电流，使元件受损，有可

能破坏电路系统的正常工作。因此，研究谐振现象有重要的实际意义。

谐振分为串联谐振和并联谐振。下面分别介绍两种谐振的条件、频率及特点。

2.5.1 串联谐振

1．串联谐振条件与频率

串联谐振电路如图 2-34 所示，其等效复阻抗为

$$Z = R + \mathrm{j}(X_{\mathrm{L}} - X_{\mathrm{C}})$$

当 $X_{\mathrm{L}} - X_{\mathrm{C}} = 0$ 时，$Z = R$，$\varphi = 0$，此时称为谐振，其产生的条件为

$$X_{\mathrm{L}} = X_{\mathrm{C}} \tag{2-79}$$

当 $\omega L = \dfrac{1}{\omega C}$ 时，谐振角频率为 $\omega = \omega_0$，得

$$\omega_0 L = \frac{1}{\omega_0 C} \tag{2-80}$$

$$\omega_0 = \frac{1}{\sqrt{LC}} \text{ 或 } f_0 = \frac{1}{2\pi\sqrt{LC}} \tag{2-81}$$

式中，ω_0 为串联谐振电路的谐振角频率；f_0 为谐振频率。

由式（2-81）可知，谐振频率 f_0 反映了串联电路的一种固有性质，与电阻 R 无关。通过改变 ω_0、L、C 可调节电路是否发生谐振。谐振曲线如图 2-35 所示。

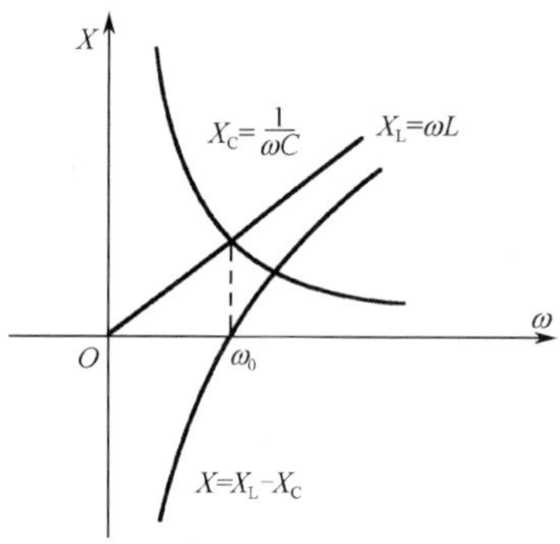

图 2-35 谐振曲线

2．串联谐振特点

（1）电压、电流同相位，电路呈电阻性。

（2）复阻抗 Z 最小，$Z = Z_0 = R$。当 U 一定时，电路中电流最大，即

$$I = I_0 = \frac{U}{R}$$

电源电压与电阻上的电压相等，即

$$U = U_{\mathrm{R}},\quad U_{\mathrm{LO}} = U_{\mathrm{CO}}$$

（3）特性阻抗为

$$\rho = \omega_0 L = \frac{1}{\omega_0 C} = \sqrt{\frac{L}{C}} \tag{2-82}$$

（4）品质因数定义为

$$Q = \frac{U_{\mathrm{C}}}{U} = \frac{U_{\mathrm{L}}}{U} = \frac{1}{\omega_0 CR} = \frac{\omega_0 L}{R} = \frac{\rho}{R} \tag{2-83}$$

式中，Q 称为谐振电路的品质因数。Q 是一个没有量纲的量，只与电路参数 R、L、C 有关。当 $Q \gg 1$ 时，电感和电容的电压等于电源电压的 Q 倍，串联谐振又称为电压谐振。

2.5.2　并联谐振

1．并联谐振条件与频率

并联谐振电路如图 2-36 所示，电阻、线圈串联后与电容并联，其等效复阻抗为

$$Z=\frac{\frac{1}{\mathrm{j}\omega C}(R+\mathrm{j}\omega L)}{\frac{1}{\mathrm{j}\omega C}+R+\mathrm{j}\omega L}$$

$$=\frac{R+\mathrm{j}\omega L}{1+\mathrm{j}\omega RC-\omega^2 LC}$$

由于在实际应用中，线圈的电阻很小，因此$\omega_0 L\gg R$，得

$$Z\approx\frac{\mathrm{j}\omega L}{1-\omega^2 LC+\mathrm{j}\,\omega RC}=\frac{1}{\frac{RC}{L}+\mathrm{j}\left(\omega C-\frac{1}{\omega L}\right)} \tag{2-84}$$

在谐振时，复阻抗的虚部为零，得

$$\omega_0 C-\frac{1}{\omega_0 L}\approx 0 \tag{2-85}$$

谐振频率为

$$\omega_0\approx\frac{1}{\sqrt{LC}} \text{ 或 } f_0\approx\frac{1}{2\pi\sqrt{LC}} \tag{2-86}$$

并联谐振相量图如图 2-37 所示。

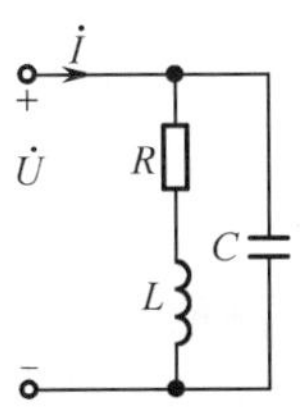

图 2-36　并联谐振电路

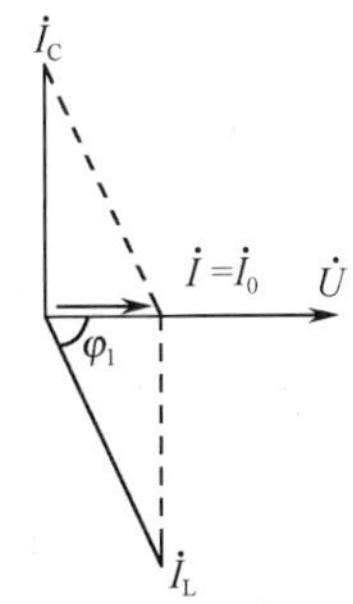

图 2-37　并联谐振相量图

2．并联谐振特点

（1）电压、电流同相位，电路呈电阻性。

（2）电路的阻抗模为

$$|Z_0|=\frac{1}{\frac{RC}{L}}=\frac{L}{RC}$$

（3）当 U 一定时，电路中的电流 $I=I_0=\frac{U}{|Z_0|}$，为最小。

（4）由于并联支路的电流近似于相等，即 $I_{\mathrm{C}}\approx I_{\mathrm{LR}}=QI_0$，而且比总电流大许多倍，因此并联谐振也称为电流谐振。

（5）品质因数定义为

$$Q=\frac{I_{\text{L}}}{I_0}=\frac{2\pi f_0 L}{R}=\frac{\omega_0 L}{R}=\frac{1}{\omega_0 CR} \tag{2-87}$$

【例题 2-16】在串联谐振电路中，已知 $U=25\text{mV}$，$R=5\Omega$，$L=4\text{mH}$，$C=160\text{pF}$，求电路的 f_0、I_0、ρ、Q 和 U_{CO}。

【解】

$$f_0=\frac{1}{2\pi\sqrt{LC}}=\frac{1}{2\pi\sqrt{4\times10^{-3}\times160\times10^{-12}}}\approx200\text{（kHz）}$$

$$I_0=\frac{U}{R}=\frac{25}{5}=5\text{（mA）}$$

$$\rho=\omega_0 L=\frac{1}{\omega_0 C}=\sqrt{\frac{L}{C}}=\sqrt{\frac{4\times10^{-3}}{160\times10^{-12}}}=5000\text{（}\Omega\text{）}$$

$$Q=\frac{\rho}{R}=\frac{5000}{50}=100$$

$$U_{\text{LO}}=U_{\text{CO}}=QU=100\times25=2500\text{（mV）}=2.5\text{（V）}$$

【例题 2-17】某收音机的输入回路（调谐回路）可简化为 RLC 串联电路，已知 $L=250\mu\text{H}$，$R=20\Omega$，若想收到频率范围为 525～1610kHz 的中波段信号，试求 C 的变化范围。

【解】由式（2-81）可知

$$C=\frac{1}{\omega^2 L}=\frac{1}{(2\pi f)^2 L}$$

当 $f=525\text{kHz}$ 时，电路谐振，则有

$$C_1=\frac{1}{(2\pi\times525\times10^3)^2\times250\times10^6}\approx368\text{（pF）}$$

当 $f=1610\text{kHz}$ 时，电路谐振，则有

$$C_1=\frac{1}{(2\pi\times1610\times10^3)^2\times250\times10^6}\approx39.1\text{（pF）}$$

所以电容 C 的变化范围为 39.1～368pF。

谐振广泛应用在无线电工程中，但在电力工程中，往往要避免谐振给电气设备带来的危害。通过对电路发生谐振的分析，人们在生产实践中能更好地用其所长，避其所短。

扫一扫，做做练习

任务 2.6　非正弦周期电路

在实际电路中，经常遇到一些电压和电流虽然是周期性的，但不按正弦规律变化的电压与电流，即非正弦周期电压和电流，这里对非正弦周期电路进行介绍。

1．产生非正弦电压和电流的原因

（1）发电机结构及制造上的原因会使其产生的电动势为不严格的正弦波。

（2）电路存在非线性元件，如半导体二极管、可控硅等，尽管电源是正弦电压，但也会产生非正弦的电压和电流。

（3）当在电路中有几个不同频率的电源共同作用时，就会产生非正弦电压和电流。

2．分析非正弦周期电路的方法

在电子技术、自动控制及计算机技术中，会遇到大量按非正弦规律变化的电源和信号，如图 2-38 所示的三角波和图 2-39 所示的矩形波。

由数学理论可知，一个非正弦的周期函数，只要满足狄里克雷条件，就可以分解为傅里叶级数，而在电工技术中遇到的非正弦量通常都满足此条件。在正弦交流电路分析方法的基础上，利用傅里叶级数分解和叠加原理对非正弦周期电路进行分析，问题就可迎刃而解。

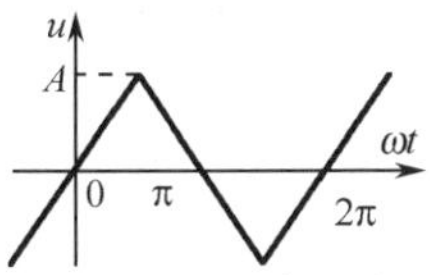

图 2-38　三角波

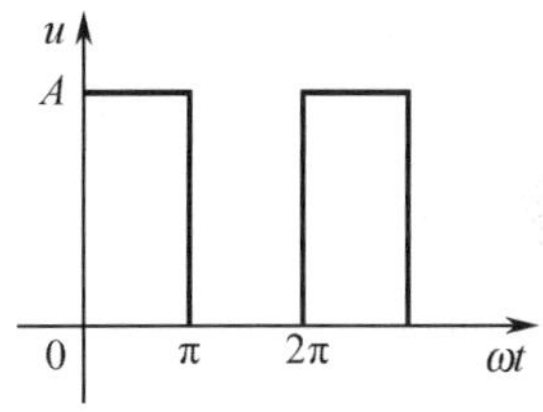

图 2-39　矩形波

设给定的周期函数为 $f(t)$，$\omega=\dfrac{2\pi}{T}$，T 为 $f(t)$的周期，在满足狄里克雷条件的情况下，则有

$$\begin{aligned} f(t) &= A_0 + A_{1\mathrm{m}}\sin(\omega t+\varphi_1) + A_{2\mathrm{m}}\sin(2\omega t+\varphi_2) + \cdots A_{k\mathrm{m}}\sin(k\omega t+\varphi_k) \\ &= A_0 + \sum_{k=1}^{\infty} A_{k\mathrm{m}}\sin(k\omega t+\varphi_k) \end{aligned} \tag{2-88}$$

式中，第 1 项 A_0 称为恒定分量（或直流分量）；第 2 项 $A_{1\mathrm{m}}\sin(\omega t+\varphi_1)$ 称为一次谐波（或基波）；第 3 项 $A_{2\mathrm{m}}\sin(2\omega t+\varphi_2)$ 称为二次谐波，以后各项称为高次谐波。

常用的非正弦周期信号的傅里叶级数展开式如表 2-1 所示。

表 2-1　常用的非正弦周期信号的傅里叶级数展开式

名称	波　形　图	傅里叶级数展开式
矩形波	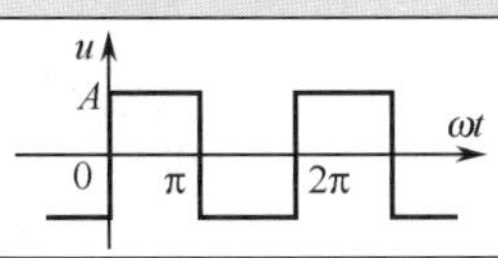	$f(\omega t)=\dfrac{4A}{\pi}(\sin\omega t+\dfrac{1}{3}\sin 3\omega t+\dfrac{1}{5}\sin 5\omega t+\cdots+\dfrac{1}{k}\sin k\omega t)$（$k$ 为奇数）
锯齿波	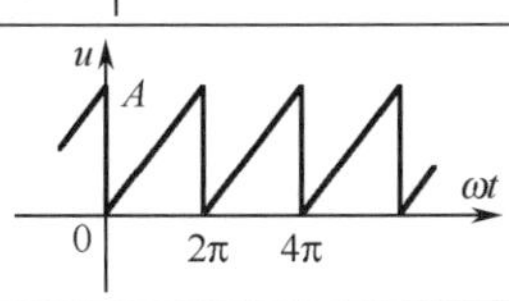	$f(\omega t)=\dfrac{A}{2}-\dfrac{A}{\pi}(\sin\omega t+\dfrac{1}{2}\sin 2\omega t+\dfrac{1}{3}\sin 3\omega t+\cdots+\dfrac{1}{k}\sin k\omega t)$
三角波	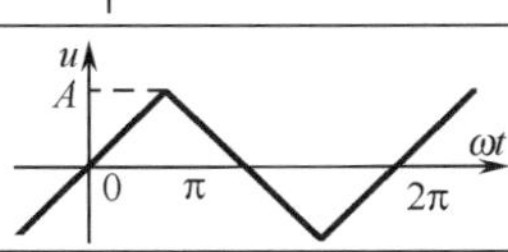	$f(\omega t)=\dfrac{8A}{\pi^2}\left(\sin\omega t-\dfrac{1}{9}\sin 3\omega t+\dfrac{1}{25}\sin 5\omega t-\cdots+\dfrac{(-1)^{\frac{k-1}{2}}}{k^2}\sin k\omega t\right)$（$k$ 为奇数）

续表

名称	波　形　图	傅里叶级数展开式
单相半波整流	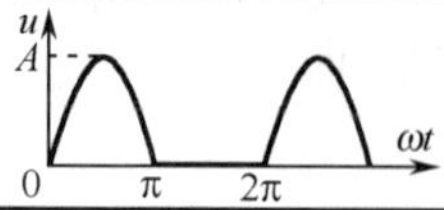	$f(\omega t)=\frac{A}{\pi}\left(1+\frac{\pi}{2}\cos\omega t-\frac{2}{3}\cos 2\omega t-\frac{2}{15}\cos 4\omega t-\cdots-\frac{2}{(k-1)(k+1)}\cos k\omega t\right)$ （k为偶数）

若某线性电路两端的电压为非正弦周期电压 $u(t)$，若想求解电路中各（电流）电压，则其解题步骤如下。

（1）将非正弦周期电压分解为直流分量和各次谐波分量，高次谐波取到哪一次视要求的精确程度而定。若将每个谐波分量都看成一个单独电源，则非正弦周期电压可看成直流电源和不同谐波频率正弦电源的叠加。

（2）将各谐波分量单独作用于电路求解。当直流分量作用于电路时，可用求解直流电路的方法。

（3）各交流谐波分量单独作用于电路时，计算方法与正弦交流电路一样，可用相量法。

（4）利用叠加原理，把计算出属于同一支路的直流分量和各次谐波分量电流（或电压）进行叠加，便得到各支路电流（或电压）。

各次谐波的叠加情况如图 2-40 所示。

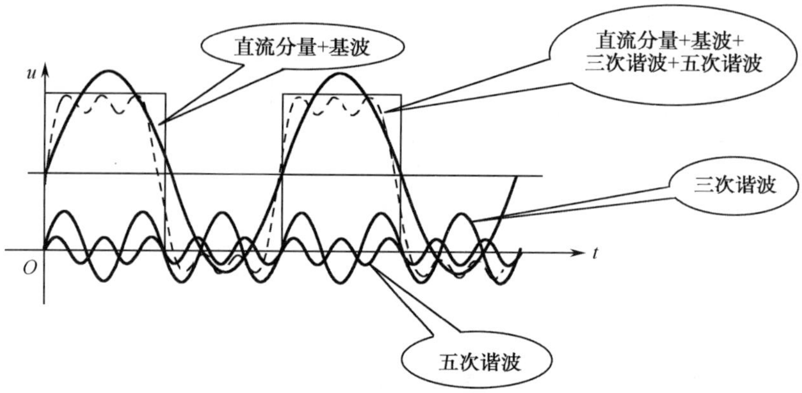

图 2-40　各次谐波的叠加情况

由图 2-40 可以看出，各次谐波的幅值是不等的，频率越高，则幅值越小。叠加的项数越多，各分量合成的波形越接近原波形。

内容回顾

扫一扫，做做练习

1．正弦稳态电路分析的两个依据

基尔霍夫定律的相量形式为

$$\sum \dot{I}_k=0\quad \sum \dot{U}_k=0$$

元件（支路）约束的相量形式为

$$\dot{U}=Z\dot{I}$$

2．正弦交流电的主要参数

大小及方向均随时间按正弦规律做周期性变化的电流、电压、电动势称为正弦交流电。

1）周期与频率

正弦交流电完成一次循环变化所用的时间称为周期，表示为$T=\dfrac{2\pi}{\omega}$；周期的倒数称为频率，表示为$f=\dfrac{1}{T}$；角频率与频率之间的关系为$\omega=2\pi f$。

2）有效值

正弦交流电的有效值约等于振幅（最大值）的 0.707 倍，即

$$I=\frac{I_{\mathrm{m}}}{\sqrt{2}}\approx 0.707I_{\mathrm{m}}$$

$$U=\frac{U_{\mathrm{m}}}{\sqrt{2}}\approx 0.707U_{\mathrm{m}}$$

$$E=\frac{E_{\mathrm{m}}}{\sqrt{2}}\approx 0.707E_{\mathrm{m}}$$

3）正弦交流电的三要素

正弦交流电的振幅（最大值）、角频率、初相，这三个参数称为正弦交流电的三要素。也可以把正弦交流电的有效值、频率、初相，这三个参数称为正弦交流电的三要素。

4）相位差

两个同频率正弦量的相位差为$\varphi_{12}=\varphi_1-\varphi_2$，存在超前、滞后、同相、反相、正交等关系。

3．交流电的表示法

1）解析式表示法

$$i(t)=I_{\mathrm{m}}\sin(\omega t+\varphi_i)$$

$$u(t)=U_{\mathrm{m}}\sin(\omega t+\varphi_u)$$

$$e(t)=E_{\mathrm{m}}\sin(\omega t+\varphi_e)$$

2）波形图表示法

波形图表示法即用正弦量解析式的函数图像表示正弦量的方法。

3）相量表示法

正弦量可以用最大值相量或有效值相量表示，但通常用有效值相量表示。

最大值相量表示法用正弦量的振幅值作为相量的模（大小），用初相作为相量的辐角；有效值相量表示法用正弦量的有效值作为相量的模（大小），用初相作为相量的辐角。

4．R、L、C 元件的特性

电路参数	基本关系	复数阻抗	电压电流关系				功率	
			瞬时值	有效值	相量图	相量式	有功功率	无功功率
R	$u=iR$	R	若$i=\sqrt{2}I\sin\omega t$， 则$u=\sqrt{2}IR\sin\omega t$	$U=IR$	$\dot{I}$ $\dot{U}$（→） u、i 同相	$\dot{U}=\dot{I}R$	UI	0

续表

电路参数	基本关系	复数阻抗	电压电流关系				功率	
			瞬时值	有效值	相量图	相量式	有功功率	无功功率
L	$u=L\frac{\mathrm{d}i}{\mathrm{d}t}$	$\mathrm{j}X_L$	若 $i=\sqrt{2}I\sin\omega t$，则 $u=\sqrt{2}I\omega L\ \sin(\omega t+90°)$	$U=IX_L$ $X_L=\omega L$	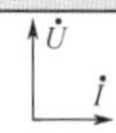 u 超前 i 90°	$\dot{U}=\dot{I}(\mathrm{j}X_L)$	0	$UI=I^2X_L=\frac{U^2}{X_L}$
C	$i=C\frac{\mathrm{d}u}{\mathrm{d}t}$	$-\mathrm{j}X_C$	若 $i=\sqrt{2}I\sin\omega t$，则 $u=\sqrt{2}I\frac{1}{\omega C}\sin(\omega t-90°)$	$U=IX_C$ $X_C=\frac{1}{\omega C}$	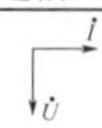 u 滞后 i 90°	$\dot{U}=\dot{I}(-\mathrm{j}X_C)$	0	$UI=I^2X_C=\frac{U^2}{X_C}$

5．RLC 串联电路

内　容		RLC 串联电路
等效阻抗	阻抗大小	$\lvert Z\rvert=\sqrt{R^2+X^2}=\sqrt{R^2+(X_L-X_C)^2}$
	阻抗角	$\varphi=\arctan\frac{X}{R}$
电压或电流关系	大小关系	$U=\sqrt{U_R^2+(U_L-U_C)^2}$
电路性质	感性电路	$X_L>X_C$，$U_L>U_C$，$\varphi>0$
	容性电路	$X_L<X_C$，$U_L<U_C$，$\varphi<0$
	谐振电路	$X_L=X_C$，$U_L=U_C$，$\varphi=0$
功　率	有功功率	$P=I^2R=UI\cos\varphi$　（W）
	无功功率	$Q=I^2X=UI\sin\varphi$　（var）
	视在功率	$S=\frac{U^2}{\lvert Z\rvert}=\sqrt{P^2+Q^2}$（VA）

6．RLC 串联、并联谐振电路

内　容	RLC 串联谐振电路	RLC 并联谐振电路
谐振条件	$X_L=X_C$	$X_L\approx X_C$
谐振频率	$f_0=\frac{1}{2\pi\sqrt{LC}}$	$f_0\approx\frac{1}{2\pi\sqrt{LC}}$
谐振阻抗	$\lvert Z_0\rvert=R$（最小）	$\lvert Z_0\rvert=Q_0^2R=\frac{L}{CR}$（最大）
谐振电流	$I_0=\frac{U}{R}$（最大）	$I_0=\frac{U}{\lvert Z_0\rvert}$（最小）
品质因数	$Q=\frac{\omega_0 L}{R}=\frac{1}{\omega_0 CR}$	$Q=\frac{\omega_0 L}{R}=\frac{1}{\omega_0 CR}$
元件上电压或电流	$U_L=U_C=QU$，$U_R=U$	$I_L\approx I_C\approx QI_0$
通 频 带	$B=f_2-f_1=\frac{f_0}{Q}$	$B=f_2-f_1=\frac{f_0}{Q}$
失谐时阻抗性质	当 $f>f_0$ 时，呈感性； 当 $f<f_0$ 时，呈容性	当 $f>f_0$ 时，呈容性； 当 $f<f_0$ 时，呈感性
对电源的要求	适用于低内阻的信号源	适用于高内阻的信号源

7．提高功率因数的方法

提高感性负载（RL 串联）功率因数的方法是将感性负载并联适当的电容器。对于额定电压为 U、额定功率为 P、工作频率为 f 的感性负载来说，将功率因数从 $\lambda_1=\cos\varphi_1$ 提高到 $\lambda=$

$\cos\varphi$，所需要并联的电容为

$$C = \frac{P}{2\pi f U^2}(\tan\varphi_1 - \tan\varphi)$$

式中，$\varphi_1 = \arccos\lambda_1$；$\varphi = \arccos\lambda$。

典型例题解析

【典例 2-1】 电压 $u(t) = 10\sin(100t) - 20\sin(100t+30°)$（V），施加在 10Ω 的电阻上，求电阻的平均功率。

分析： 本题已知正弦电压的瞬时值表示式，需要求其有效值。用最大值相量或有效值相量均可进行计算。

【解】

$$\dot{U}_m = \left(10\angle 0° - 20\angle 30°\right)(\text{V}) = \left(10 - 17.32 - \text{j}10\right)(\text{V})$$

$$= \left(-7.32 - \text{j}10\right)(\text{V}) = 12.39\angle 126.2°(\text{V})$$

$$U = \frac{U_\text{m}}{\sqrt{2}} = \frac{12.39}{\sqrt{2}}(\text{V}) \approx 8.76(\text{V})$$

$$P = \frac{U^2}{R} = \frac{76.78}{10}(\text{W}) = 7.68(\text{W})$$

【典例 2-2】 在 RLC 串联电路中，已知 $R = 30\Omega$，$L = 127\text{mH}$，$C = 40\mu\text{F}$，电源电压 $u = 220\sqrt{2}\sin(314t + 20°)$（V），求：（1）感抗、容抗和阻抗；（2）电流的有效值 I 与瞬时值 i 的表达式；（3）功率因数 $\cos\varphi$；（4）各部分电压的有效值与瞬时值的表达式；（5）功率 P、Q 和 S。

【解】（1）

$$X_\text{L} = \omega L = 314 \times 127 \times 10^{-3} \approx 40\ (\Omega)$$

$$X_\text{C} = \frac{1}{\omega C} = \frac{1}{314 \times 40 \times 10^{-6}} \approx 80\ (\Omega)$$

$$|Z| = \sqrt{R^2 + \left(X_\text{L} - X_\text{C}\right)^2} = \sqrt{30^2 + \left(40 - 80\right)^2} = 50\ (\Omega)$$

（2）

$$I = \frac{U}{|Z|} = \frac{220}{50} = 4.4\ (\text{A})$$

$$\varphi = \arctan\frac{X_\text{L} - X_\text{C}}{R} = \arctan\frac{40 - 80}{30} \approx -53°$$

$$i = 4.4\sqrt{2}\sin(314t + 20° + 53°) = 4.4\sqrt{2}\sin(314t + 73°)\ (\text{A})$$

（3）

$$\cos\varphi = \cos(-53°) = 0.6$$

（4）

$$U_\text{R} = IR = 4.4 \times 30 = 132\ (\text{V})$$

$$u_\text{R} = 132\sqrt{2}\sin(314t + 73°)\ (\text{V})$$

$$U_\text{L} = IX_\text{L} = 4.4 \times 40 = 176\ (\text{V})$$

$$u_\text{L} = 176\sqrt{2}\sin(314t + 73° + 90°) = 176\sqrt{2}\sin(314t + 163°)\ (\text{V})$$

$$U_C = IX_C = 4.4\times 80 = 352\ (\text{V})$$

$$u_C = 352\sqrt{2}\sin(314t + 73° - 90°) = 352\sqrt{2}\sin(314t - 17°)\ (\text{V})$$

$$U \neq U_R + U_L + U_C$$

（5）
$$P = UI\cos\varphi = 220\times 4.4\times 0.6 = 580.8\ (\text{W})$$

$$Q = UI\sin\varphi = 220\times 4.4\times(-0.8) = -774.4\ (\text{var})$$

$$S = UI = 220\times 4.4 = 968\ (\text{VA})$$

【典例 2-3】已知 RC 串联电路的电源频率为 $\frac{1}{2\pi RC}$，试求电阻电压相位超前电源电压为多少度。

【解】设 $\dot{I} = I\angle 0°$，$Z = R - \frac{1}{\omega C}\text{j}$，$\omega = 2\pi f = \frac{1}{RC}$，则

$$\begin{aligned}\dot{U} = Z\dot{I} &= \left(R - \frac{1}{\omega C}\text{j}\right)I\angle 0° \\ &= \sqrt{R^2 + \left(\frac{1}{\omega C}\right)^2}\, I\angle\left(\arctan\left(-\frac{1}{\omega RC}\right)\right) = \sqrt{R^2 + \left(\frac{1}{\omega C}\right)^2}\, I\angle\arctan(-1) \\ &= \sqrt{R^2 + \left(\frac{1}{\omega C}\right)^2}\, I\angle -45°\end{aligned}$$

$$\dot{U}_R = R\dot{I} = RI\angle 0°$$

故电阻电压相位超前电源电压 45°。

【典例 2-4】在图 2-41 中，已知 $Z_1 = 20 + 100\text{j}\ (\Omega)$，$Z_2 = 50 + 150\text{j}\ (\Omega)$，当要求 $\dot{I}_2$ 滞后 $\dot{U}$ 90° 时，电阻 R 为多大？

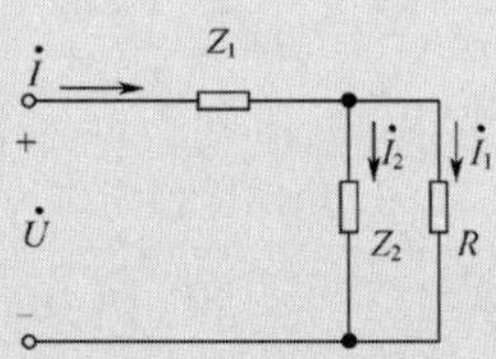

图 2-41 典例 2-4 图

【解】
$$Z = Z_1 + Z_2 // R = Z_1 + \frac{Z_2 R}{Z_2 + R} = \frac{Z_1 Z_2 + (Z_1 + Z_2)R}{Z_2 + R}$$

设 $\dot{U} = U\angle 0°$，于是得

$$\dot{I} = \frac{\dot{U}}{Z} = \frac{\dot{U}(Z_2 + R)}{Z_1 Z_2 + (Z_1 + Z_2)R}$$

阻抗 Z_2 中的电流为

$$\dot{I}_2 = \frac{R}{Z_2 + R}\dot{I} = \frac{\dot{U}(Z_2 + R)}{Z_1 Z_2 + (Z_1 + Z_2)R}\frac{R}{Z_2 + R} = \frac{\dot{U}R}{Z_1 Z_2 + (Z_1 + Z_2)R}$$

将已知数代入，得

$$\dot{I}_2=\frac{\dot{U}R}{(20+\mathrm{j}100)(50+\mathrm{j}150)+(70+\mathrm{j}250)R}$$

$$=\frac{\dot{U}R}{70R-15000+1000+\mathrm{j}(5000+3000+250R)}$$

若 $\dot{I}_2$ 滞后 $\dot{U}$ 90°，则分母中实部应等于 0，即 $70R-14000=0$，得

$$R=200\ (\Omega)$$

【典例 2-5】并联谐振电路如图 2-42 所示，已知电流表 A_1、A_2 的读数分别为 13A 和 12A，电流表 A 的读数为多少？

【解】并联电路谐振时，电流 i 与电压 u 同相，令 $u=U_m\sin\omega t$，则 $i=\sqrt{2}I\sin\omega t$，且电容支路电流超前电压 90°，即

$$i_C=\sqrt{2}I_2\sin(\omega t+90°)$$

由基尔霍夫定律可知，$\dot{I}=\dot{I}_1+\dot{I}_2$，因为 $\dot{I}_2=I_2\underline{/90°}$，$\dot{I}=I\underline{/0°}$，相量图如图 2-43 所示，所以 $\dot{I}_1$、$\dot{I}_2$、$\dot{I}$ 组成电流三角形，得

$$I=\sqrt{I_1^2-I_2^2}=\sqrt{13^2-12^2}=\sqrt{25}=5\ (\mathrm{A})$$

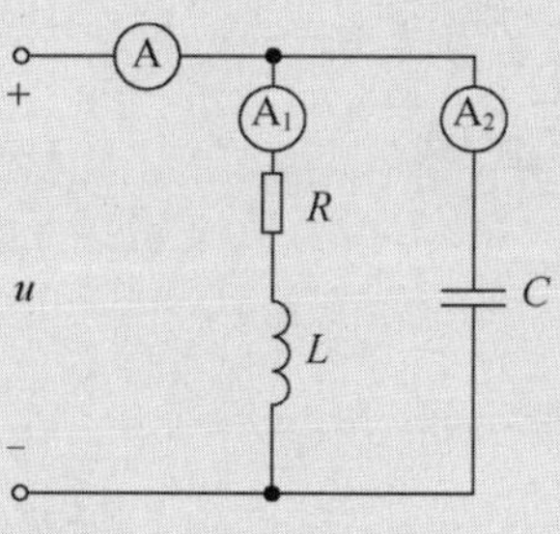

图 2-42　并联谐振电路

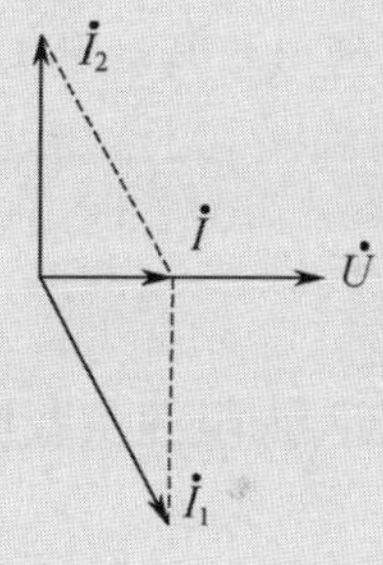

图 2-43　相量图

【典例 2-6】某单相 50Hz 的交流电源，其额定容量 $S_N=40\text{kVA}$，额定电压 $U_N=220\text{V}$，供给照明电路，各负载都是 40W 的日光灯，其功率因数为 0.5°，求：

（1）最多可点多少盏日光灯？

（2）若用补偿电容将功率因数提高到 1，则这时电路的总电流是多少？需要用多大的补偿电容？

（3）当功率因数提高到 1 以后，除了点亮以上日光灯，各电源保持在额定情况下工作，还可点亮多少盏 40W 的白炽灯？

【解】（1）

$$I=\frac{S_N}{U_N}=\frac{40\times10^3}{220}=181.8(\mathrm{A})$$

设日光灯的只数为 n，则有

$$nP=S_N\cos\varphi$$

解得

$$n=\frac{S_N\cos\varphi_1}{P}=\frac{40\times10^3\times0.5}{40}=500\ (\text{盏})$$

（2）若功率因数提高到 1，则 $\varphi_1 = 60°$，$\varphi = 0°$，这时电路中的电流为

$$I' = \frac{nP}{U} = \frac{40 \times 500}{220} \approx 90.9\text{（A）}$$

$$C = \frac{nP}{2\pi f U^2}(\tan\varphi_1 - \tan\varphi) = \frac{40 \times 500}{2 \times 3.14 \times 50 \times 220^2} \times 1.732 \approx 2279\text{（μF）}$$

（3）由于功率因数提高到 1 以后，日光灯的有功功率不变，因此所在电路所需的电流减小，$I = 181.8\text{A}$，则有

$$I - I' = 90.9\text{A} = \frac{n'P'}{U}$$

解得

$$n' = \frac{90.9U}{P'} = \frac{90.9 \times 220}{40} \approx 500\text{（盏）}$$

即还能多点亮 500 盏 40W 的白炽灯。

【典例 2-7】 一台额定容量为 10kW 的单相变压器的 $\cos\varphi = 0.707$，给 $P_N = 6\text{kW}$ 的感性负载供电，该变压器还能为阻性负载提供多大有功功率？

分析： 本题要考虑的是电路总的视在功率由总的有功功率与总无功功率构成。

【解】 6kW 的感性负载的 $\sin\varphi = 0.707$，该负载的无功功率为 6kvar，则

$$S = \sqrt{P^2 + Q^2} = \sqrt{(6 + P')^2 + 6^2} = 10$$

解得

$$P' = 2\text{（kW）}$$

该变压器还能为阻性负载提供 2kW 的有功功率。

练习题 2

扫一扫看练习题 2 参考答案

1. 阻值为 484Ω的电阻接在正弦电压 $u = 311\sin\omega t$ V 的电源上，试写出电流的有效值及瞬时值表达式，并计算电阻的有功功率。

2. 已知一电感 $L = 80$ mH，外加电压 $u_L = 50\sqrt{2}\sin(314t + 65°)$V。试求：（1）感抗 X_L；（2）电感中的电流 I_L；（3）电流瞬时值 i_L。

3. 已知一电容 $C = 127\mu\text{F}$，外加正弦交流电压 $u_C = 20\sqrt{2}\sin(314t + 20°)$ V，试求：（1）容抗 X_C；（2）电流大小 I_C；（3）电流瞬时值 i_C。

4. 在 RLC 串联电路中，交流电源电压 $U = 220\text{V}$，频率 $f = 50\text{Hz}$，$R = 30\Omega$，$L = 445\text{mH}$，$C = 32\mu\text{F}$。试求：（1）电路中的电流大小 I；（2）总电压与电流的相位差 φ；（3）各元件上的电压 U_R、U_L、U_C。

5. 在 RC 串联电路中，已知电阻 $R = 60\Omega$，电容 $C = 20\,\mu\text{F}$，外加电压为 $u = 141.2\sin628t$V。试求：（1）电路中的电流 I；（2）各元件电压 U_R、U_C；（3）总电压与电流的相位差 φ。

6. 已知某单相电动机（感性负载）的额定参数 $P = 120\text{W}$，电压 $U = 220\text{V}$，电流 $I = 0.91\text{A}$，$f = 50\text{Hz}$。试求把电路功率因数提高到 0.9 时，这台电动机需要并联多大的电容。

7．已知如图 2-44 所示的无源二端网络输入端的电压和电流分别为

$$u = 220\sqrt{2}\sin(314t + 20^\circ)\text{V}$$

$$i = 4.4\sqrt{2}\sin(314t - 33^\circ)\text{A}$$

试求此二端网络的等效阻抗值，并求此二端网络的功率因数及输入的有功功率和无功功率。

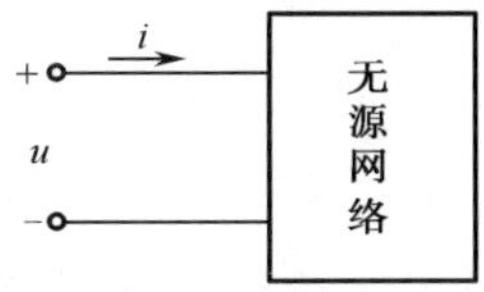

图 2-44　练习题 7 图

8．两个复阻抗分别为 $Z_1 = (10+\text{j}20)\Omega$，$Z_2 = (10-\text{j}10)\Omega$，并联后接在 $u = 220\sqrt{2}\sin(\omega t)$ V 的交流电源上，试求电路中的总电流 I 和它的瞬时值表达式 i 。

扫一扫看复习•提高•检测 2

扫一扫看复习•提高•检测 2 参考答案

模块3

三相交流电路的测量与学习

目前在电力工程中普遍采用由三个电动势幅值相等、频率相同（我国国家电网频率为50Hz）、彼此之间相位相差120°的正弦交流电源组成的对称三相制供电系统。

模块2中介绍的单相正弦交流电路，实际是三相交流电路中的一相，故被称为单相交流电路。三相交流电路也可看作按一定规律组成的复杂交流电路，模块2中介绍的单相正弦交流电路的一般规律和计算方法也适用于此模块。

演示元件	灯泡、导线、交流电流表（mA）、交流电压表（V）						
演示方式	教师演示、学生练习						
演示结果	开关状态	A_1	A_2	A_3	A	V	V_1
	全闭合	326.6	322.6	322.6	0	380	220
	S_7、S_4断开	326.6	221.2	221.2	110.0	380	220

问题1：在三相负载的星形连接中，相电压与线电压的关系是什么？
问题2：在三相负载的星形连接中，相电流与线电流的关系是什么？
问题3：在三相负载的星形连接中，中线的作用是什么？

演示电路

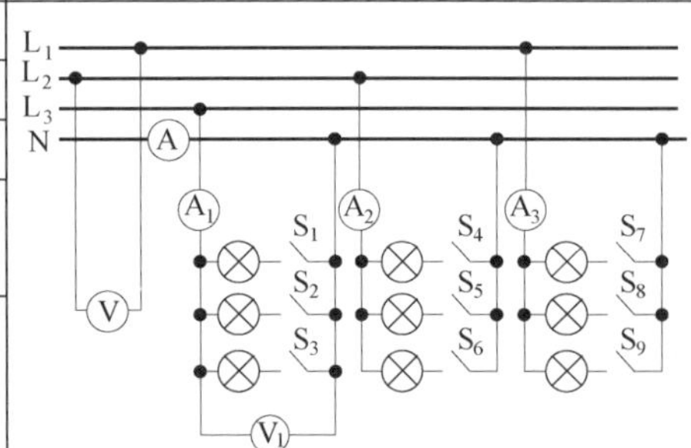

图3-1　三相负载的星形连接

演示方式	教师演示、学生练习						
演示结果	开关状态	A_1	A_2	A_3	A	V	V_1
	全闭合	322.2	322.2	322.2	560.6	220	220

问题1：在三相对称负载的三角形连接中，相电压与线电压的关系是什么？
问题2：在三相不对称负载的三角形连接中，相电压与线电压的关系是什么？
问题3：在三相对称负载的三角形连接中，相电流与线电流的关系是什么？

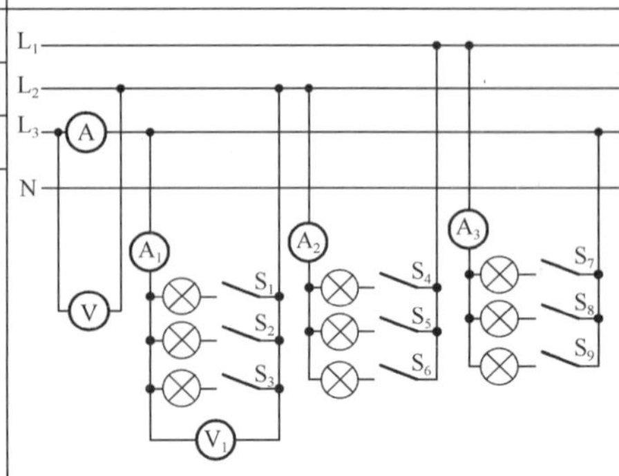

图3-2　三相负载的三角形连接

任务 3.1　三相交流电源

3.1.1　概述

对称三相交流电源是由三相绕组发出的三个电动势幅值相等、频率相同、彼此之间相位相差 120°的正弦交流电源按一定方式（星形或三角形）连接组成的，可表示为

$$\begin{aligned} u_U &= U_m \sin\omega t \ (V) \\ u_V &= U_m \sin(\omega t - 120°)\ (V) \\ u_W &= U_m \sin(\omega t + 120°)\ (V) \end{aligned} \tag{3-1}$$

对称三相交流电源的波形如图 3-3 所示，对称三相交流电源的相量如图 3-4 所示。

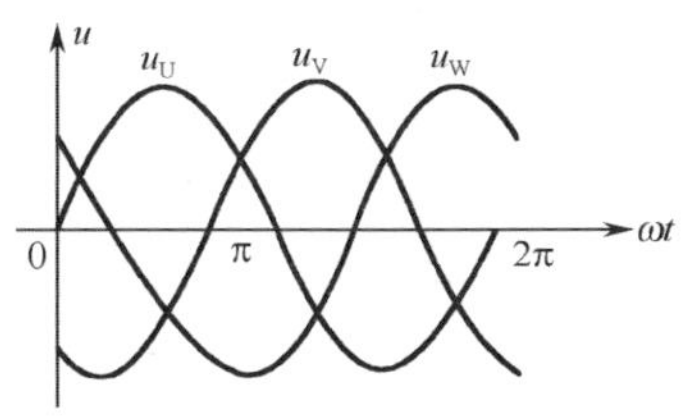

图 3-3　对称三相交流电源的波形

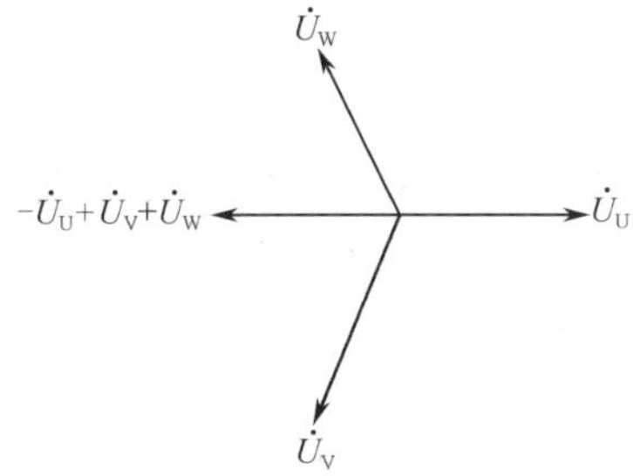

图 3-4　对称三相交流电源的相量

它们的相量表达式分别为

$$\dot{U}_U = U\angle 0°\ V，\ \dot{U}_V = U\angle -120°\ V，\ \dot{U}_W = U\angle 120°\ V$$

通过图 3-3 和图 3-4 可知，在任意瞬间，对称三相电源的电压之和为 0，即

$$\begin{cases} \dot{U}_U + \dot{U}_V + \dot{U}_W = 0 \\ u_U + u_V + u_W = 0 \end{cases} \tag{3-2}$$

交流电路中的用电设备大体可以分为以下两类。

一类是需要接在三相交流电源上才能正常工作的负载，此类负载称为三相负载，主要为阻抗值和阻抗角完全相等的三相对称负载，如三相电动机。

另一类是单相负载，它们可以根据需要接在三相交流电源的任意一相上。如果三相交流电源的其他两相也接单相负载，那么对于三相交流电源来说，它们也组成三相负载，但因为各相负载的复阻抗一般不相等，所以不是三相对称负载，如照明灯。

3.1.2　三相交流电源的星形连接

把发电机三相绕组的末端连接在一起形成一个节点，该点称为中性点，而把首端作为与外电路连接的端点，分别引出三条输电线，这种连接方式称为三相交流电源的星形（Y）连接，这三条输电线称为相线或端线，俗称火线，用 L_1、L_2、L_3 表示。由中性点引出的导线称为中线（或零线），相线与中线之间的电压称为相电压，用 U_P 表示其有效值，每相电压 $\dot{U}_U$、$\dot{U}_V$、$\dot{U}_w$ 的方向是从首端指向末端的；端线之间的电压 $\dot{U}_{UV}$、$\dot{U}_{VW}$、$\dot{U}_{WU}$ 称为线电压，用 U_L 表示其有效值。三相交流电源的星形连接如图 3-5 所示。

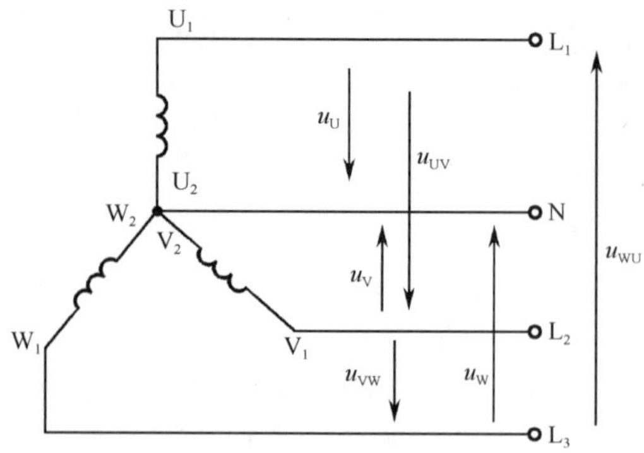

图 3-5　三相交流电源的星形连接

如果三相负载对称，中线无电流，那么可将中线除去，成为三相三线制供电系统。

如果三相负载不对称，中线上有电流 I_N 通过，那么不可将中线除去，否则会造成负载上三相电压严重不对称，用电设备不能正常工作。

图 3-6 所示为星形连接的线电压与相电压的相量图，由图 3-6 可知，线电压与相电压的关系为

$$\begin{aligned}\dot{U}_{UV} &= \dot{U}_U - \dot{U}_V = \sqrt{3}\dot{U}_U \underline{/30^\circ} \\ \dot{U}_{VW} &= \sqrt{3}\dot{U}_V \underline{/30^\circ} \\ \dot{U}_{WU} &= \sqrt{3}\dot{U}_W \underline{/30^\circ}\end{aligned} \tag{3-3}$$

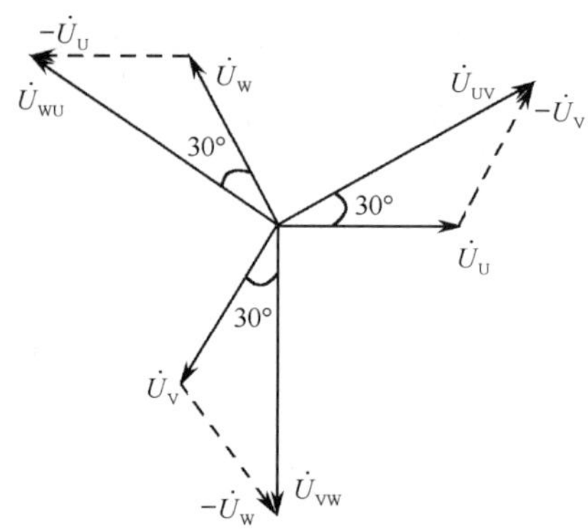

图 3-6　星形连接的相电压与线电压的相量图

由此可见，若相电压对称，则线电压也对称，当三相交流电源为星形连接时，线电压有效值是相电压有效值的 $\sqrt{3}$ 倍，线电压超前相应的相电压 30°的相位角，并且有

$$\begin{cases}\dot{U}_{UV} + \dot{U}_{VW} + \dot{U}_{WU} = 0 \\ \dot{U}_U + \dot{U}_V + \dot{U}_W = 0\end{cases} \tag{3-4}$$

3.1.3　三相交流电源的三角形连接

发电机三相绕组依次首尾相连，从连接点引出三条相线 L_1、L_2、L_3（给用户供电），称为三相交流电源的三角形（△）连接，如图 3-7 所示。每相绕组的首尾不能接错。

图 3-8 所示为三角形连接的相电压与线电压的相量图，由图 3-8 可知，线电压等于相电

压，即

$$\dot{U}_{UV}=\dot{U}_{U}\ ,\ \dot{U}_{VW}=\dot{U}_{V}\ ,\ \dot{U}_{WU}=\dot{U}_{W}$$

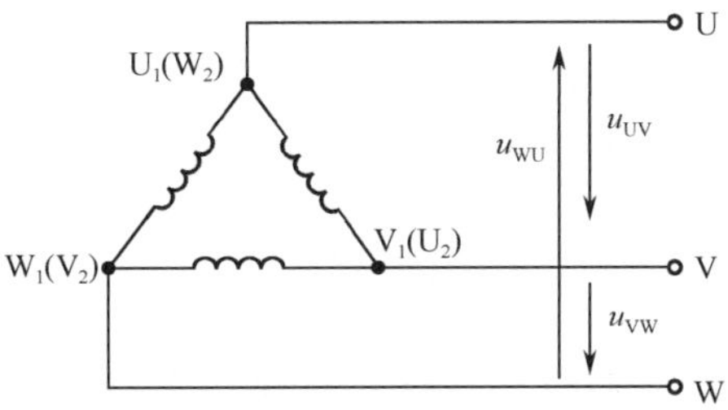

图 3-7　三相交流电源的三角形连接

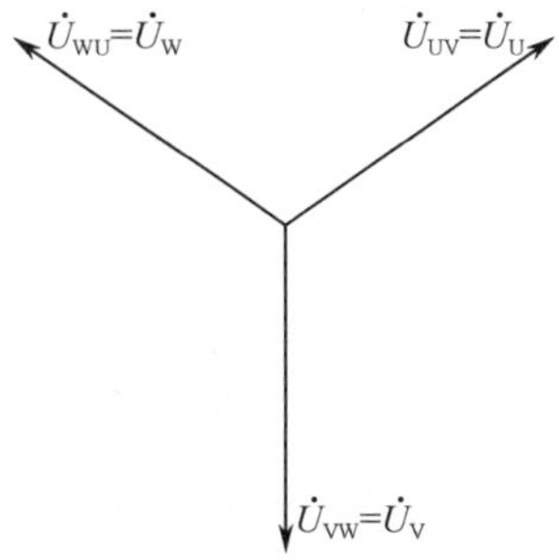

图 3-8　三角形连接的相电压与线电压的相量图

【例题 3-1】 三相发电机连接成三角形进行供电。若误将 U 相接反，则会产生什么后果？应如何使其连接正确？

【解】 三相发电机的错误接线图如图 3-9（a）所示，电压相量图如图 3-9（b）所示。此时回路中的电流为

$$\dot{I}_{s}=\frac{-\dot{U}_{U}+\dot{U}_{V}+\dot{U}_{W}}{3Z}=\frac{-2\dot{U}_{U}}{3Z}$$

由计算结果可知，回路中的电流过大会造成三相发电机的损坏。三相发电机的正确接线图如图 3-9（c）所示。

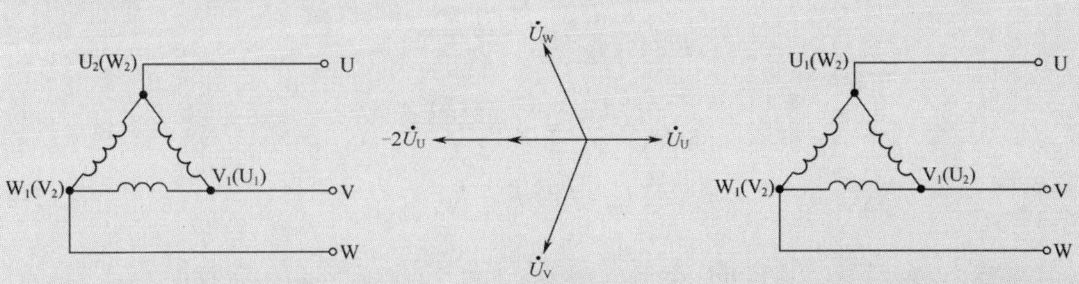

（a）三相发电机的错误接线图　　（b）电压相量图　　（c）三相发电机的正确接线图

图 3-9　例题 3-1 图

通常情况下，三相交流电源选择星形连接方式。

任务 3.2　三相负载的连接

在三相电路中，可以把负载连接成星形（Y）和三角形（△）两种形式。

3.2.1　三相负载的星形连接

三相四线制电路如图 3-10 所示，Z_U、Z_V、Z_W 为星形连接。在图 3-10 中，Z_U、Z_V、Z_W 三个负载的一端连接在一起，形成一个节点，该点称为中性点，由中性点可引出一根线，该线称为中线。在中线中流动的电流称为中线电流。三个负载的另一端引出三根输出线，分别

与三相交流电源相连。在负载中流动的电流称为相电流，用 I_P 表示其有效值；在相线中流动的电流称为线电流，用 I_L 表示其有效值。三相负载的星形连接相电流等于线电流。根据是否有中线，星形连接电路又可分为三相四线制电路和三相三线制电路。

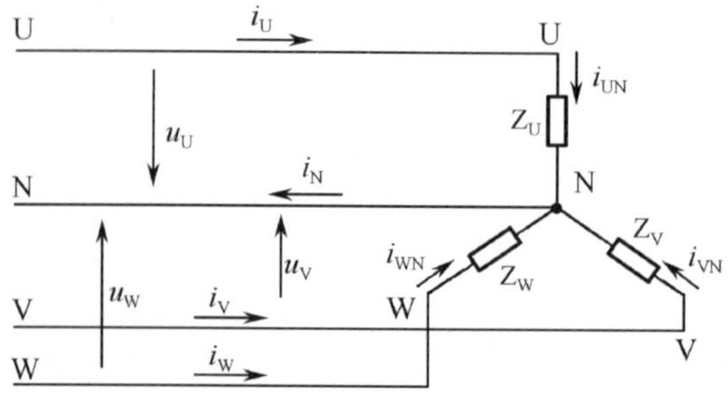

图 3-10　三相四线制电路

1. 三相四线制电路

扫一扫，听听解读

扫一扫，听听解读

具有中线的星形连接电路称为三相四线制电路。在三相四线制电路中，加在负载两端的电压是负载的相电压，在忽略线路阻抗时，线电压的有效值是负载相电压有效值的 $\sqrt{3}$ 倍。

由图 3-10 可知

$$\dot{I}_U=\frac{\dot{U}_U}{Z_U}$$

$$\dot{I}_V=\frac{\dot{U}_V}{Z_V}=\frac{\dot{U}_U\underline{/120^\circ}}{Z_V} \tag{3-5}$$

$$\dot{I}_W=\frac{\dot{U}_W}{Z_W}=\frac{\dot{U}_U\underline{/+120^\circ}}{Z_W}$$

$$\dot{I}_N=\dot{I}_U+\dot{I}_V+\dot{I}_W \tag{3-6}$$

【例题 3-2】 在三相四线制电路中，星形负载各相阻抗分别为 $Z_U=(8+j6)\Omega$，$Z_V=(3-j4)\Omega$，$Z_W=10\Omega$，电源线电压为 380V，求各相电流及中线电流。

【解】 设电源为星形连接，则由题意可知

$$U_P=\frac{U_L}{\sqrt{3}}=220\ \text{(V)}$$

$$\dot{U}_U=220\underline{/0^\circ}\ \text{(V)}$$

式中，U_P 表示相电压的有效值；U_L 表示线电压的有效值。

$$\dot{I}_U=\frac{\dot{U}_U}{Z_U}=\frac{220\underline{/0^\circ}}{8+j6}=\frac{220\underline{/0^\circ}}{10\underline{/36.9^\circ}}=22\underline{/-36.9^\circ}\ \text{(A)}$$

$$\dot{I}_V=\frac{\dot{U}_V}{Z_V}=\frac{220\underline{/-120^\circ}}{3-j4}=\frac{220\underline{/-120^\circ}}{5\underline{/-5.31^\circ}}=44\underline{/-66.9^\circ}\ \text{(A)}$$

$$\dot{I}_W=\frac{\dot{U}_W}{Z_W}=\frac{220\angle 120^\circ}{10\angle 0^\circ}=22\angle 120^\circ\ \text{（A）}$$

$$\begin{aligned}\dot{I}_N&=\dot{I}_U+\dot{I}_V+\dot{I}_W\\&=22\angle -36.9^\circ+44\angle -66.9^\circ+22\angle 120^\circ\\&=17.6-\mathrm{j}13.2+17.3-\mathrm{j}40.5-11+\mathrm{j}19.1\\&=23.9-\mathrm{j}34.6\\&=42\angle -55.4^\circ\ \text{（A）}\end{aligned}$$

三相负载为星形连接时有以下情况。

若三相负载完全相同，则称其为三相对称负载。设

$$Z_U=R_U+\mathrm{j}X_U=|Z_U|\angle\varphi_U$$

$$Z_V=R_V+\mathrm{j}X_V=|Z_V|\angle\varphi_V$$

$$Z_W=R_W+\mathrm{j}X_W=|Z_W|\angle\varphi_W$$

三相负载的对称条件是 $Z_U=Z_V=Z_W$，即

$$\begin{cases}R_U=R_V=R_W\\X_U=X_V=X_W\end{cases}$$

或

$$\begin{cases}|Z_U|=|Z_V|=|Z_W|=|Z|\\\varphi_U=\varphi_V=\varphi_W=\varphi\end{cases}$$

三相对称负载为星形连接时有以下特点。

1）各相电流对称

由于电源的相电压是对称的，各相负载又完全相同，因此三相电流对称，即

$$\begin{cases}\dot{I}_U=\dfrac{\dot{U}_U}{Z_U}=I_P\angle\varphi\\[2ex]\dot{I}_V=\dfrac{\dot{U}_V}{Z_V}=I_P\angle\varphi-120^\circ\\[2ex]\dot{I}_W=\dfrac{\dot{U}_W}{Z_W}=I_P\angle\varphi+120^\circ\end{cases}$$

因为三相电流对称，所以在计算相电流时，只要计算出其中一相，其他两相可按照对称性推算出来，与实验结果相符。

2）中线电流为零

$$\begin{aligned}\dot{I}_N&=\dot{I}_U+\dot{I}_V+\dot{I}_W\\&=I_P\angle\varphi+I_P\angle\varphi-120^\circ+I_P\angle\varphi+120^\circ\\&=0\end{aligned}$$

【例题 3-3】共有 9 盏额定电压为 220V、额定功率为 40W 的白炽灯，均匀安装在 220V/380V 供电系统的三相电网上。

（1）这些白炽灯应如何连接在三相电源上？画出电路图。

（2）试求白炽灯全部点亮时的各相电流，并画出相量图。

（3）讨论一下电路此时是否需要中线。

【解】（1）必须将9盏白炽灯分成3组，按星形连接方式接在三相电源上，其电路图如图3-11所示，相量图如图3-12所示。

（2）每盏白炽灯的电阻为

$$R=\frac{U^2}{P}=\frac{220^2}{40}=1210\ (\Omega)$$

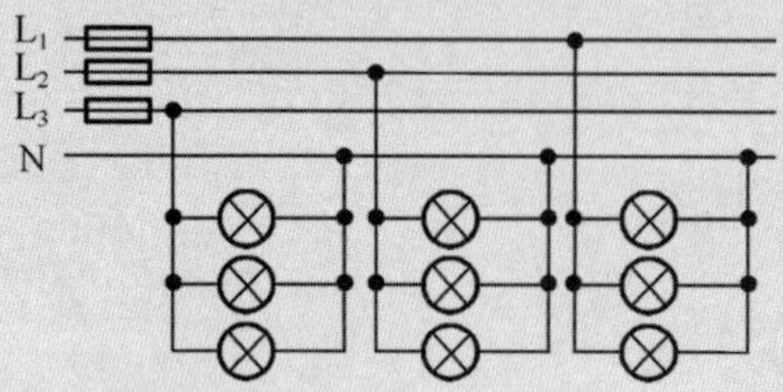

图3-11　例题3-3电路图

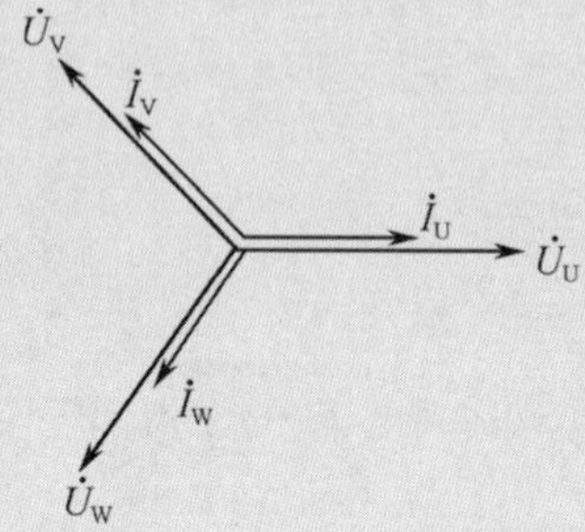

图3-12　例题3-3相量图

当白炽灯全部点亮时，每相负载电阻（3盏白炽灯并联）为

$$R_P=\frac{R}{3}=\frac{1210}{3}\approx 403.3\ (\Omega)$$

各相电流的有效值为

$$I_U=I_V=I_W=I_P=\frac{U}{R_P}=\frac{220}{403.3}\approx 0.5\ (A)$$

（3）当白炽灯全部点亮时，构成三相对称负载，中线电流为零，可以没有中线，但在实际使用时一般不太可能使白炽灯全部点亮，负载在多数情况下是不对称的，所以电路此时需要中线。

2．三相三线制电路

扫一扫，听听解读

扫一扫，听听解读

没有中线的星形连接电路称为三相三线制电路。

（1）如图3-13所示，当三相负载对称时，有

$$Z_U=Z_V=Z_W=Z=|Z|\underline{/\varphi}$$

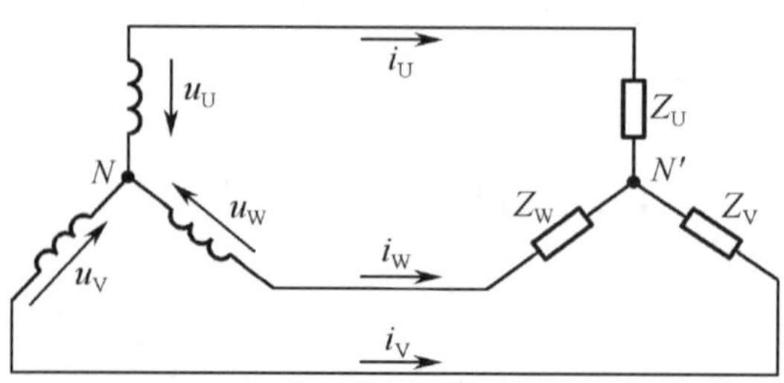

图3-13　负载对称的三相三线制电路

由图3-13可知

$$\dot{U}_{N'N}=\frac{\dfrac{\dot{U}_U}{Z_U}+\dfrac{\dot{U}_V}{Z_V}+\dfrac{\dot{U}_W}{Z_W}}{\dfrac{1}{Z_U}+\dfrac{1}{Z_V}+\dfrac{1}{Z_W}}$$

则

$$\dot{U}_{N'N}=\frac{\dfrac{\dot{U}_U}{Z_U}+\dfrac{\dot{U}_V}{Z_V}+\dfrac{\dot{U}_W}{Z_W}}{\dfrac{1}{Z_U}+\dfrac{1}{Z_V}+\dfrac{1}{Z_W}}=\frac{\dfrac{1}{Z}(\dot{U}_U+\dot{U}_V+\dot{U}_W)}{\dfrac{3}{Z}}=0$$

由于负载对称，中线电流为零，忽略线路阻抗，在除去中线后，负载的相电压等于电源的相电压，因此负载也能正常工作。

（2）如图 3-14 所示，当三相负载不对称时，有

$$\dot{U}_{N'N}=\frac{\dfrac{\dot{U}_U}{Z_U}+\dfrac{\dot{U}_V}{Z_V}+\dfrac{\dot{U}_W}{Z_W}}{\dfrac{1}{Z_U}+\dfrac{1}{Z_V}+\dfrac{1}{Z_W}}\neq 0$$

负载各相电压分别为

$$\dot{U}_{U'}=\dot{U}_{UN'}=\dot{U}_U-\dot{U}_{N'N}$$
$$\dot{U}_{V'}=\dot{U}_{VN'}=\dot{U}_V-\dot{U}_{N'N}$$
$$\dot{U}_{W'}=\dot{U}_{WN'}=\dot{U}_W-\dot{U}_{N'N}$$

负载各相电流（线电流）分别为

$$\dot{I}_U=\frac{\dot{U}_{U'}}{Z_U}\ ,\dot{I}_V=\frac{\dot{U}_{V'}}{Z_V}\ ,\ \dot{I}_W=\frac{\dot{U}_{W'}}{Z_W}$$

由于负载不对称，$\dot{U}_{N'N}\neq 0$，因此 N' 点与 N 点的电位不同。从图 3-15 中的相量关系可以看出，N' 点与 N 点不重合，这一现象称为中性点位移。在电源对称的情况下，可以根据中性点位移的情况判断负载端不对称的程度。当中性点位移较大时，会造成负载端的电压严重不对称，从而可能使负载不能正常工作。另外，当负载变动时，由于各相负载的工作相互关联，因此会彼此影响。

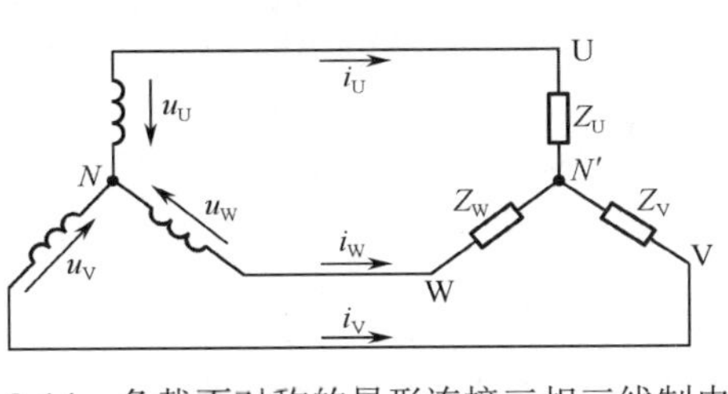

图 3-14　负载不对称的星形连接三相三线制电路

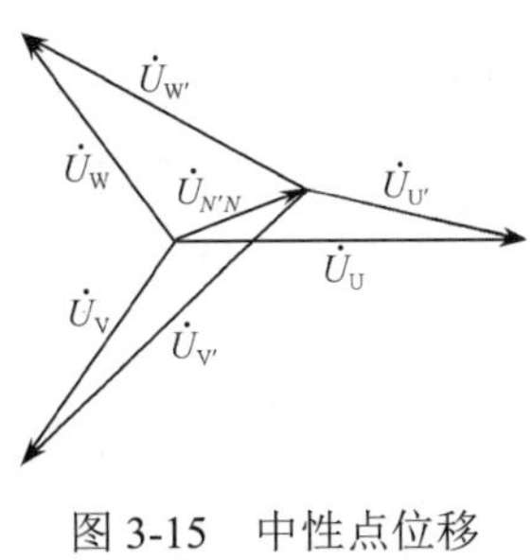

图 3-15　中性点位移

当不对称负载电路中有中线存在时，尽管电源不对称，但在这个条件下，各相负载可保持独立，各相负载的工作互不影响，且可以独立计算，能确保各相负载在相电压下安全工作，这就弥补了无中线带来的缺点。当三相不对称负载为星形连接时，是绝对不能除去中线的。在安

装电路时，熔丝、开关等不能安装在中线上，这是为了避免它们断开时相当于除去中线的情况。

【例题 3-4】图 3-16（a）所示的电路是用来测定三相电源相序的仪器的示意图，该仪器称为相序指示器。任意指定电源的一相为 U 相，把电容 C 接到 U 相上，两盏白炽灯分别接到另外两相上。设 $R=1/\omega C$，试说明如何根据两盏白炽灯的亮度来确定 V、W 相。

【解】这是一个不对称的星形负载连接电路，其相量图如图 3-16（b）所示。

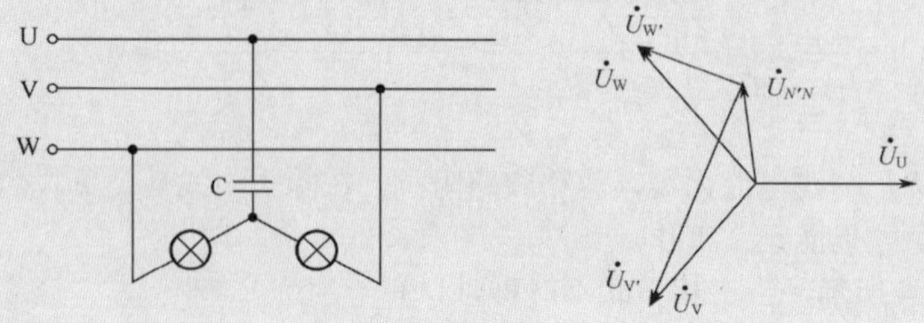

（a）　　（b）

图 3-16　例题 3-4 图

设 $\dot{U}_U = U\angle 0^\circ$，则有

$$G=\frac{1}{R}=\omega C$$

$$\dot{U}_{N'N}=\frac{\dot{U}_U \mathrm{j}\omega C+\dot{U}_V G+\dot{U}_W G}{\mathrm{j}\omega C+2G}$$

$$\dot{U}_{N'N}=\frac{\mathrm{j}+1\angle -120^\circ+1\angle 120^\circ}{2+\mathrm{j}}U=\frac{-1+\mathrm{j}}{2+\mathrm{j}}U=0.632U\angle 108.4^\circ$$

$$\dot{U}_{V'}=\dot{U}_V-\dot{U}_{N'N}=U\angle -120^\circ-0.632U\angle 108.4^\circ=1.49U\angle -101.5^\circ$$

$$\dot{U}_{W'}=\dot{U}_W-\dot{U}_{N'N}=U\angle 120^\circ-0.632U\angle 108.4^\circ=0.4U\angle 138.4^\circ$$

显然，$U_{V'}>U_{W'}$，从而可知，较亮的白炽灯接入 V 相，较暗的白炽灯接入 W 相。

【例题 3-5】试分析当对称星形连接的负载（无中线）中有一相负载短路或断路时，各相电压的变化情况。

【解】当有一相负载短路或断路时，原对称三相电路变为不对称三相电路。

（1）设 U 相短路，如图 3-17（a）所示，其相量图如图 3-17（b）所示。

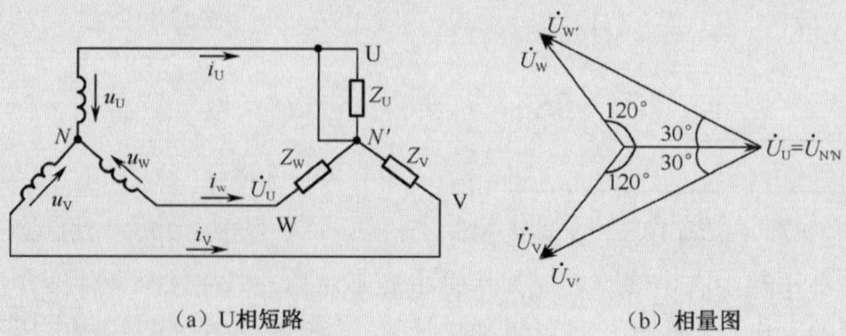

（a）U相短路　　（b）相量图

图 3-17　三相三线制电路

$$\dot{U}_{N'N}=\dot{U}_{\mathrm{U}}$$

$$\dot{U}_{\mathrm{U'}}=\dot{U}_{\mathrm{U}}-\dot{U}_{N'N}=0$$

$$\dot{U}_{\mathrm{V'}}=\dot{U}_{\mathrm{V}}-\dot{U}_{N'N}=\dot{U}_{\mathrm{V}}-\dot{U}_{\mathrm{U}}$$

$$\dot{U}_{\mathrm{W'}}=\dot{U}_{\mathrm{W}}-\dot{U}_{N'N}=\dot{U}_{\mathrm{W}}-\dot{U}_{\mathrm{U}}$$

$$U_{\mathrm{V'}}=U_{\mathrm{W'}}=2U_{\mathrm{U}}\cos 30^{\circ}=\sqrt{3}U_{\mathrm{U}}$$

当其中一相短路时，其他两相电压的有效值升高到正常工作电压的 $\sqrt{3}$ 倍。

（2）设 U 相断路，如图 3-18 所示。

$$\dot{U}_{\mathrm{V'}}=\frac{\dot{U}_{\mathrm{VW}}}{2Z}\times Z=\frac{1}{2}\dot{U}_{\mathrm{VW}}$$

$$\dot{U}_{\mathrm{W'}}=-\frac{\dot{U}_{\mathrm{VW}}}{2Z}\times Z=-\frac{1}{2}\dot{U}_{\mathrm{VW}}$$

$$U_{\mathrm{VW}}=\sqrt{3}U_{\mathrm{U}}$$

$$U_{\mathrm{V}}=U_{\mathrm{W}}=\frac{\sqrt{3}}{2}U_{\mathrm{U}}$$

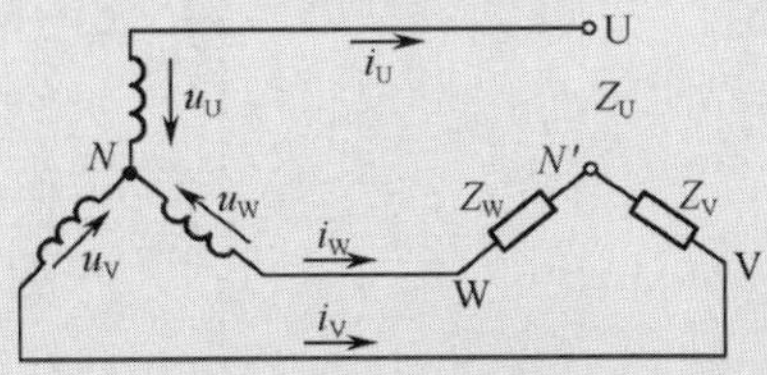

图 3-18　U 相断路

当其中一相断路时，其他两相电压的有效值是 $\frac{\sqrt{3}}{2}$ 的正常工作电压。

3.2.2　三相负载的三角形连接

三相负载的三角形连接如图 3-19（a）所示，先将三相负载首尾依次连接成一个闭合回路，然后从三个连接点引出三根端线，构成三相负载的三角形连接。在三相负载的三角形连接中，由于无中线，因此中线电流为零。电压与电流的相量图如图 3-19（b）所示。

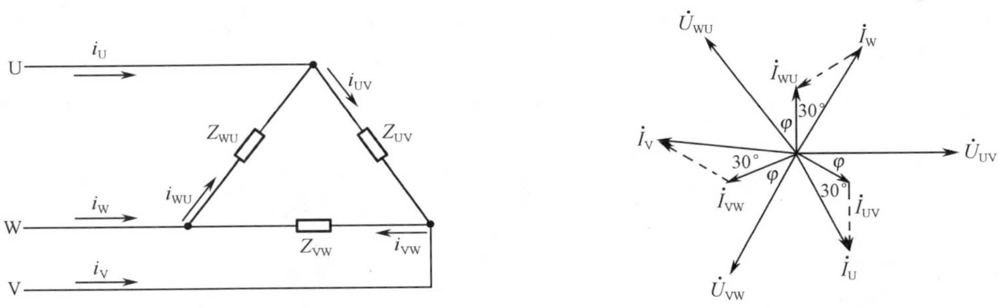

(a) 三相负载的三角形连接　　(b) 电压与电流的相量图

图 3-19　负载的三角形连接及电压与电流相量图

由图 3-19（b）可知，相电流为

$$\begin{cases}\dot{I}_{\mathrm{UV}}=\dfrac{\dot{U}_{\mathrm{UV}}}{Z_{\mathrm{UV}}}\\[2ex]\dot{I}_{\mathrm{VW}}=\dfrac{\dot{U}_{\mathrm{VW}}}{Z_{\mathrm{VW}}}\\[2ex]\dot{I}_{\mathrm{WU}}=\dfrac{\dot{U}_{\mathrm{WU}}}{Z_{\mathrm{WU}}}\end{cases}\tag{3-7}$$

扫一扫，听听解读

根据 KCL，线电流与相电流的关系为

$$\begin{cases}\dot{I}_{\mathrm{U}}=\dot{I}_{\mathrm{UV}}-\dot{I}_{\mathrm{WU}}\\ \dot{I}_{\mathrm{V}}=\dot{I}_{\mathrm{VW}}-\dot{I}_{\mathrm{UV}}\\ \dot{I}_{\mathrm{W}}=\dot{I}_{\mathrm{WU}}-\dot{I}_{\mathrm{VW}}\end{cases} \tag{3-8}$$

扫一扫，听听解读

若负载对称，即

$$Z_{\mathrm{UV}}=Z_{\mathrm{VW}}=Z_{\mathrm{WU}}=Z$$

则有

$$\begin{cases}\dot{I}_{\mathrm{UV}}=\dfrac{\dot{U}_{\mathrm{UV}}}{Z_{\mathrm{UV}}}=\dfrac{\dot{U}_{\mathrm{UV}}}{Z}\\ \dot{I}_{\mathrm{VW}}=\dfrac{\dot{U}_{\mathrm{VW}}}{Z_{\mathrm{VW}}}=\dfrac{\dot{U}_{\mathrm{VW}}}{Z}=\dfrac{\dot{U}_{\mathrm{UV}}\angle -120^\circ}{Z}=\dot{I}_{\mathrm{UV}}\angle -120^\circ\\ \dot{I}_{\mathrm{WU}}=\dfrac{\dot{U}_{\mathrm{WU}}}{Z_{\mathrm{WU}}}=\dfrac{\dot{U}_{\mathrm{WU}}}{Z}=\dfrac{\dot{U}_{\mathrm{UV}}\angle 120^\circ}{Z}=\dot{I}_{\mathrm{UV}}\angle 120^\circ\end{cases} \tag{3-9}$$

将式（3-9）代入式（3-8），得

$$\begin{cases}\dot{I}_{\mathrm{U}}=\dot{I}_{\mathrm{UV}}-\dot{I}_{\mathrm{WU}}=\sqrt{3}\dot{I}_{\mathrm{UV}}\angle -30^\circ\\ \dot{I}_{\mathrm{V}}=\dot{I}_{\mathrm{VW}}-\dot{I}_{\mathrm{UV}}=\sqrt{3}\dot{I}_{\mathrm{VW}}\angle -30^\circ\\ \dot{I}_{\mathrm{W}}=\dot{I}_{\mathrm{WU}}-\dot{I}_{\mathrm{VW}}=\sqrt{3}\dot{I}_{\mathrm{WU}}\angle -30^\circ\end{cases} \tag{3-10}$$

由此可见，在对称三相负载的三角形连接中，线电流的有效值等于相电流有效值的 $\sqrt{3}$ 倍，且滞后对应的相电流 30°的相位角，线电压等于相电压。

【例题 3-6】对称负载连接成三角形，接入线电压为 380V 的三相电源，若每相阻抗为 $Z=(3+\mathrm{j}4)\,\Omega$，求负载各相电流及各线电流。

【解】设线电压 $\dot{U}_{\mathrm{UV}}=380\angle 0^\circ$ V，则负载各相电流为

$$\dot{I}_{\mathrm{UV}}=\frac{\dot{U}_{\mathrm{uv}}}{Z}=\frac{380\angle 0^\circ}{3+\mathrm{j}4}=\frac{380\angle 0^\circ}{5\angle 53.1^\circ}=76\angle -53.1^\circ \quad (\mathrm{A})$$

$$\dot{I}_{\mathrm{VW}}=\frac{\dot{U}_{\mathrm{VW}}}{Z}=\dot{I}_{\mathrm{UV}}\angle -120^\circ=76\angle -53.1^\circ-120^\circ=76\angle -173.1^\circ \quad (\mathrm{A})$$

$$\dot{I}_{\mathrm{WU}}=\frac{\dot{U}_{\mathrm{WU}}}{Z}=\dot{I}_{\mathrm{UV}}\angle 120^\circ=76\angle -53.1^\circ+120^\circ=76\angle 66.9^\circ \quad (\mathrm{A})$$

负载各线电流为

$$\dot{I}_{\mathrm{U}}=\sqrt{3}\dot{I}_{\mathrm{UV}}\angle -30^\circ=\sqrt{3}\times 76\angle -53.1^\circ-30^\circ=131.66\angle -83.1^\circ \quad (\mathrm{A})$$

$$\dot{I}_{\mathrm{V}}=\dot{I}_{\mathrm{U}}\angle -120^\circ=131.66\angle -83.1^\circ-120^\circ=131.66\angle 156.9^\circ \quad (\mathrm{A})$$

$$\dot{I}_{\mathrm{W}}=\dot{I}_{\mathrm{U}}\angle 120^\circ=131.66\angle -83.1^\circ+120^\circ=131.66\angle 36.9^\circ \quad (\mathrm{A})$$

【例题 3-7】某三相交流异步电动机每相绕组额定电压为 380V，额定电流为 10A，功率因数为 0.85，电源为 220/380V 的电网，频率 f=50Hz。试求：（1）电动机三相绕组应如何连

接；(2) 每相绕组的等值阻抗、等值电阻与电感；(3) 各相电流和线电流的大小。

【解】(1) 由于电动机每相绕组的额定电压为 380V，因此电动机绕组应选择三角形连接。

(2) 每相绕组的等值阻抗为

$$|Z|=\frac{380}{10}=38\ (\Omega)$$

等值电阻为

$$R=|Z|\cos\varphi=38\times0.85=32.3\ (\Omega)$$

$$X_L=\sqrt{(|Z|)^2-R^2}=\sqrt{38^2-32.3^2}\approx20\ (\Omega)$$

等值电感为

$$L=\frac{X_L}{2\pi f}=\frac{20}{314}\approx63.7\ (\text{mH})$$

(3) 当电动机额定运行时，其相电流与线电流的大小分别为

$$I_P=10\text{A},\ I_L=17.3\text{A}$$

任务 3.3　三相电功率

1．三相负载的有功功率

三相负载的有功功率等于各相有功功率之和，即

$$\begin{aligned}P&=P_U+P_V+P_W\\&=U_UI_U\cos\varphi_U+U_VI_V\cos\varphi_V+U_WI_W\cos\varphi_W\\&=I_U^2R_U+I_V^2R_V+I_W^2R_W\end{aligned}\tag{3-11}$$

若三相负载是对称的，则有

$$U_UI_U\cos\varphi_U=U_VI_V\cos\varphi_V=U_WI_W\cos\varphi_W=U_PI_P\cos\varphi_P$$

三相总有功功率为

$$P=P_U+P_V+P_W=3U_PI_P\cos\varphi_P\tag{3-12}$$

当负载为星形连接时，则有

$$\begin{cases}U_P=\dfrac{U_L}{\sqrt{3}}\\I_P=I_L\\P=\sqrt{3}U_LI_L\cos\varphi\end{cases}\tag{3-13}$$

式中，I_P、I_L、U_P、U_L 分别为相电流、线电流、相电压、线电压的有效值。

当负载为三角形连接时，则有

$$\begin{cases}U_P=U_L\\I_P=\dfrac{I_L}{\sqrt{3}}\\P=\sqrt{3}U_LI_L\cos\varphi\end{cases}$$

注意：φ为相电压与相电流之间的相位差。由此可见，三相负载无论为星形连接还是三角形连接，其计算有功功率的公式都是相同的。

2．三相负载的无功功率

三相负载的无功功率为

$$Q=Q_U+Q_V+Q_W=U_UI_U\sin\varphi_U+U_VI_V\sin\varphi_V+U_WI_W\sin\varphi_W$$

若三相负载是对称的，则无论三相负载为星形连接还是三角形连接，三相总无功功率均为

$$Q=Q_U+Q_V+Q_W=\sqrt{3}U_LI_L\sin\varphi \tag{3-14}$$

3．三相负载的视在功率

三相负载的视在功率为

$$S=\sqrt{P^2+Q^2}$$

若三相负载是对称的，则有

$$S=\sqrt{(\sqrt{3}U_LI_L\cos\varphi_P)^2+(\sqrt{3}U_LI_L\sin\varphi_P)^2}=\sqrt{3}U_LI_L \tag{3-15}$$

【例题 3-8】 某对称三相负载，每相阻抗 Z=（80+j60）Ω，电源线电压 U_L=380V。求三相负载分别连接成星形和三角形时电路的有功功率和无功功率。

【解】（1）当负载为星形连接时，有

$$U_P=\frac{U_L}{\sqrt{3}}=\frac{380}{\sqrt{3}}\approx220\text{（V）}$$

$$I_P=I_L=\frac{U_P}{|Z|}=\frac{220}{\sqrt{80^2+60^2}}=2.2\text{（A）}$$

$$\cos\varphi=\frac{80}{\sqrt{80^2+60^2}}=0.8，\sin\varphi=0.6$$

由阻抗三角形可得

$$P=\sqrt{3}U_LI_L\cos\varphi=\sqrt{3}\times380\times2.2\times0.8\approx1.16\text{（kW）}$$

$$Q=\sqrt{3}U_LI_L\sin\varphi=\sqrt{3}\times380\times2.2\times0.6\approx0.87\text{（kvar）}$$

或

$$P=3I_P^2R_P=3\times2.2^2\times80\approx1.16\text{（kW）}$$

$$Q=3I_P^2X_P=3\times2.2^2\times60\approx0.87\text{（kvar）}$$

（2）当负载为三角形连接时，有

$$U_P=U_L=380\text{（V）}$$

$$I_L=\sqrt{3}I_P=\sqrt{3}\frac{380}{\sqrt{80^2+60^2}}\approx6.6\text{（A）}$$

$$P=\sqrt{3}U_LI_L\cos\varphi=\sqrt{3}\times380\times6.6\times0.8\approx3.48\text{（kW）}$$

$$Q=\sqrt{3}U_LI_L\sin\varphi=\sqrt{3}\times380\times6.6\times0.6\approx2.61\text{（kvar）}$$

扫一扫，做做练习

注意：当三相对称负载选择不同的连接方式时，它们的有功功率与无功功率是不同的。

内容回顾

1. 对称三相电源

（1）若三个正弦交流电源的电动势幅值相等、频率相同、彼此之间相位互差 120°，则其构成对称三相电源，有

$$u_U = U_m \sin\omega t \text{V}$$
$$u_V = U_m \sin(\omega t - 120°) \text{V}$$
$$u_W = U_m \sin(\omega t + 120°) \text{V}$$

若对称三相电源依次达到最大值的顺序是 U—V—W—U，则称为顺相序，反之则称为逆相序。

（2）当对称三相电源为星形连接时，采用三相四线制供电，可提供两种电压，分别为线电压与相电压，$U_L = \sqrt{3}U_P$，线电压超前相应的相电压 30°的相位角。

（3）当对称三相电源为三角形连接时，采用三相三线制供电，线电压与相电压相等，即 $U_L = U_P$。

2. 三相负载

（1）三相负载有对称与不对称之分。对称三相负载的对称条件为

$$Z_U = Z_V = Z_W$$

或

$$\begin{cases} |Z_U| = |Z_V| = |Z_W| = |Z| \\ \varphi_U = \varphi_V = \varphi_W = \varphi \end{cases}$$

（2）三相负载有两种连接方法。当负载的额定电压符合电源线电压时，采用三角形连接；当负载的额定电压符合电源相电压时，采用星形连接。

（3）当三相负载为星形连接时，各相负载的相电流等于各端线中的线电流。对称负载：由于中线电流为零，因此可以采用三相三线制，即 $U_L = \sqrt{3}\,U_p$，$I_L = I_p$。不对称负载：为了保证负载能正常工作，采用三相四线制，即三根相线，一根中线，共四根输电线。因为中线不能断开，所以中线不允许接入开关或熔丝。

（4）当三相负载为三角形连接时，只能采用三相三线制，$U_L = U_P$，在三相负载对称的情况下有 $I_P = \dfrac{I_L}{\sqrt{3}}$，线电流滞后相应的相电流 30°的相位角。注意，在三相负载不对称的情况下，该结论不成立。

3. 三相电功率

在对称的三相电路中，总有功功率为

$$P = \sqrt{3}U_L I_L \cos\varphi$$

总无功功率为

$$Q = \sqrt{3}U_L I_L \sin\varphi$$

式中，φ 为相电压与相电流之间的相位差；$\cos\varphi$ 为功率因数。

典型例题解析

【典例 3-1】 某星形连接的负载接到线电压为 380V 的三相电压上，试求：（1）当各相负载 $Z_U=Z_V=Z_W=10\Omega$ 时，各相电流和中线电流；（2）各相负载 $Z_U=Z_V=Z_W=10\Omega$ 不变，中线断开后的各相电流；（3）当负载 $Z_U=20\Omega$、$Z_V=Z_W=10\Omega$ 时，各相电流和中线电流；（4）负载性质不变，当 U 相电流不变，V、W 相电流减半时，中线电流等于多少？

【解】（1）负载相电压的有效值为

$$U_P=\frac{U_L}{\sqrt{3}}=\frac{380}{\sqrt{3}}\approx 220\text{（V）}$$

设 $\dot{U}_U=220\underline{/0^\circ}$（V），则

$$\dot{U}_V=220\underline{/-120^\circ}\text{（V）},\quad \dot{U}_W=220\underline{/120^\circ}\text{（V）}$$

各相电流为

$$\dot{I}_U=\frac{\dot{U}_U}{Z_U}=\frac{220\underline{/0^\circ}}{10}=22\underline{/0^\circ}\text{（A）}$$

$$\dot{I}_V=\frac{\dot{U}_V}{Z_V}=\frac{220\underline{/-120^\circ}}{10}=22\underline{/-120^\circ}\text{（A）}$$

$$\dot{I}_W=\frac{\dot{U}_W}{Z_W}=\frac{220\underline{/120^\circ}}{10}=22\underline{/120^\circ}\text{（A）}$$

中线电流为

$$\dot{I}_N=\dot{I}_U+\dot{I}_V+\dot{I}_W=22\underline{/0^\circ}+22\underline{/-120^\circ}+22\underline{/120^\circ}=0$$

（2）由于三相负载对称，线电流与相电流相等且对称，中线电流为零，因此中线断开后，电路不受影响，各相电流和（1）中一样。

（3）各相电压不变，$\dot{I}_V$、$\dot{I}_W$ 不变，U 相电流及中线电流为

$$\dot{I}_U=\frac{\dot{U}_U}{Z_U}=\frac{220\underline{/0^\circ}}{20}=11\underline{/0^\circ}\text{（A）}$$

$$\dot{I}_N=\dot{I}_U+\dot{I}_V+\dot{I}_W=11\underline{/0^\circ}+22\underline{/-120^\circ}+22\underline{/120^\circ}=11\underline{/180^\circ}\text{（A）}$$

（4）负载性质不变，则中线电流为

$$\dot{I}_N=\dot{I}_U+\dot{I}_V+\dot{I}_W=22\underline{/0^\circ}+11\underline{/-120^\circ}+11\underline{/120^\circ}=11\underline{/0^\circ}\text{(A)}$$

【典例 3-2】 如图 3-20 所示，三角形连接的负载接到线电压为 380V 的三相电源上，试求：（1）当各相负载 $Z_{UV}=Z_{VW}=Z_{WU}=10\Omega$ 时，各相电流和线电流；（2）若负载 Z_{UV} 断开，$Z_{VW}=Z_{WU}=10\Omega$ 不变，则各相电流和线电流为多少？

分析： 当负载为三角形连接时，如果负载对称，那么线电流大小等于所对应的相电流的 $\sqrt{3}$ 倍，线电流相位滞后于所对应的相电流 30°；如果负载不对称，那么线电流与相电流没有这样的对应关系，只能根据节点的 KCL 进行求解。

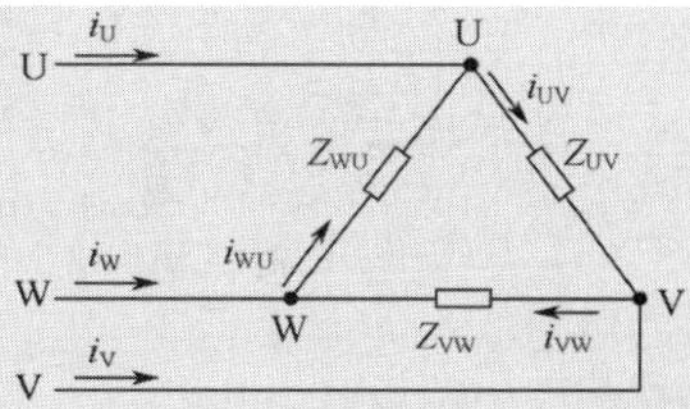

图 3-20　典例 3-2 图

【解】（1）为了和典例 3-1 比较，设 $\dot{U}_{U}=220\angle 0^\circ$（V），则

$$\dot{U}_{UV}=380\angle 30^\circ \text{（V）}$$
$$\dot{U}_{VW}=380\angle -90^\circ \text{（V）}$$
$$\dot{U}_{WU}=380\angle 150^\circ \text{（V）}$$

各相电流为

$$\dot{I}_{UV}=\frac{\dot{U}_{UV}}{Z_{UV}}=\frac{380\angle 30^\circ}{10}=38\angle 30^\circ \text{（A）}$$
$$\dot{I}_{VW}=\frac{\dot{U}_{VW}}{Z_{VW}}=\frac{380\angle -90^\circ}{10}=38\angle -90^\circ \text{（A）}$$
$$\dot{I}_{WU}=\frac{\dot{U}_{WU}}{Z_{WU}}=\frac{380\angle 150^\circ}{10}=38\angle 150^\circ \text{（A）}$$

在三相对称负载的三角形连接中，线电流等于 $\sqrt{3}$ 倍的相电流，角度滞后各自对应的相电流 30°，可得

$$\dot{I}_{U}=66\angle 0^\circ \text{（A）}$$
$$\dot{I}_{V}=66\angle -120^\circ \text{（A）}$$
$$\dot{I}_{W}=66\angle 120^\circ \text{（A）}$$

（2）U、V 相负载断开，$\dot{I}_{UV}=0$ 而 $\dot{I}_{VW}$、$\dot{I}_{WU}$ 不变，所以有

$$\dot{I}_{U}=\dot{I}_{UV}-\dot{I}_{WU}=38\angle -30^\circ \text{（A）}$$
$$\dot{I}_{V}=\dot{I}_{VW}-\dot{I}_{UV}=38\angle -90^\circ \text{（A）}$$
$$\dot{I}_{W}=\dot{I}_{WU}-\dot{I}_{VW}=66\angle 120^\circ \text{（A）}$$

【典例 3-3】三相对称电路如图 3-21 所示，已知 $Z=(4+j3)\,\Omega$，$\dot{U}_{U}=380\angle 0^\circ$ V，求负载电流 $\dot{I}_{U}$、$\dot{I}_{V}$、$\dot{I}_{W}$。

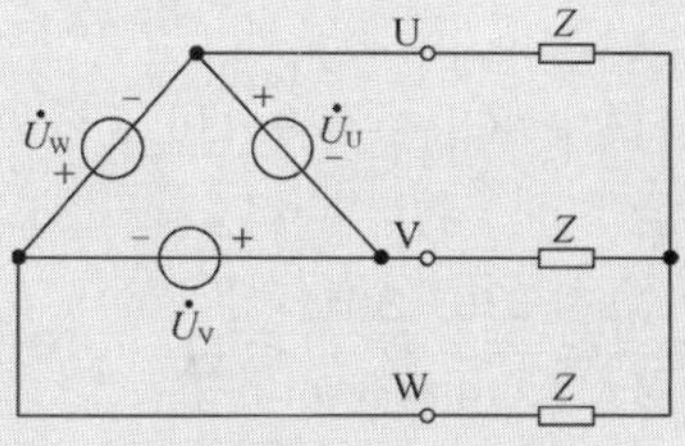

图 3-21　典例 3-3 图

【解】此题的求解分以下两步进行。

（1）先将三角形连接电源转换为星形连接方式，但需要保证$\dot{U}_{UV}$、$\dot{U}_{VW}$、$\dot{U}_{WU}$不变，等效电路如图3-22所示。

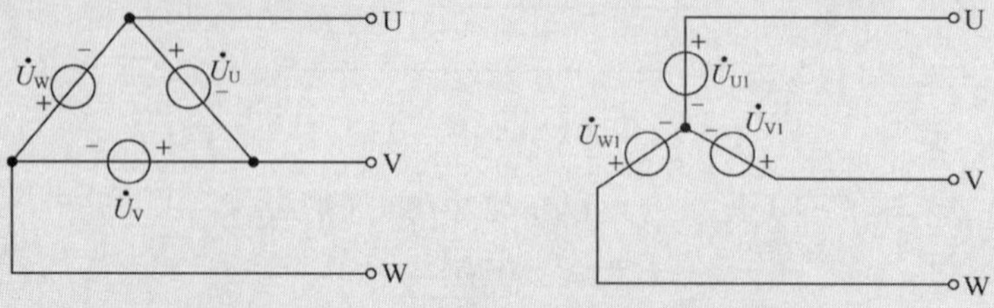

（a）　　　　（b）

图3-22　典例3-3图解（1）

对于图3-22（a），有

$$\dot{U}_{UV}=\dot{U}_{U}$$

对于图3-22（b），有

$$\dot{U}_{UV}=\dot{U}_{U1}-\dot{U}_{V1}=\sqrt{3}\dot{U}_{U1}\underline{/30^\circ}\ (\mathrm{V})$$

所以

$$\dot{U}_{U}=\dot{U}_{U1}-\dot{U}_{V1}=\sqrt{3}\dot{U}_{U1}\underline{/30^\circ}\ (\mathrm{V})$$

即有

$$\dot{U}_{U1}=\frac{1}{\sqrt{3}}\dot{U}_{U}\underline{/-30^\circ}=220\underline{/-30^\circ}\ (\mathrm{V})$$

根据电源的对称性有

$$\dot{U}_{V1}=\dot{U}_{U1}\underline{/-120^\circ}=220\underline{/-150^\circ}\ (\mathrm{V})$$

$$\dot{U}_{W1}=\dot{U}_{U1}\underline{/120^\circ}=220\underline{/90^\circ}\ (\mathrm{V})$$

（2）将原负载接到等效电源上，如图3-23所示。

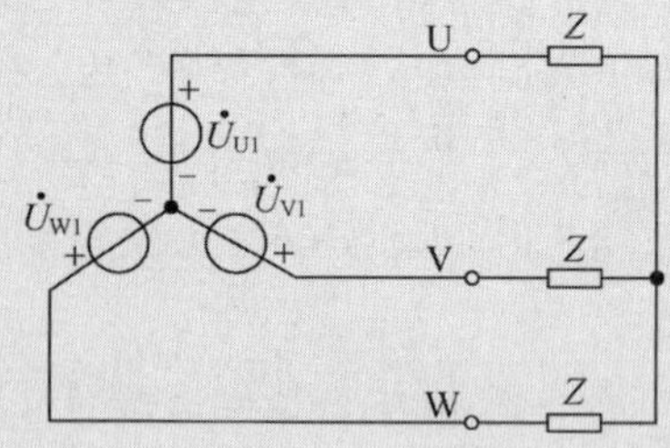

图3-23　典例3-3图解（2）

由于三相电源对称、三相负载对称，因此每相负载的电压等于电源的相电压，即

$$\dot{U}_{UZ}=\dot{U}_{U1}=220\underline{/-30^\circ}\ (\mathrm{V})$$

则

$$\dot{I}_{U}=\frac{\dot{U}_{UZ}}{Z}=\frac{220\underline{/-30^\circ}}{4+\mathrm{j}3}=44\underline{/-66.9^\circ}\ (\mathrm{A})$$

根据对称性可得

$$\dot{I}_{V} = \dot{I}_{U}\angle{-120^\circ} = 44\angle{173.1^\circ}\ \text{(A)}$$
$$\dot{I}_{W} = \dot{I}_{U}\angle{120^\circ} = 44\angle{53.1^\circ}\ \text{(A)}$$

【典例 3-4】在三相对称交流电路中，电压表接在两相线之间，电流表串接在相线上，两表读数分别为 380V、5A，试求：(1) 若三相负载为星形连接，则负载的相电压、相电流及每相负载阻抗分别等于多少？(2) 若三相负载为三角形连接，则负载的相电压、相电流及每相负载的阻抗分别等于多少？

【解】(1) 由题意可知，U_L=380V，I_L=5A，当负载为星形连接时，有 $U_L = \sqrt{3}U_P$，所以相电压为

$$U_P = \frac{U_L}{\sqrt{3}} \approx 220\ \text{(V)}$$

相电流为

$$I_P = I_L = 5\ \text{(A)}$$

每相负载的阻抗为

$$|Z| = \frac{U_P}{I_P} = \frac{220}{5} = 44\ (\Omega)$$

(2) 当负载为三角形连接时，有 $U_L=U_P$，相电压 U_P= 380V，相电流为

$$I_P = \frac{I_L}{\sqrt{3}} = \frac{5}{\sqrt{3}} \approx 2.89\ \text{(A)}$$

每相负载的阻抗为

$$|Z| = \frac{U_P}{I_P} = \frac{380}{2.89} \approx 132\ (\Omega)$$

【典例 3-5】图 3-24 所示的电路为有中线的不对称 Y-Y 型三相电路。假定中线阻抗为零，$Z_U = Z_V$ = 48.4Ω，Z_W = 242Ω，三相电源对称，顺相序，相电压为 220 V，若中线断开，则负载的相电压分别是多少？

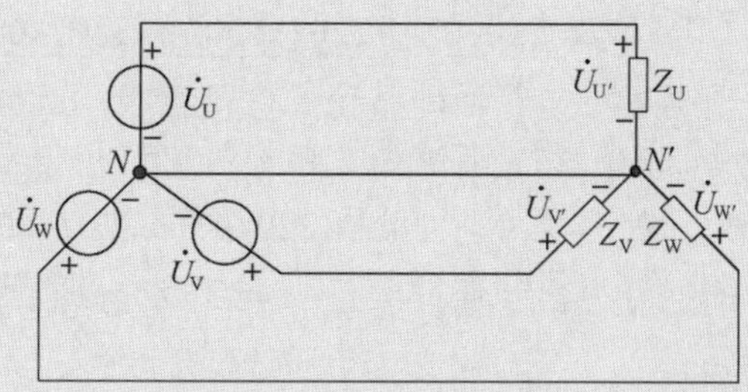

图 3-24　典例 3-5 图

分析：当三相不对称负载为星形连接时，若无中线，则负载的相电压不再是对称的。负载的相电压有的偏高，有的偏低，使负载不能正常工作。

【解】设 $\dot{U}_U = 220\angle{0^\circ}$ V，则

$$\dot{U}_V = 220\angle{-120^\circ}\ \text{V},\quad \dot{U}_W = 220\angle{120^\circ}\ \text{V}$$

$$\dot{U}_{N'N}=\frac{\dfrac{\dot{U}_\text{U}}{Z_\text{U}}+\dfrac{\dot{U}_\text{V}}{Z_\text{V}}+\dfrac{\dot{U}_\text{W}}{Z_\text{W}}}{\dfrac{1}{Z_\text{U}}+\dfrac{1}{Z_\text{V}}+\dfrac{1}{Z_\text{W}}}=\frac{\dfrac{220\angle 0^\circ}{48.4}+\dfrac{220\angle -120^\circ}{48.4}+\dfrac{220\angle 120^\circ}{242}}{\dfrac{1}{48.4}+\dfrac{1}{48.4}+\dfrac{1}{242}}=-80\angle 120^\circ\ \text{（V）}$$

$$=80\angle -60^\circ\ \text{（V）}$$

$$\dot{U}_{\text{U}'}=\dot{U}_{\text{U}N'}=\dot{U}_\text{U}-\dot{U}_{N'N}=220\angle 0^\circ+80\angle 120^\circ=192\angle 21.2^\circ\text{（V）}$$

$$\dot{U}_{\text{V}'}=\dot{U}_{\text{V}N'}=\dot{U}_\text{V}-\dot{U}_{N'N}=220\angle -120^\circ+80\angle 120^\circ=192\angle -141^\circ\text{（V）}$$

$$\dot{U}_{\text{W}'}=\dot{U}_{\text{W}N'}=\dot{U}_\text{W}-\dot{U}_{N'N}=220\angle 120^\circ+80\angle 120^\circ=300\angle 120^\circ\text{（V）}$$

【典例 3-6】如图 3-25 所示，$\dot{U}_\text{U}=220\angle 0^\circ$ V，$\dot{U}_\text{V}=220\angle -120^\circ$ V，$\dot{U}_\text{W}=220\angle 120^\circ$ V，电压表 V_1 的读数是多少？

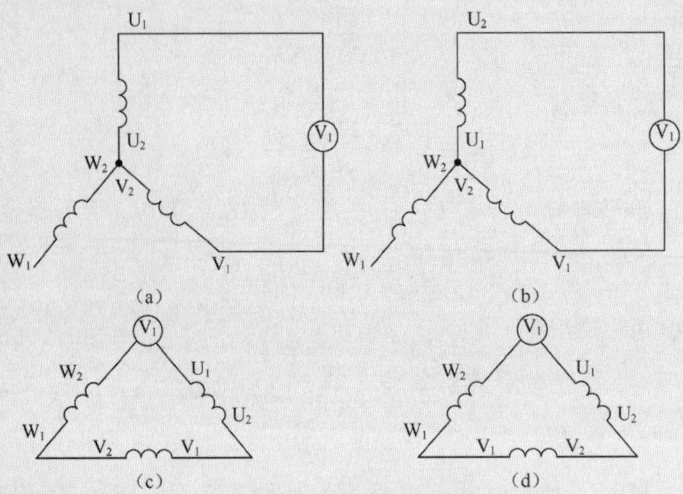

图 3-25　典例 3-6 图

【解】（1）由图 3-25（a）可知，U_1 与 V_1 两端的电压为

$$\dot{U}_\text{UV}=\dot{U}_\text{U}-\dot{U}_\text{V}=220\angle 0^\circ-220\angle -120^\circ=380\angle 30^\circ\text{（V）}$$

由图 3-26 所示的相量图也可得出相同的结论，电压表 V_1 的读数是 380V。

（2）由图 3-25（b）可知，V_1 与 U_2 两端的电压为

$$\dot{U}_\text{VU}=\dot{U}_\text{V}+\dot{U}_\text{U}=220\angle -120^\circ+220\angle 0^\circ=220\angle -60^\circ\text{（V）}$$

由图 3-27 所示的相量图也可得出相同的结论，电压表 V_1 的读数是 220V。

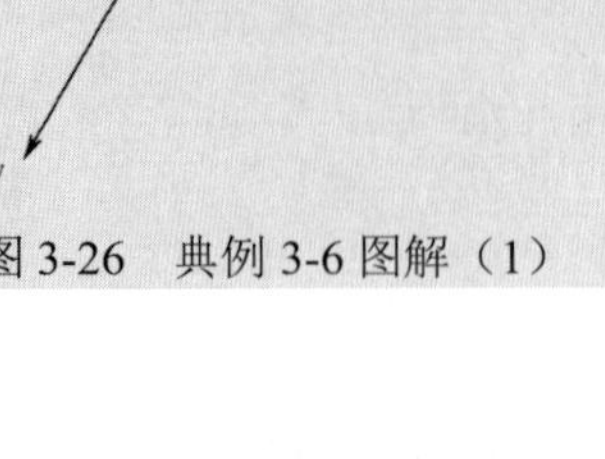

图 3-26　典例 3-6 图解（1）

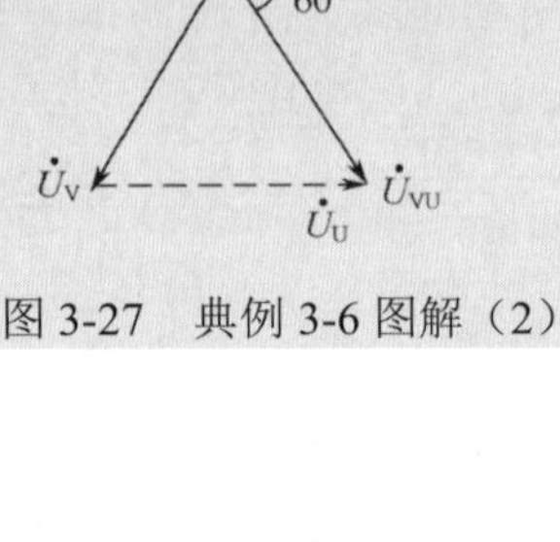

图 3-27　典例 3-6 图解（2）

（3）由图 3-25（c）可知，U_1 与 W_2 两端的电压为

$$\dot{U}=\dot{U}_U+\dot{U}_V+\dot{U}_W=220\underline{/0^\circ}+220\underline{/-120^\circ}+220\underline{/120^\circ}=0\ (V)$$

由图 3-28 所示的相量图也可得出相同的结论，电压表 V_1 的读数是 0。

（4）由图 3-25（d）可知，U_1 与 W_2 两端的电压为

$$\dot{U}=\dot{U}_U-\dot{U}_V+\dot{U}_W=220\underline{/0^\circ}-220\underline{/-120^\circ}+220\underline{/120^\circ}=440\underline{/60^\circ}\ (V)$$

用图 3-29 所示的相量图也可得出相同的结论，电压表 V_1 的读数是 440V。

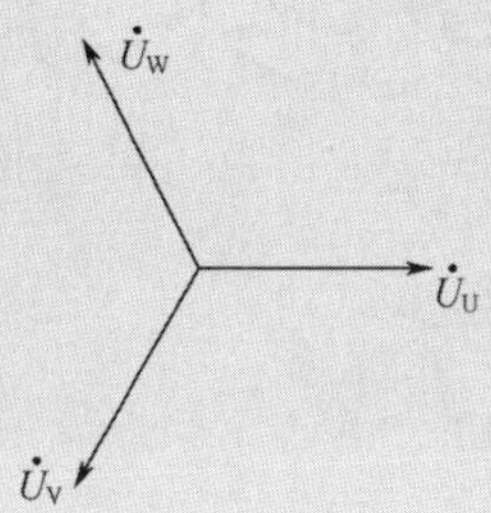

图 3-28　典例 3-6 图解（3）

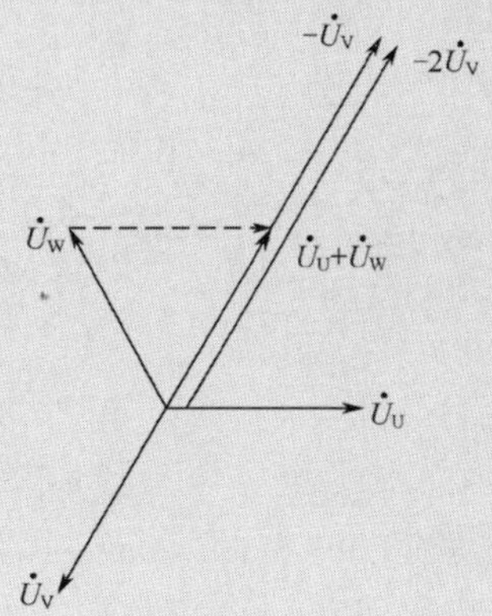

图 3-29　典例 3-6 图解（4）

练习题 3

扫一扫看练习题 3 参考答案

1．图 3-30 所示为负载为星形连接的三相三线制电路，每相复阻抗为 $Z=(50+j25)\ \Omega$，三相电源的线电压 $U_L=380V$，求：（1）相电流 I_P；（2）线电流 I_L；（3）相电压 U_P。

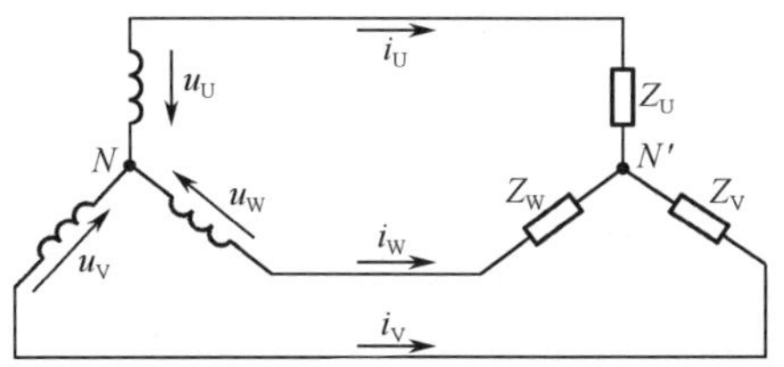

图 3-30　负载为星形连接的三相三线制电路

2．已知三相负载对称，$Z=(30+j30)\ \Omega$，如果负载连接成三角形，并接于线电压 $U_L=380V$ 的三相电路中，求：（1）相电压 U_P；（2）相电流 I_P；（3）线电流 I_L。

3．三相四线制供电线路的线电压 $U_L=380V$，若每相接 20 盏 220V、100W 的白炽灯，试求相电流、线电流和中线电流的有效值。

4．有一台三角形连接的三相电动机，接到线电压为 380V 的对称三相电源上，电动机吸收的功率为 5.3kW，$\cos\varphi=0.8$，求线电流、相电流的有效值及电动机的无功功率。

5．当使用工业三相电阻炉时，常常采取改变电阻丝接法的方式来调节加热温度，现有一台三相电阻炉，每相电阻为 8.68Ω，计算：（1）当线电压为 380V 时，电阻炉为三角形和星形连接时的功率分别是多少？（2）当线电压为 220V 时，电阻炉为三角形连接时的功率是多少？

扫一扫看复习•提高•检测 3

扫一扫看复习•提高•检测 3 参考答案

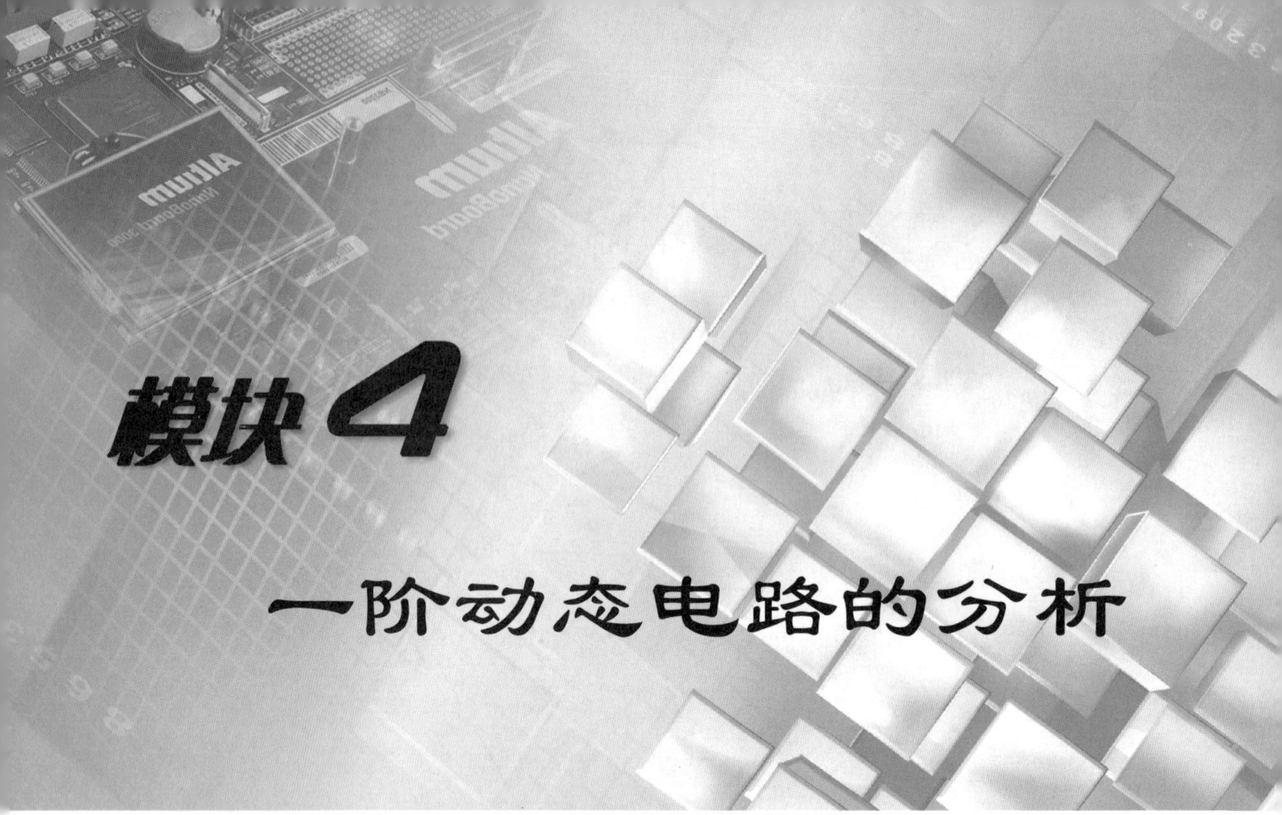

模块 4 一阶动态电路的分析

任务 4.1 过渡过程的产生与换路定律

<table>
<tr><td>演示元件</td><td colspan="2">电池、导线、灯泡、电容、开关等</td><td>RC 电路的充、放电现象演示</td></tr>
<tr><td>演示方式</td><td colspan="2">教师演示</td><td rowspan="5">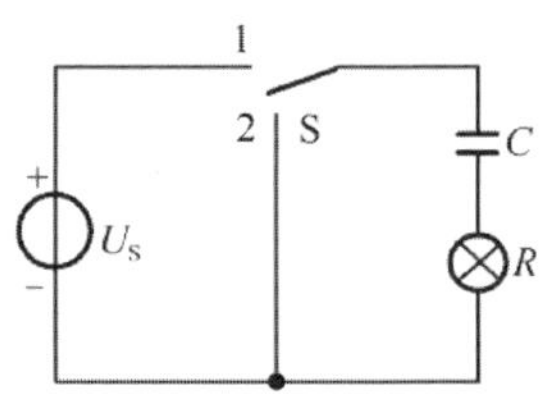
图 4-1　RC 电路的充、放电现象</td></tr>
<tr><td rowspan="3">演示结果</td><td>电路状态</td><td>灯泡状态</td></tr>
<tr><td>开关在 1 处</td><td>灯泡先亮一下，然后熄灭</td></tr>
<tr><td>开关在 2 处</td><td>灯泡先亮一下，然后熄灭</td></tr>
<tr><td colspan="3">问题 1：比较此电路与手电筒电路的不同之处。
问题 2：比较两种电路所发生现象的不同之处。
问题 3：认识 RC 电路的充、放电现象及过程。</td></tr>
<tr><td>演示元件</td><td colspan="2">电池、导线、灯泡、电容、开关、电感等</td><td>RL 电路的充、放电现象演示</td></tr>
<tr><td>演示方式</td><td colspan="2">教师演示</td><td rowspan="5">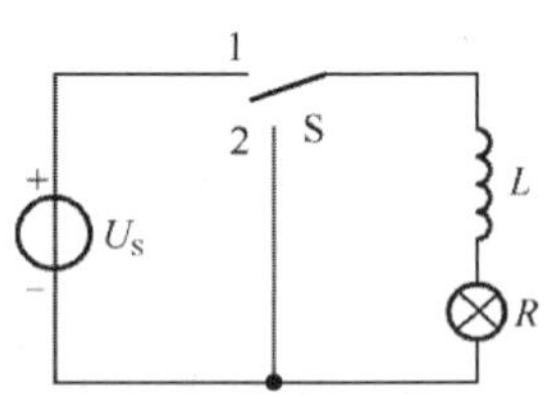
图 4-2　RL 电路的充、放电现象</td></tr>
<tr><td rowspan="3">演示结果</td><td>电路状态</td><td>灯泡状态</td></tr>
<tr><td>开关在 1 处</td><td>灯泡逐渐变亮</td></tr>
<tr><td>开关在 2 处</td><td>灯泡逐渐熄灭</td></tr>
<tr><td colspan="3">问题 1：比较此电路与手电筒电路的不同之处。
问题 2：比较两种电路所发生现象的不同之处。
问题 3：认识 RL 电路的充、放电现象及过程。</td></tr>
</table>

4.1.1 过渡过程的产生

过渡过程是各种事物在运动中普遍存在的现象。物质的运动在一定条件下具有一定的稳定性，一旦条件发生变化，这种稳定性就有可能被打破，如一辆匀速行驶的汽车突然刹车，其速度会由原来的值逐渐减小到零。这种物体从一种稳定状态过渡到另一种稳定状态的中间过程称为过渡过程。

由于电路的过渡过程一般很短，因此该过程也称为暂态过程。暂态过程虽然很短，但它是不容忽视的。例如，在电子技术中，常用暂态特性来改善波形或产生特定的波形；在计算机和脉冲电路中也广泛地应用了电路的暂态特性；在控制设备中，利用电路的暂态特性可以提高控制速度等。当然过渡过程也有不利的一面，它的存在可能导致电路在换路瞬间产生过电压或过电流现象，使电气设备或元件受损，危及人身及设备安全。

4.1.2　换路定律及电路初始值的计算

扫一扫，听听解读

1．换路定律

在图 4-1 和图 4-2 所示的电路中，开关 S 的闭合、断开导致了电容、电感电路过渡过程的产生。把这种由于开关的闭合或断开、电源电压的变化、元件参数的改变及电路连接方式的改变等导致电路工作状态发生变化的现象称为换路。

换路是电路产生过渡过程的外部因素，而电路中含有储能元件是过渡过程产生的内部因素。这是因为在电路发生换路现象时，电感和电容中储存的能量不能突变，其能量的储存和释放需要经过一定的时间。电容储存的电场能量 $W_C = 1/2Cu_C^2$，电感储存的磁场能量 $W_L = 1/2Li_L^2$。由于电容储存的电场能量及电感储存的磁场能量均不能突变，所以在电感和电容确定的情况下，电容电压 u_C 和电感电流 i_L 也不能突变。

假设换路是在瞬间完成的，则换路后最初一瞬间的电容两端的电压应等于换路前最后一瞬间的电容两端的电压；而换路后最初一瞬间的电感中的电流应等于换路前最后一瞬间的电感中的电流，这个规律就称为换路定律。它是分析电路过渡过程的重要依据。

若以 $t = 0$ 表示换路瞬间，$t = 0_-$表示换路前最后一瞬间，$t = 0_+$表示换路后最初一瞬间，则换路定律可以用公式表示为

$$u_C(0_+) = u_C(0_-) \tag{4-1}$$

$$i_L(0_+) = i_L(0_-) \tag{4-2}$$

例如，某 RC 串联电路在 $t = 0$ 时换路，换路前电容中有初始储能，电容两端的电压 $u_C(0_-)$=5V，则换路后电容两端的初始电压为 $u_C(0_+) = u_C(0_-) = 5V$；若该电路在换路前，电容中没有初始储能，则换路后电容两端的初始电压为 $u_C(0_+) = u_C(0_-) = 0$。

2．初始值的计算

扫一扫，听听解读

电路中的初始值是研究电路过渡过程的一个重要指标，它决定了电路过渡过程的起点。实际上，除了电容两端的电压和电感中的电流不能突变，电容中的电流、电感两端的电压，以及电阻两端的电压和其中的电流都是可以突变的。在电路换路以后，电路中各元件中的电流和两端的电压将以换路后最初一瞬间的数值为起点发生连续变化，这一数值就是电路初始值。在一阶电路中，它包括 $u_C(0_+)$、$i_C(0_+)$、$u_L(0_+)$、$i_L(0_+)$、$u_R(0_+)$、$i_R(0_+)$。计算初始值一般按以下步骤进行。

（1）确定换路前电路中的 $u_C(0_-)$和 $i_L(0_-)$，若电路较复杂，则可先绘制出 $t=0_-$时的等效电路，再用基尔霍夫定律求解。

（2）由换路定律确定 $u_C(0_+)$和 $i_L(0_+)$。

（3）绘制出 $t = 0_+$时的等效电路。

（4）根据欧姆定律和基尔霍夫定律求解电路中其他初始值。

在绘制 $t = 0_+$时的等效电路时，需要对原电路中的储能元件进行特别处理：若电容或电感在换路前无初始储能，即 $u_C(0_-) = 0$ 或 $i_L(0_-) = 0$，则由换路定律可得 $u_C(0_+) = 0$ 或 $i_L(0_+) = 0$，在绘制等效电路时应将电容视为短路，将电感视为开路；若电容或电感在换路前有初始储能，则由换路定律可得 $u_C(0_+) \neq 0$ 或 $i_L(0_+) \neq 0$，在绘制等效电路时需要用一个电压等于 $u_C(0_+)$的电压源代替电容，用一个电流等于 $i_L(0_+)$的电流源来代替电感，如图 4-3 所示。

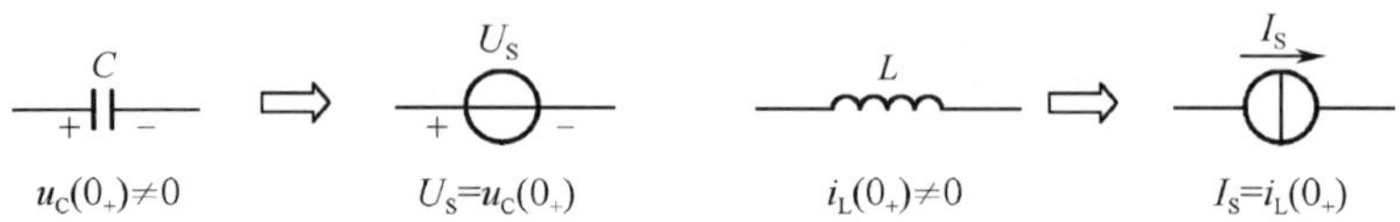

图 4-3　电容、电感有初始储能的等效图

【例题 4-1】在图 4-4（a）所示的电路中，已知 $U_S = 12V$，$R_1 = 4k\Omega$，$R_2 = 8k\Omega$，$C = 1\mu F$，开关 S 原来处于断开状态，求当开关 S 闭合后，$t = 0_+$时，各电流及电容电压的数值。

【解】选定有关参考方向如图 4-4 所示。

（1）由已知条件可知 $u_C(0_-) = 0$。

（2）由换路定律可知 $u_C(0_+) = u_C(0_-) = 0$。

（3）求其他各电流、电压的初始值。绘制出 $t = 0_+$时的等效电路，如图 4-4（b）所示。由于 $u_C(0_+)=0$，因此在等效电路中电容相当于短路，故有

$$i_2(0_+) = \frac{u_C(0_+)}{R_2} = \frac{0}{R_2} = 0$$

$$i_1(0_+) = \frac{U_S}{R_1} = \frac{12}{4\times 10^3} = 3\text{（mA）}$$

由 KCL，有

$$i_C(0_+) = i_1(0_+) - i_2(0_+) = 3 - 0 = 3\text{（mA）}$$

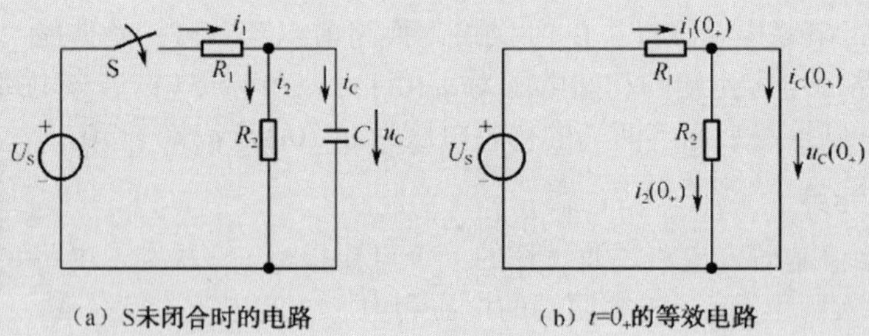

图 4-4　例题 4-1 电路图

【例题 4-2】在图 4-5（a）所示的电路中，已知 $U_S = 12V$，$R_1 = 4k\Omega$，$R_2 = 8k\Omega$，$C = 1\mu F$，开关 S 原来处于闭合状态，求当开关 S 断开后，$t = 0_+$ 时，各电流及电容电压的数值。

【解】选定有关参考方向如图 4-5 所示。

（1）由图 4-5（a），可得

$$u_C(0_-)=\frac{U_S}{R_1+R_2}\times R_2=\frac{12}{4+8}\times 8=8\text{（V）}$$

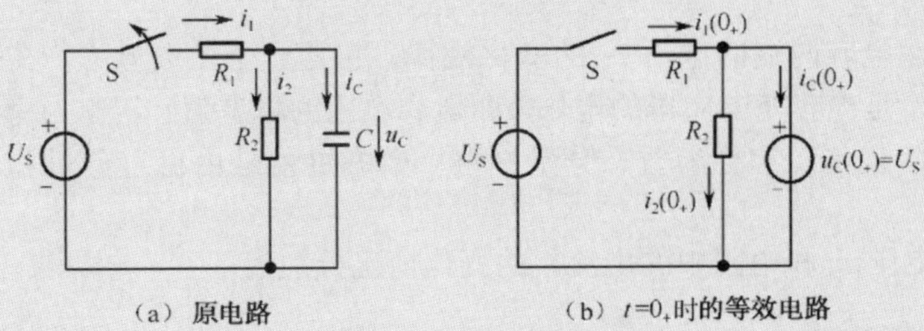

图 4-5　例题 4-2 电路图

（2）由换路定律可知 $u_C(0_+)=u_C(0_-)=8\text{V}$。

（3）求其他各电流、电压的初始值。

绘制出 $t=0_+$时的等效电路，如图 4-5（b）所示。由于 $u_C(0_+)=8\text{V}$，因此在等效电路中，电容相当于电压源，故有

$$i_2(0_+)=\frac{u_C(0_+)}{R_2}=\frac{8}{8}=1\text{（mA）}$$

$$i_1(0_+)=0$$

$$i_C(0_+)=-i_2(0_+)=-1\text{（mA）}$$

任务 4.2　RC 串联电路暂态过程的分析

一般来讲，激励包括电源（或信号源）等外部激励，以及由储能元件上的初始储能提供的内部激励。若电路在换路时，储能元件上没有初始储能，即 $u_C(0_+)=u_C(0_-)=0$ 或 $i_L(0_+)=i_L(0_-)=0$，则称这种状态为零初始状态，一个零初始状态的电路在换路后只受电源（激励）的作用而产生的电流或电压（响应）称为零状态响应。图 4-6 所示的 RC 充电电路就是一个典型的零状态响应电路。

如果一阶动态电路在换路时具有一定的初始储能，那么这时电路中即使没有外加电源，也能凭电容或电感储存的能量产生一定的电压和电流。称这种外加激励为零，仅由动态元件的初始储能而产生的电流或电压为零输入响应。RC 放电电路产生的电流和电压就是典型的零输入响应。

当电路中既有外部激励的作用又存在非零的初始值时所引起的响应称为全响应。下面以 RC 充电电路为例加以介绍。

1. RC 充电电路

图 4-6 所示为 RC 充电电路，由 KVL 得

$$u_R+u_C=U_S$$

式中，$u_R=i_C R$，$i_C=C\dfrac{du_C}{dt}$，所以有

$$RC\frac{du_C}{dt}+u_C=U_S\text{（}t\geqslant 0\text{）}$$

求解该微分方程，并将初始条件 $u_C(0_+) = 0$ 代入，可得

$$u_C = U_S - U_S e^{\frac{-t}{RC}} = U_S\left(1 - e^{\frac{-t}{RC}}\right) \tag{4-3}$$

这就是换路后电容两端的电压 u_C 的变化规律，它是一个指数方程，在式（4-3）中，u_C 由两部分组成：U_S 是电容充电完毕的电压，即电容电压的稳态值，常称为稳态分量；$U_S e^{-t/RC}$ 随时间按指数规律衰减，常称为暂态分量。整个暂态过程是由稳态分量和暂态分量叠加而成的。

电阻两端的电压 u_R 和电阻中的电流 i_C 的变化情况分别为

$$i_C(t) = C\frac{du_C}{dt} = \frac{U_S}{R}e^{-\frac{t}{RC}}\ (t \geqslant 0) \tag{4-4}$$

$$u_R(t) = iR = U_S e^{-\frac{t}{RC}}\ (t \geqslant 0) \tag{4-5}$$

由此可见，u_R、i_C 换路后分别以 U_S、U_S/R 为起点随时间按指数规律衰减，由于 RC 充电电路在达到稳态时，电路中的稳态电流为零，电阻上的稳态电压也为零，因此在式（4-4）和式（4-5）中，只有它们随时间衰减的暂态分量而无稳态分量。

在 RC 充电电路中，u_C、u_R 和 i_C 的波形图如图 4-7 所示。

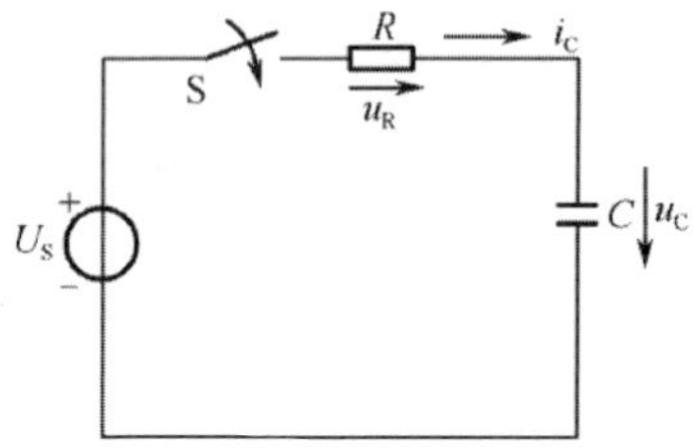

图 4-6　RC 充电电路

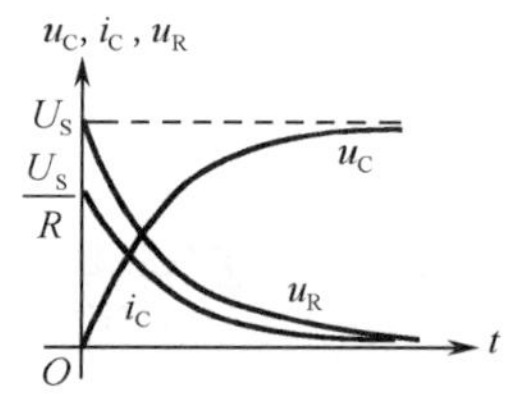

图 4-7　u_C、u_R 和 i_C 的波形图

在上述 RC 充电电路中，若电容两端的初始电压为 U_0，即初始条件为 $u_C(0_+) = U_0$，则将此条件代入微分方程后，解得

$$u_C = U_S + (U_0 - U_S)e^{\frac{-t}{RC}} \tag{4-6}$$
$$= 稳态 + 暂态$$

2. 时间常数

扫一扫，听听解读

通常定义 $\tau = RC$ 为电路的时间常数，R 的单位为欧姆（Ω），C 的单位为法拉（F）。实验证明，RC 电路的充电过程快慢取决于 τ 的大小，τ 越大，充电过程越慢。

当 $t = \tau = RC$ 时，u_C 约为 $0.632U_S$。该值说明，时间常数 τ 为电容两端的电压变化到稳态值的 63.2%时所需的时间。为进一步理解时间常数的意义，需要了解不同时刻的电容两端的电压（以下简称为电容电压），如表 4-1 所示。

表 4-1　不同时刻的电容电压

t	0	τ	2τ	3τ	4τ	5τ	…	∞
u_C	0	$0.632U_S$	$0.865U_S$	$0.95U_S$	$0.982U_S$	$0.993U_S$	…	U_S

从表 4-1 中可以看出，经过 3τ 时间以后电容电压 u_C 已变化到新稳态值 U_S 的 95%。因此，在实际工作中，通常认为 $t = 3\tau \sim 5\tau$ 时过渡过程就已基本结束。

【例题 4-3】设在图 4-6 所示的 RC 充电电路中，$U_S = 20V$，$R = 2k\Omega$，$C = 2\mu F$，电容有初始储能，其初始电压 $U_0 = 10V$，问：（1）若在 $t = 0$ 时 S 闭合，则电容电压 u_C 的表达式是什么？（2）在 S 闭合 10ms 以后，电容电压 u_C 等于多少？

【解】根据已知条件得

$$U_0 = 10V，\tau = RC = 2\times10^3\times2\times10^{-6} = 4\times10^{-3}\text{（s）} = 4\text{（ms）}$$

将上式代入式（4-6）后得

$$u_C = 20 + (10-20)\,e^{\frac{-t}{4\times10^{-3}}} = 20-10e^{-250t}\text{（V）}$$

在 S 闭合 10ms 后，电容电压为

$$u_C = 20-10e^{-250\times10\times10^{-3}} = 20-10\times e^{-2.5} \approx 19.18\text{（V）}$$

3．一阶电路的三要素法

扫一扫，听听解读

前面分析 RC 串联电路的暂态过程所采用的方法称为经典法，即根据各元件上的电压与电流的关系，通过列微分方程进行求解。这种方法相对烦琐，使用较少。在实际工作中，使用较多的是一阶电路的三要素法。

根据式（4-6）可知，只要确定了初始值 U_0、稳态值 U_S 和时间常数τ，u_C 的全响应也就随之确定了。若列出 u_R、i 和 u_L 等的表达式，则同样可得到这个规律。由此可见，初始值、稳态值和时间常数是分析一阶电路的三个要素。根据这三个要素确定一阶电路全响应的方法称为一阶电路的三要素法。

如果用 $f(0_+)$表示电路中某电压或电流的初始值，用 $f(\infty)$表示它的稳态值，τ为电路的时间常数，那么一阶电路的全响应可表示为

$$f(t) = f(\infty)+(f(0_+)-f(\infty))\,e^{\frac{-t}{\tau}} \tag{4-7}$$

这就是一阶电路的三要素法的公式，在应用此方法解题时不需要求解电路微分方程，能大大简化运算，在一阶电路暂态分析过程中，需要求解的量均可以用此方法得出。

要利用三要素法解题，关键是求出这三个要素，具体步骤如下。

（1）初始值 $f(0_+)$的计算方法前面已经做过介绍，这里不再重复。

（2）稳态值 $f(\infty)$是电路在换路后达到的新稳态值，当电路在直流电源作用下达到稳态时，可以把电路中的电感支路看作短路，电容支路看作开路，然后根据 KVL 和 KCL 列出方程求得相应的 $f(\infty)$。

（3）时间常数τ由电路本身的参数决定，而与激励无关。

在 RC 电路中，$\tau = RC$。在 RL 电路中，$\tau = L/R$（后续内容将会介绍）。需要注意的是，在比较复杂的电路中，R 不是一个单一电阻的值，而是电路中除去储能元件后得到的线性有源二端网络的等效电阻，可以根据戴维南定理求出。

【例题 4-4】如图 4-8 所示，$U_S = 12V$，$R_1 = 3k\Omega$，$R_2 = 6k\Omega$，$C = 2\mu F$，电路处于稳定状态，在 t=0 时 S 闭合，求电路中电容电压 u_C 和电流 i_2 的表达式。

【解】（1）求初始值 $u_C(0_+)$和 $i_2(0_+)$。绘制出 t=0_+时的等效电路，如图 4-8（b）所示。

由换路定律得

$$u_C(0_+) = u_C(0_-) = 12V$$

$$i_2(0_+)=\frac{u_C(0_+)}{R_2}=\frac{12}{6\times10^3}=2\text{（mA）}$$

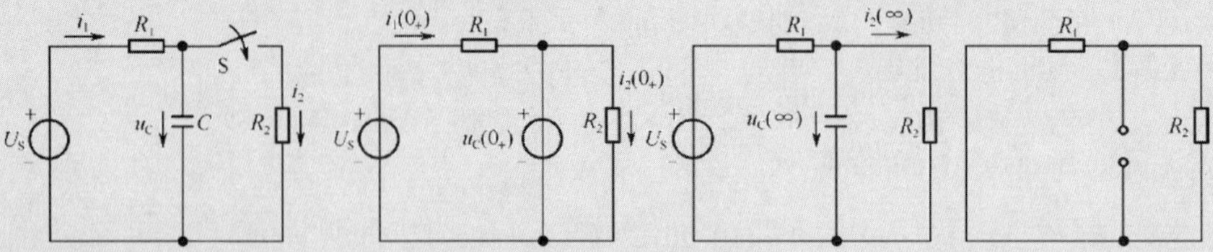

（a）原电路　（b）$t=0_+$时的等效电路　（c）$t=\infty$时的等效电路　（d）无源二端网络

图 4-8　例题 4-4 电路图

（2）求稳态值$u_C(\infty)$和$i_2(\infty)$。当电路达到稳态后，电容支路相当于开路。$t=\infty$时的等效电路如图 4-8（c）所示，电路中只有R_1与R_2串联后接于U_S两端，由分压公式得

$$u_{R2}(\infty)=\frac{U_S\times R_2}{R_1+R_2}=\frac{U_S\times 6}{3+6}=8\text{（V）}$$

故有

$$i_2(\infty)=\frac{u_{R2}(\infty)}{R_2}=\frac{8}{6\times10^3}\text{（A）}=\frac{4}{3}\text{（mA）}$$

由于电容与R_2并联，因此有

$$u_C(\infty)=u_{R2}(\infty)=8\text{（V）}$$

（3）求时间常数τ。对于图 4-8（a）所示的电路，将电压源短路，将电容支路断开，得到一个无源二端网络，如图 4-8（d）所示，求出对应二端网络的等效电阻为

$$R_0=\frac{R_1R_2}{R_1+R_2}=\frac{3\times6}{3+6}=2\text{（k}\Omega\text{）}$$

则时间常数为

$$\tau=R_0C=2\times10^3\times2\times10^{-6}=4\times10^{-3}\text{（s）}$$

（4）u_C和i_2的表达式分别为

$$u_C=u_C(\infty)+(u_C(0_+)-u_C(\infty))e^{\frac{-t}{\tau}}=8+(12-8)\,e^{-250t}=8+4e^{-250t}\text{（V）}$$

$$i_2(t)=i_2(\infty)+(i_2(0_+)-i_2(\infty))\,e^{\frac{-t}{\tau}}=\frac{4}{3}+\left(2-\frac{4}{3}\right)e^{-250t}=\frac{4}{3}+\frac{2}{3}e^{-250t}\text{（mA）}$$

任务 4.3　一阶电路暂态过程的应用

4.3.1　RL 串联电路的零状态响应

RL 串联电路的零状态响应如图 4-9 所示，电感中无初始电流，在$t=0$时 S 闭合。下面分析 S 闭合后电路中的电流i和电压u_L、u_R的变化规律。

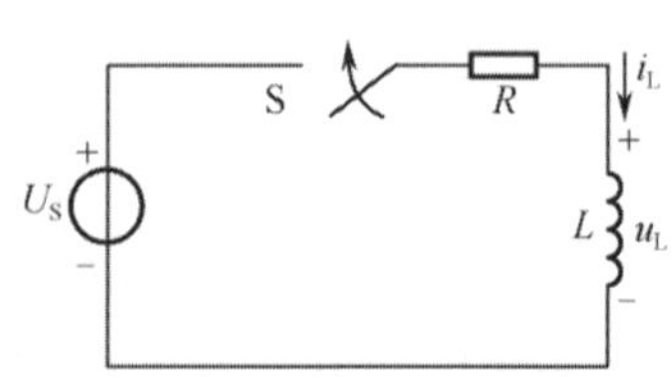

图 4-9　RL 串联电路的零状态响应

1．物理过程分析

在 S 闭合瞬间，由换路定律得

$$i_L(0_+) = i_L(0_-) = 0$$

电阻上的电压为

$$u_R(0_+) = Ri_L(0_+) = 0$$

此时电源电压全部加在电感线圈两端，u_L 由 0 突变至 U_S，随着时间的推移，i 逐渐增大，u_R 也随之逐渐增大，与此同时，$u_L = U_S - u_R$，逐渐减小，直至电路达到新的稳态。

在上述过程中，只要电感线圈两端的电压 $u_L \neq 0$，电路中的电流 i 就不为稳态值 U_S/R，过渡过程就要继续，直到 $u_L = 0$ 时为止。由此可见，当电路达到稳态时，电感支路相当于短路，且有 $u_L = 0$，$u_R = U_S$，$i_L = U_S/R$，电路中各物理量的初始值和稳态值如表 4-2 所示。

表 4-2　电路中各物理量的初始值和稳态值

物　理　量	初　始　值	稳　态　值
i_L	0	U_S/R
u_L	U_S	0
u_R	0	U_S

2．暂态分析

如图 4-9 所示，当 S 闭合后，由 KVL 得

$$u_R + u_L = U_S$$

式中，$u_R = i_L R$；$u_L = L\dfrac{di_L}{dt}$。于是有

$$Ri_L + L\frac{di_L}{dt} = U_S\ (t \geqslant 0)$$

求解该方程，并将 $i(0_+) = 0$ 代入，有

$$i_L = \frac{U_S}{R}\left(1 - e^{-\frac{t}{\tau}}\right) = \frac{U_S}{R}\left(1 - e^{-\frac{R}{L}t}\right) \tag{4-8}$$

这就是换路后电路电流的变化规律。电感电压 u_L 和电阻电压 u_R 可分别表示为

$$u_L = L\frac{di_L}{dt} = U_S e^{-\frac{R}{L}t} \tag{4-9}$$

$$u_R = Ri = U_S - U_S e^{-\frac{R}{L}t} \tag{4-10}$$

式中，$\dfrac{L}{R}$ 为 RL 电路的时间常数，用 τ 表示，其意义同前。图 4-10 所示为 RL 串联电路零状态响应曲线。

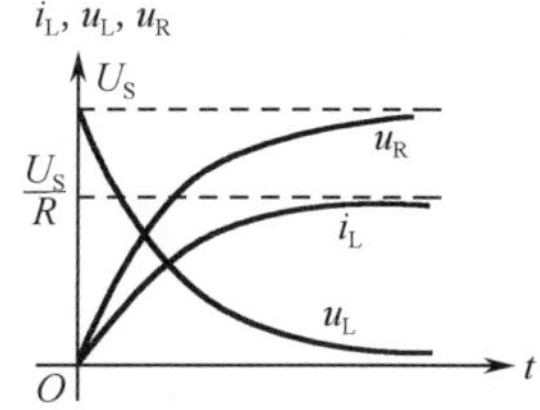

图 4-10　RL 串联电路零状态响应曲线

3．三要素求解法

根据式（4-7）和表 4-2 可直接得到 i_L、u_L、u_R 的表达式。若 i_L 换路后的初始值和稳态值分别为 0 和 U_S/R，则代入式（4-8）可得

$$i_L(t) = i_L(\infty) + (i_L(0_+) - i_L(\infty))e^{\frac{-t}{\tau}}$$

$$= \frac{U_s}{R} - \frac{U_s}{R}e^{\frac{-t}{\tau}}$$

$$= \frac{U_s}{R}\left(1 - e^{\frac{-t}{\tau}}\right)$$

该式与式（4-8）完全相同，同样也可以计算出 u_L、u_R。

4.3.2 RL 串联电路的零输入响应

RL 串联电路的零输入响应如图 4-11 所示，开关 S 原来在位置 1 处，电路已处于稳态，$i(0_-)= I_0$。

在 $t=0$ 时，将开关 S 置于位置 2 处，由换路定律可知 $i(0_+)=i(0_-)=I_0$，电感电流将以 I_0 为起点逐渐减小，当电感中储存的磁场能量被电阻消耗完时，电路中的 u_R、u_L 及 i 都为 0，电路达到新的稳态。RL 串联电路的零输入响应曲线如图 4-12 所示，电路中各物理量的初始值和稳态值如表 4-3 所示。

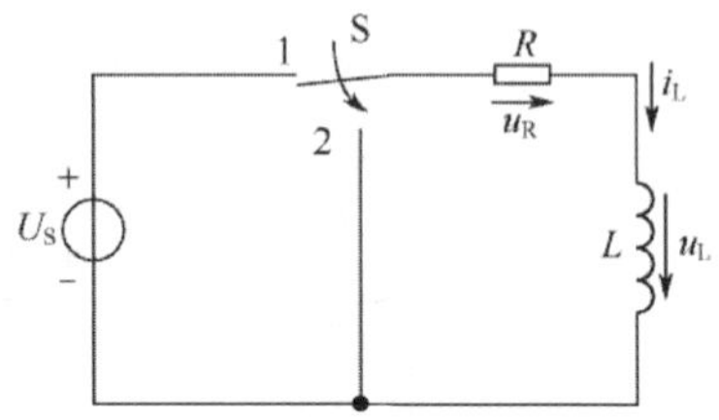

图 4-11　RL 串联电路的零输入响应

表 4-3　电路中各量的初始值和稳态值

物 理 量	初 始 值	稳 态 值
i_L	I_0	0
u_R	RI_0	0
u_L	$-RI_0$	0

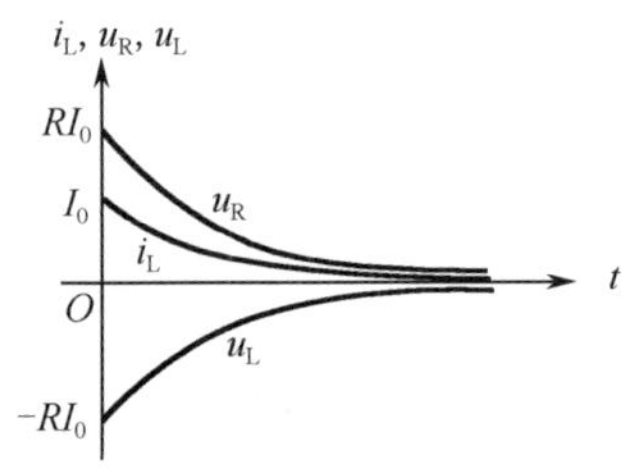

图 4-12　RL 串联电路的零输入响应曲线

在 RL 串联电路中，各电流、电压的变化规律的表达式为

$$i_L = i_L(0_+)e^{-\frac{t}{\tau}} = I_0 e^{-\frac{R}{L}t}$$

$$u_R = Ri = RI_0 e^{-\frac{R}{L}t}$$

$$u_L = L\frac{di_L}{dt} = -RI_0 e^{-\frac{R}{L}t}$$

【例题 4-5】 如图 4-9 所示，原电路已处于稳态。设 $U_S=100V$，$R=20\Omega$，$L=0.5H$。在电感两端接有一个内阻为 $R_V=10^4\ \Omega$，量程为 200V 的电压表，求 S 断开后，电压表两端的电压初值 $U_V(0_+)$。

【解】 当 $t=0_-$ 时，S 尚未断开，电路已稳定，故有

$$i_L(0_-) = \frac{Us}{R} = \frac{100}{20} = 5\text{（A）}$$

当 $t=0_+$ 时，有

$$i_L(0_+) = i_L(0_-) = 5\text{（A）}$$

此时，电感与电压表构成回路，回路中的电流为 $i_L(0_+)=5A$，电压表两端的电压为

$$U_V(0_+) = R_V \times i_L(0_+) = 10^4 \times 5 = 50\text{（kV）}$$

由此可见，在刚断开 S 时，若电压表两端的电压远远超过电压表量程，则电压表可能将被烧坏。

【例题 4-6】电磁式的继电器过流保护直流输电线路如图 4-13 所示。已知继电器的 $R_1=0.3\Omega$、$L=0.2\text{H}$，输电线电阻 $R=1.7\Omega$，负载电阻 $R_L=20\Omega$。当负载发生短路时，继电器动作；当切断电路时，继电器动作。电流 $i_L=30\text{A}$，设 $U=220\text{V}$，求 S 闭合多长时间后继电器动作。

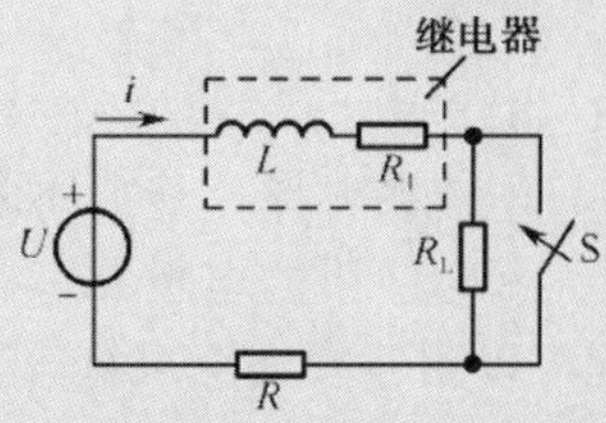

图 4-13　电磁式的继电器过流保护直流输电线路

【解】按三要素法求解，过程如下。

（1）求初始值。在 S 闭合之前电路已处于稳态，根据换路定律，有

$$i_L(0_+)=i_L(0_-)=\frac{U}{R_1+R_L+R}=\frac{220}{0.3+1.7+20}=10\ （\text{A}）$$

（2）求稳态值。当 $t=\infty$ 时，电感可看作短路，有

$$i_L(\infty)=\frac{U}{R_1+R}=\frac{220}{0.3+1.7}=110\ （\text{A}）$$

（3）求时间常数 τ。将电感支路断开，恒压源短路，得

$$R_\tau=R+R_1=0.3+1.7=2\ （\Omega）$$

时间常数为

$$\tau=\frac{L}{R}=\frac{0.2}{2}=0.1\ （\text{s}）$$

（4）求 i_L。利用三要素公式，得

$$i_L=110+(10-110)\text{e}^{-10t}=110-100\text{e}^{-10t}\ （\text{A}）$$

（5）设 S 闭合经过时间 t 后继电器动作，有

$$i_L=30=110-100\text{e}^{-10t}$$

扫一扫，做做练习

解得

$$t=0.0223\text{s}$$

内容回顾

（1）当含有储能元件的电路发生换路时，由于储能元件上的能量不能突变，因此会产生电路的过渡过程。换路定律是指电容两端的电压和电感中的电流在换路时不能突变。换路定律表示为

$$u_C(0_+)=u_C(0_-)$$
$$i_L(0_+)=i_L(0_-)$$

利用换路定律可以确定在换路瞬间储能元件的初始值。

（2）初始值的计算。

当$t=0_-$时，电路处于稳态，求出电路的参数$u_C(0_-)$、$i_L(0_-)$。

当$t=0_+$时，根据$u_C(0_+)=u_C(0_-)$，$i_L(0_+)=i_L(0_-)$，将电容用电压为$U_C(0_+)$的电压源代替，将电感用电流为$i_L(0_+)$的电流源代替，得到$t=0_+$时的等效电路，它是一个纯电阻电路，可根据电阻电路的求解方法，求出除$u_c(0_+)$、$i_L(0_+)$外任意元件的电压或电流在$t=0_+$时的值。

（3）时间常数的计算。

在RC电路中，$\tau=RC$；在RL电路中，$\tau=L/R$。在具有多个电阻的RC（或RL）电路中，先将电路除源，即电压源短路、电流源开路，然后将电容（或电感）两端的其余部分电路进行戴维南等效，求其等效电阻为τ时所用的电阻R。

（4）RC和RL电路的过渡过程可以用三要素法求解。三要素法能清晰地反映出在换路后电路中各电量随时间变化的规律。

$$f(t)=f(\infty)+(f(0_+)-f(\infty))\,\mathrm{e}^{\frac{-t}{\tau}}$$

式中，$f(\infty)$为换路后该电量的稳态值；$f(0_+)$为该电量换路后的初始值；τ为时间常数。

典型例题解析

【典例4-1】如图4-14所示，在$t=0$时，闭合S，此前电路已处于稳定状态，试求S闭合后各元件电压、电流的初始值。

【解】根据换路定律，换路前有

$$u_C(0_-)=\frac{2\times10^3}{(2+3)\times10^3}\times10=4\text{（V）}$$

$$u_C(0_+)=u_C(0_-)=4\text{V}$$

$$i_L(0_-)=\frac{10}{(2+3)\times10^3}=2\times10^{-3}=2\text{（mA）}$$

$$i_L(0_+)=i_L(0_-)=2\text{（mA）}$$

将电容用电压为4V的电压源代替，电感用电流为2mA的电流源代替，$t=0_+$时的等效电路如图4-15所示。

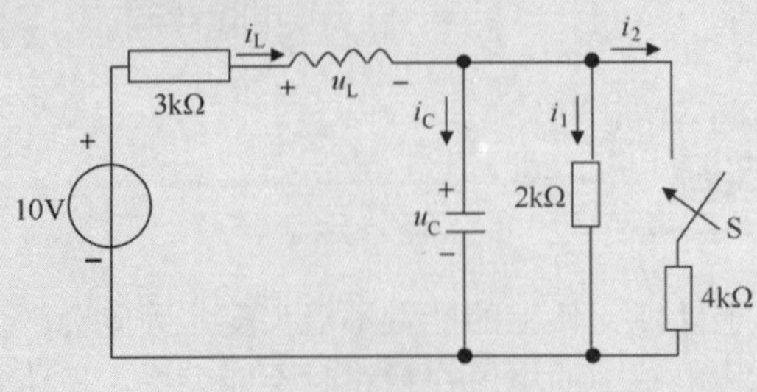

图4-14　典例4-1图

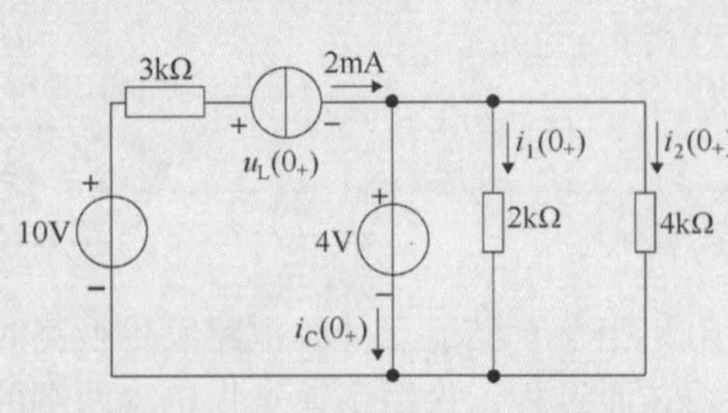

图4-15　$t=0_+$时的等效电路

$$i_1(0_+)=\frac{4}{2\times10^3}=2\text{（mA）}$$

$$i_2(0_+)=\frac{4}{4\times10^3}=1\ \text{(mA)}$$

$$i_C(0_+)=2-i_1(0_+)-i_2(0_+)=-1\ \text{(mA)}$$

$$u_L(0_+)=(10-4-2\times10^{-3}\times3\times10^3)=0$$

【典例 4-2】求图 4-16 所示电路的时间常数。

【解】在换路后，将独立源（电流源）去掉（电流源断路），以电感分析的等效电路如图 4-17 所示，则等效电阻为

$$R_{eq}=\frac{3\times(2+4)}{3+(2+4)}+2=4\ (\Omega)$$

所以有

$$\tau=\frac{L}{R}=\frac{L}{R_{eq}}=\frac{1}{4}=0.25\ \text{(s)}$$

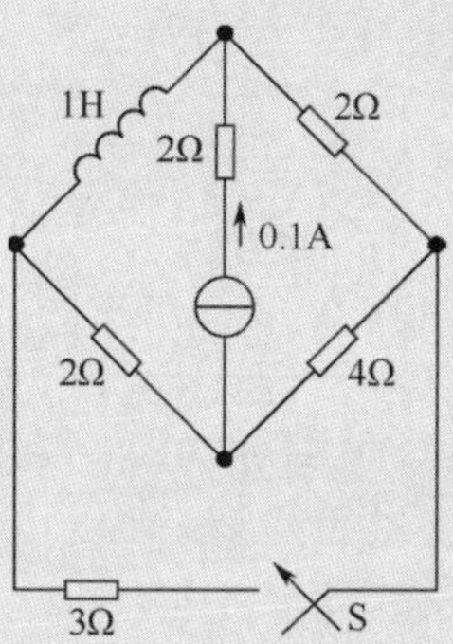

图 4-16　典例 4-2 图

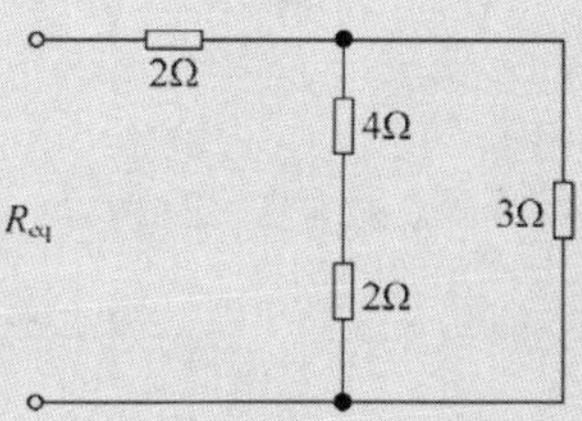

图 4-17　以电感分析的等效电路

【典例 4-3】如图 4-18 所示，电路已处于稳态，

在 t=0 时，开关由位置 1 打向位置 2，试用三要素法求 i 及 i_L。

【解】求初始值，$t=0_+$时的等效电路如图 4-19 所示，则有

$$i_L(0_+)=i_L(0_-)=\frac{-5}{1+\frac{1\times2}{1+2}}\times\frac{2}{3}=-2\ \text{(A)}$$

$$U=\frac{\frac{5}{1}+2}{\frac{1}{1}+\frac{1}{2}}=\frac{14}{3}\ \text{(V)}$$

$$5=i(0_+)\times1+U$$

$$i(0_+)=\frac{1}{3}\text{A}$$

求稳态值，$t=\infty$ 时的等效电路如图 4-20 所示，则有

$$i_L(\infty)=\frac{5}{1+\frac{1\times2}{1+2}}\times\frac{2}{3}=2\ \text{(A)}$$

$$i(\infty)=\frac{5}{1+\frac{1\times 2}{1+2}}=3\ \text{（A）}$$

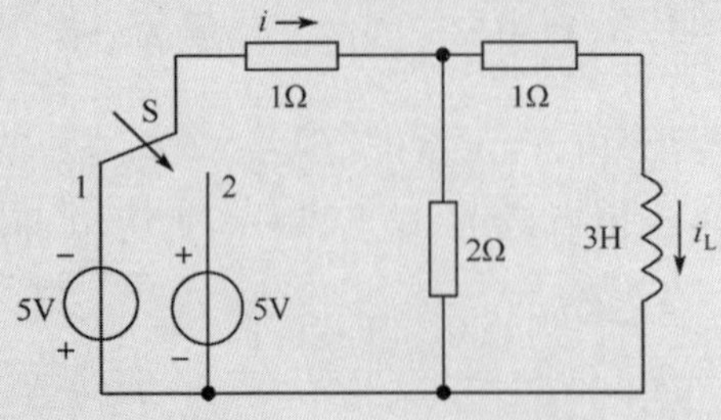

图 4-18　典例 4-3 图

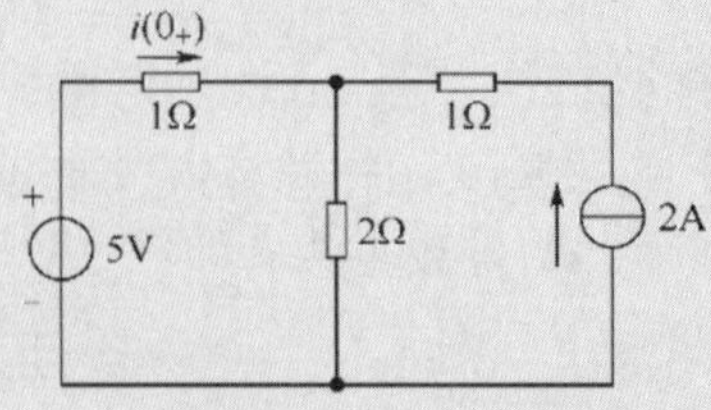

图 4-19　$t=0_+$时的等效电路

时间常数为

$$\tau=\frac{L}{R}=\frac{L}{1+\frac{2\times 1}{2+1}}=\frac{3}{\frac{5}{3}}=1.8\ \text{（s）}$$

根据一阶电路三要素法公式，即

$$f(t)=f(\infty)+(f(0_+)-f(\infty))\,\mathrm{e}^{\frac{-t}{\tau}}$$

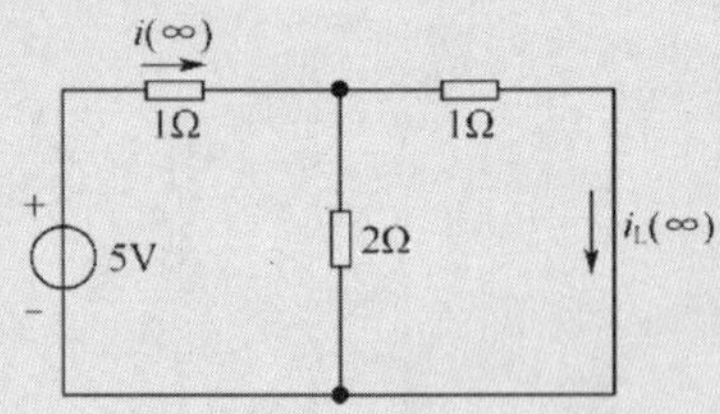

图 4-20　$t=\infty$时的等效电路

可得

$$i_L(t)=2+(-2-2)\mathrm{e}^{-2t}=2-4\mathrm{e}^{-\frac{5}{9}t}\ \text{（A）}$$

$$i(t)=3+\left(\frac{1}{3}-3\right)\mathrm{e}^{-2t}=3-\frac{8}{3}\mathrm{e}^{-\frac{5}{9}t}\ \text{（A）}$$

【典例 4-4】一个高压电容已充电，其电压为 10kV，从电路中断开再经过 15min 后，它的电压降为 3.2kV，问：

（1）再过 15min 后电压降为多少？

（2）如果电容 C=15μF，那么它的绝缘电阻是多少？

（3）经过多长时间，可使电压降至 30V 以下？

（4）如果以一根电阻为 0.2Ω 的导线将电容接地放电，那么最大放电电流是多少？如果认为在 τ 时间内可以放电完毕，那么放电的平均功率是多少？

（5）如果以 100kΩ 的电阻放电，应放电多长时间？最大放电电流是多少？

【解】（1）设 $u_C(t)=U_0\mathrm{e}^{-\frac{t}{\tau}}$，得

$$u_C(t)=10\mathrm{e}^{-\frac{t}{\tau}}\ \text{（kV）}\ （t\geqslant 0）$$

经过 15min 后，$u_C(t)$ 降为 3.2kV，即

$$3.2=10\mathrm{e}^{-\frac{15\times 60}{\tau}}$$

由此可得 $\tau\approx 790$s，则有

$$u_C(t)=10\mathrm{e}^{-\frac{t}{790}}\ \text{（kV）}\ （t\geqslant 0）$$

模块5

互感与变压器

任务 5.1　磁路的基本概念

<table>
<tr><td>演示元件</td><td colspan="5">单相交流电源、导线、交流电压表、交流电流表、单相调压器、开关、100Ω电阻等</td><td>变压负载试验</td></tr>
<tr><td>演示方式</td><td colspan="5">教师演示</td><td rowspan="5">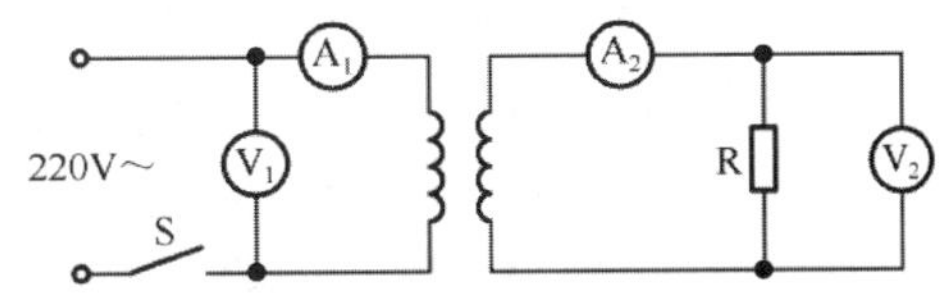

图 5-1　变压负载试验</td></tr>
<tr><td rowspan="3">演示结果</td><td>变比系数</td><td>V1</td><td>V2</td><td>A1</td><td>A2</td></tr>
<tr><td>2</td><td>220V</td><td>110V</td><td>0.5A</td><td>1A</td></tr>
<tr><td>4</td><td>220V</td><td>55V</td><td>0.125A</td><td>0.5A</td></tr>
<tr><td colspan="6">问题 1：了解变压器的变比系数与原副边电压的关系。
问题 2：了解变压器的变比系数与原副边电流的关系。
问题 3：了解通过变压器接到电源与直接接到电源的负载的不同。</td></tr>
</table>

1．磁路

大家知道，通有电流的线圈周围和内部存在着磁场，但是空心载流线圈的磁场较弱。在工程中，为了得到较强的磁场并对其有效地加以利用，常将导磁性能良好的铁磁材料做成一定形状的铁芯，并将线圈绕在铁芯上。当线圈中通过电流时，铁芯即被磁化，这使得其中的磁场大为增强，通电线圈产生的磁通主要集中在由铁芯构成的闭合路径内，这种磁通集中通过的路径便称为磁路。用于产生磁场的电流称为励磁电流，通过励磁电流的线圈称为励磁线圈或励磁绕组。

2．磁场的基本物理量

1）*磁感应强度 B*

磁感应强度 B 是表示磁场内某点的磁场强弱及方向的物理量。它是一个矢量，其方向与该点磁力线切线方向一致，与产生该磁场的电流的方向之间符合右手螺旋定则。若磁场内各点的磁感应强度大小相等，方向相同，则该磁场为均匀磁场。在国际单位制中，磁感应强度的单位是特斯拉（T），简称特。

2）*磁通Φ*

在均匀磁场中，磁感应强度 B 与垂直于磁场方向的面积 S 的乘积称为通过该面积的磁通 Φ，表示为

$$\Phi = BS \text{ 或 } B = \frac{\Phi}{S} \tag{5-1}$$

由此可见，磁感应强度 B 在数值上等于与磁场方向垂直的单位面积上通过的磁通，故 B 又称为磁通密度。在国际单位制中，磁通的单位是韦伯（Wb），简称韦。

3）*磁导率μ*

磁导率μ是表示某种物质导磁性能的物理量，它的单位是亨/米（H/m）。真空的磁导率$\mu_0 = 4\pi\times10^{-7}$ H/m。物质的磁导率与真空磁导率的比值称为相对磁导率，用 μ_r 来表示，即

$$\mu_r = \frac{\mu}{\mu_0} \tag{5-2}$$

4）*磁场强度 H*

磁场强度 H 是进行磁场分析时引用的一个辅助物理量，定义为

$$H = \frac{B}{\mu} \tag{5-3}$$

磁场强度也是矢量，只与产生磁场的电流及这些电流的分布情况有关，而与磁介质的磁导率无关，它的单位是安/米（A/m）。

3．铁磁材料的磁化和反复磁化

扫一扫，听听解读

自然界中的材料按磁学的角度可分为两种：铁磁材料和非铁磁材料。

铁磁材料的内部存在大量的磁畴。所谓磁畴，就是由分子电流形成的磁性区域。在无外磁场作用时，这些磁畴的排列是无规则的，在宏观上对外不显示磁性，如图 5-2（a）所示；在有外磁场作用时，磁畴定向排列，与外磁场方向一致，从而产生很强的附加磁场，如图 5-2（b）所示。这个附加磁场与外磁场叠加起来，就会使通电线圈的磁场强度大大增加，这种现象称为磁化。

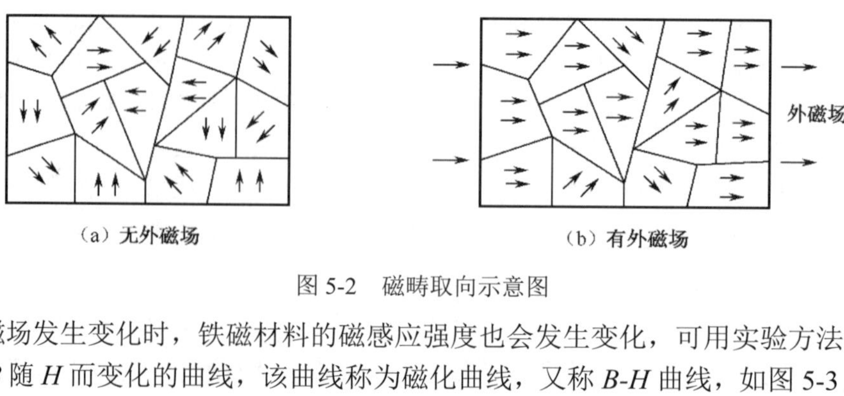

（a）无外磁场　　（b）有外磁场

图 5-2　磁畴取向示意图

当外磁场发生变化时，铁磁材料的磁感应强度也会发生变化，可用实验方法求得某种铁磁材料的 B 随 H 而变化的曲线，该曲线称为磁化曲线，又称 B-H 曲线，如图 5-3 所示，此曲

线又称为起始磁化曲线，B 与 H 的关系是非线性的，即铁磁材料的μ不是常数。由 $B=\mu H$ 可知，磁导率 μ 的数值随磁场强度 H 的变化而变化。

铁磁材料在大小和方向为周期性变化的外磁场作用下进行的磁化称为反复磁化，存在图 5-4 所示的磁滞回线。图中的 B_r 称为剩磁，在去磁过程中铁磁材料具有保持既有磁性的倾向。当 H 值反向增大使 B 值降到 0 时所对应的磁场强度 H_c 称为矫顽磁力。铁磁材料在反复磁化的过程中，B 和 H 的关系将沿着一条闭合曲线 $abcda$ 周而复始地变化。这条闭合曲线称为铁磁材料的磁滞回线，在反复磁化的过程中，由于铁磁材料内部的磁畴来回翻转，会消耗一部分能量并将其转化为热能，这部分损耗称为磁滞损耗。理论与实践证明，磁滞损耗与磁滞回线所包围的面积成正比。因为磁滞损耗会引起铁芯发热，所以电机、变压器等设备的铁芯应选用磁滞损耗较小的铁磁材料。

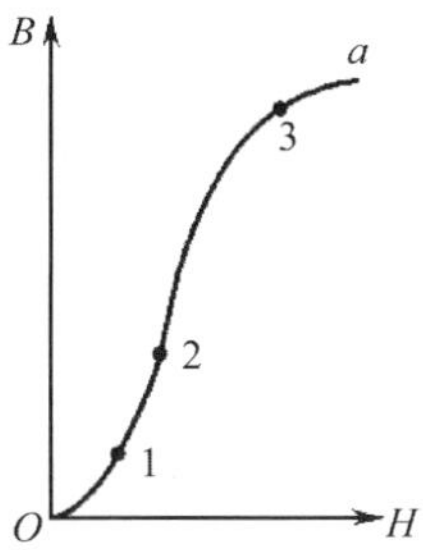

图 5-3　起始磁化曲线

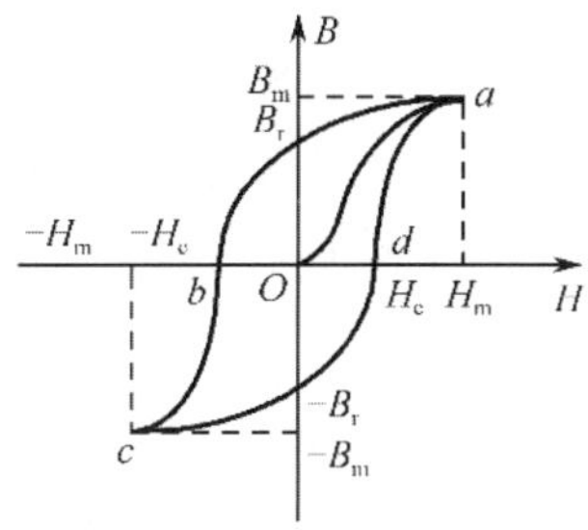

图 5-4　磁滞回线

在工程中应用的铁磁材料按磁性能和用途可分为三类：软磁材料、硬磁材料和矩磁材料，如图 5-5 所示。

1）软磁材料

软磁材料的特点为矫顽磁力和剩磁均较小，磁滞回线狭长，磁滞回线包围的面积很小，磁滞损耗小，常用于电机、变压器和电磁铁等，如铁、硅钢、坡莫合金、软磁铁氧体等都是软磁材料。图 5-5（a）所示为软磁材料的磁滞回线。

2）硬磁材料

硬磁材料的特点是矫顽磁力和剩磁均较大，磁滞回线包围的面积较大，由于硬磁材料有较大的剩磁，因此硬磁材料适合制造永久磁铁，广泛用于各种磁电式测量仪表、扬声器、永磁电机及通信装置，如碳钢、钨钢、铝镍合金、铝镍钴合金、硬磁铁氧体等都是硬磁性材料。图 5-5（b）所示为硬磁材料的磁滞回线。

3）矩磁材料

矩磁材料的特点是在外磁场作用下很容易达到磁性饱和，去掉外磁场后，磁性仍保持饱和状态。矩磁材料的磁滞回线类似矩形，如图 5-5（c）所示。目前广泛采用锰镁或锂锰矩磁铁氧体材料制造数字电路中的外部记忆设备，数字电路通常采用二进制，故可利用矩磁材料的两种状态（$+B_r$ 和 $-B_r$）分别代表 0 和 1 两个数码，起到记忆作用。

4．涡流

涡流也是一种电磁感应现象。当变化的磁通穿过整块导体时，产生感应电动势，形成旋涡形电流，称为涡流，如图 5-6 所示。

在交流电气设备中，交变电流产生的交变磁通在铁芯中产生涡流，会使铁芯发热而消耗电功率，称为涡流损耗。它与磁滞损耗合称为铁损。

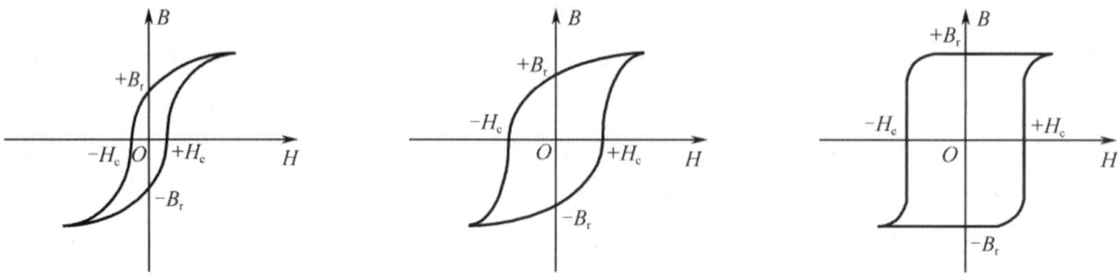

（a）软磁材料　　（b）硬磁材料　　（c）矩磁材料

图 5-5　不同材料的磁滞回线

为了减小铁芯中的涡流，铁芯通常使用 0.35～0.5mm 厚的硅钢片（软磁材料）叠成。硅钢片之间有绝缘层，目的是减小涡流损耗，如图 5-7 所示。也可以利用涡流为人们工作，如高频感应电炉利用涡流来加热或冶炼金属。电度表中的转动铝盘就是利用涡流的电磁阻尼作用工作的。

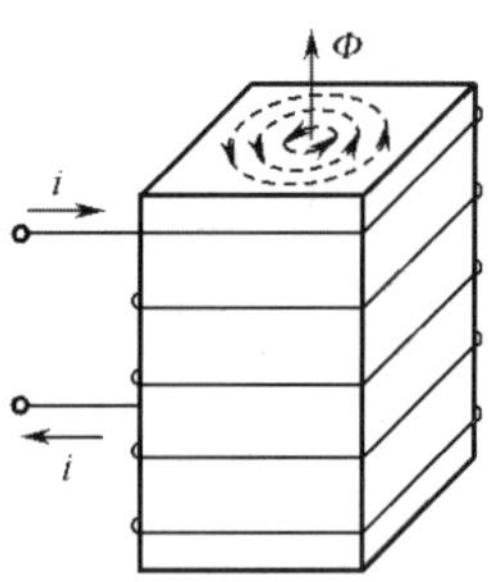

图 5-6　涡流的形成

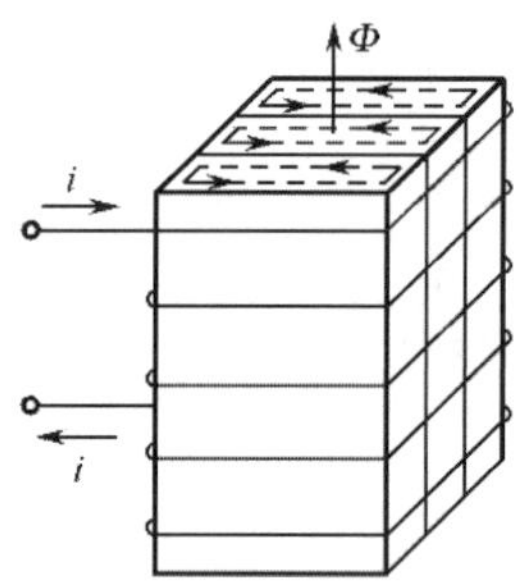

图 5-7　减小涡流损耗

任务 5.2　互感电路

5.2.1　互感现象

在图 5-8 中，设两个线圈的匝数分别为 N_1 和 N_2，流过两个互感线圈 L_1 和 L_2 中的施感电流为 i_1 和 i_2，那么电流 i_1 产生的磁通 Φ_{11} 为自感磁通，线圈 L_1 自身产生的磁链 $\Psi_{11}=N_1\Phi_{11}$，为自感磁链。Φ_{11} 的一部分或全部穿过线圈 L_2 产生的磁链 Ψ_{21} 为互感磁链，产生的磁通 Φ_{21} 为互感磁通，这种由于一个线圈电流的磁场使另一个线圈具有的磁链、磁通分别叫作互感磁链、互感磁通。

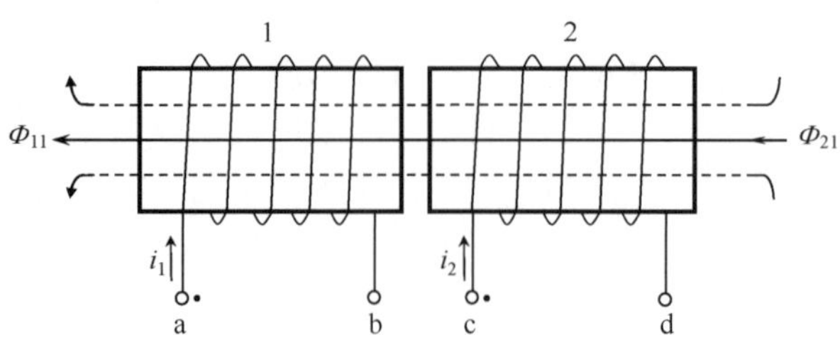

图 5-8　互感现象

施感电流 i_1 的变化引起互感磁链 Ψ_{21} 的变化从而在线圈 L_2 中产生的电压叫作互感电压，这种由一个线圈的交变电流使另一个线圈中产生感应电压的现象叫作互感。

为了便于理解，磁通和磁链用双下标表示，第一个下标表示该磁通或磁链所在线圈的编号，第二个下标表示产生该磁通或磁链的施感电流所在线圈的编号。例如，Ψ_{21} 为线圈 L_1 的施感电流 i_1 穿过线圈 L_2 所产生的磁链。

5.2.2　互感电压

在各向同性的线性磁介质中，线圈的施感电流与所产生的每一种磁链成正比，自感磁链表示为

$$\Psi_{11} = L_1 i_1 ,\quad \Psi_{22} = L_2 i_2 \tag{5-4}$$

互感磁链表示为

$$\Psi_{12} = M_{12} i_2 ,\quad \Psi_{21} = M_{21} i_1 \tag{5-5}$$

式中，M_{12} 和 M_{21} 为互感系数，简称互感，单位为 H（亨）。

可以证明，$M_{12}=M_{21}$，当只有两个线圈耦合时，两个线圈间的互感系数省略下标，用 M 表示，即

$$M = M_{12}=M_{21} \tag{5-6}$$

互感磁链 Ψ_{12} 和 Ψ_{21} 不仅与施感电流 i_1 和 i_2 有关，还与线圈的结构、相互位置、线圈耦合的紧密程度有关。

线圈耦合的紧密程度用耦合系数 k 来表示，其定义为

$$k = \frac{M}{\sqrt{L_1 L_2}} \tag{5-7}$$

将式（5-4）和式（5-5）代入式（5-7），整理可得

$$k = \sqrt{\frac{\Psi_{12}\Psi_{21}}{\Psi_{11}\Psi_{22}}} = \sqrt{\frac{\Phi_{12}\Phi_{21}}{\Phi_{11}\Phi_{22}}} \tag{5-8}$$

式中 $\Phi_{21} \leqslant \Phi_{11}$，$\Phi_{12} \leqslant \Phi_{22}$，那么有

$$0 \leqslant k \leqslant 1 ,\quad 0 \leqslant M \leqslant \sqrt{L_1 L_2} \tag{5-9}$$

当 k=1、$M=\sqrt{L_1 L_2}$ 时，称为全耦合。当两线圈轴线相互垂直且在对称位置上时，k=1。通过改变两线圈的相对位置，可以相应地改变 M 的大小。

根据法拉第电磁感应定律，耦合线圈的两个端口产生感应电压，当互感电压与互感磁链取关联参考方向时，由线圈 1 中电流 i_1 的变化引起的在线圈 2 中产生的互感电压为

$$u_{21} = \frac{\mathrm{d}\Psi_{21}}{\mathrm{d}t} = M\frac{\mathrm{d}i_1}{\mathrm{d}t} \tag{5-10}$$

同理，由线圈 2 中电流 i_2 的变化引起的在线圈 1 中产生的互感电压为

$$u_{12} = \frac{\mathrm{d}\Psi_{12}}{\mathrm{d}t} = M\frac{\mathrm{d}i_2}{\mathrm{d}t} \tag{5-11}$$

由式（5-10）和式（5-11）可以看出，互感电压的大小取决于施感电流的变化率。

当 $\mathrm{d}i/\mathrm{d}t > 0$ 时，互感电压为正值，表示互感电压的实际方向与参考方向相同；当 $\mathrm{d}i/\mathrm{d}t < 0$ 时，互感电压为负值，表示互感电压的实际方向与参考方向相反。

当施感电流为同频正弦量时，在正弦稳态情况下，互感电压可用相量表示，即

$$\dot{U}_{21} = \mathrm{j}\omega M\dot{I}_1 = \mathrm{j}X_M\dot{I}_1$$
$$\dot{U}_{12} = \mathrm{j}\omega M\dot{I}_2 = \mathrm{j}X_M\dot{I}_2 \quad (5\text{-}12)$$

式中，$X_M = \omega M$ 称为互感抗，单位为欧姆（Ω）。

5.2.3 同名端及其判定

已知施感电流 i_1 和 i_2，由式（5-10）和式（5-11）就可以确定互感电压 u_{21} 和 u_{12}。在分析线圈的施感电流和互感电压的方向关系时，当线圈电流增大时，$\mathrm{d}i/\mathrm{d}t > 0$，互感电压的实际方向与施感电流实际方向相同；当线圈电流减小时，$\mathrm{d}i/\mathrm{d}t < 0$，互感电压的实际方向与施感电流的实际方向相反。可以看出，在确定互感电压的方向时，需要知道线圈的绕向，使之符合右手螺旋法则，这在实际应用中比较困难。为了正确假设参考方向，需要引入同名端的概念。用同名端来反映磁耦合线圈的相对绕向，从而在分析互感电压时不需要考虑线圈的实际绕向及相对位置。

在图 5-8 中，两个线圈的施感电流 i_1、i_2 分别从端 a、c 流入，线圈 1 的自感磁通 Φ_{11} 和互感磁通 Φ_{12} 方向相同，线圈 2 的自感磁通 Φ_{22} 和互感磁通 Φ_{21} 方向相同，则线圈 1 的端 a 和线圈 2 的端 c 为同名端。也就是说，施感电流和互感电压的参考方向都是由同名端指向另一端，即施感电流的流入端与另一个线圈中互感电压的正极性端是一对同名端。显然，端 b 和端 d 也是同名端，而端 a、d 及端 b、c 则称为异名端。

同名端用相同的符号“*”或“•”标记。为了便于区别，仅将两个线圈的一对同名端用标记标出，另一对同名端不需要标注。

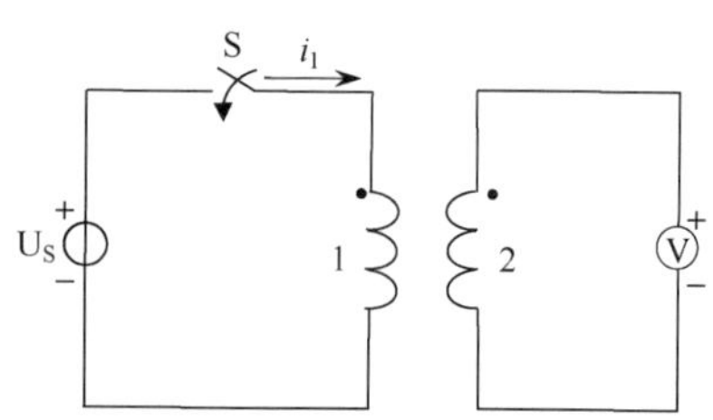

图 5-9　直流法的接线方式

测定同名端比较常用的一种方法为直流法，其接线方式如图 5-9 所示。

当开关 S 接通的瞬间，线圈 1 的电流 i_1 经图 5-9 所示方向流入且增大，若此时直流电压表指针正偏（不必读取指示值），则电压表“+”柱所接线圈端和另一线圈接电源正极的端为同名端；反之，电压表指针反偏，则电压表“−”柱所接线圈端与另一线圈接电源正极的端为同名端。

由此表明，当随时间增大的电流从一线圈的同名端流入时，会引起另一线圈同名端电位升高。

另一种方法是约定互感电压的“+”极性端（设定）为耦合电感的同名端（一对同标记端），也就是当施感电流从同名端的标记端流进线圈时，其互感电压的“+”极性端就设在同名端的标记端，反之亦然。这个方法符合右手螺旋法则。

【例题 5-1】 如图 5-10 所示，已知三个线圈 a、b、c 的同名端关系，若线圈 b 流过正在减小的电流 i，判断此时线圈 a 和 c 的电压实际方向。

【解】 自感电压 u 和电流 i 为关联参考方向，所以有

$$u = L\frac{\mathrm{d}i}{\mathrm{d}t}$$

线圈 b 流过的电流正在减小，所以电压 u 为负值，实际方向与参考方向相反，此时端 3 的电压为负。根据同名端的定义，此时端 1 和端 6 实际的电压方向为负，即线圈 a 和 c 产生

的互感电压的方向分别是端 2、5 为正，端 1、6 为负。

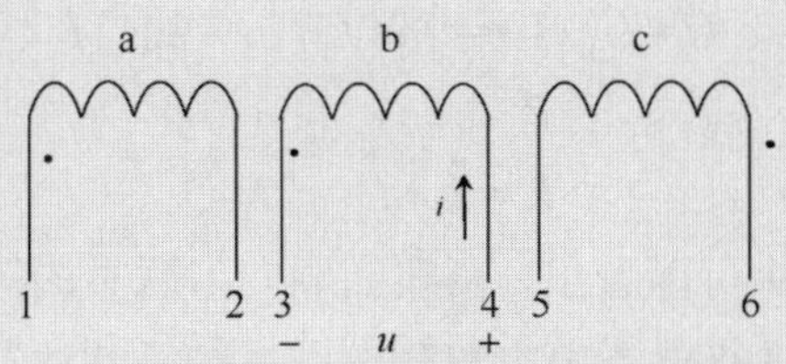

图 5-10　例题 5-1 电路

5.2.4　互感电路的分析

在分析具有互感的正弦交流电路时，相量法、基尔霍夫定律仍然适用，但在列电路的电压方程时，应附加由于互感作用而引起的互感电压。当某些支路之间具有互感时，这些支路的电压不仅和本支路的电流有关，同时还和其他与之有互感关系的支路电流有关。因此，在分析与计算有互感的电路时，应充分注意其特殊性。

1）互感线圈的串联

在有互感时，等效电感的大小不仅和 L_1 与 L_2 有关，还和互感系数有关，此时两个线圈的串联有顺向串联和反向串联两种连接方式，分别如图 5-11 和图 5-12 所示。

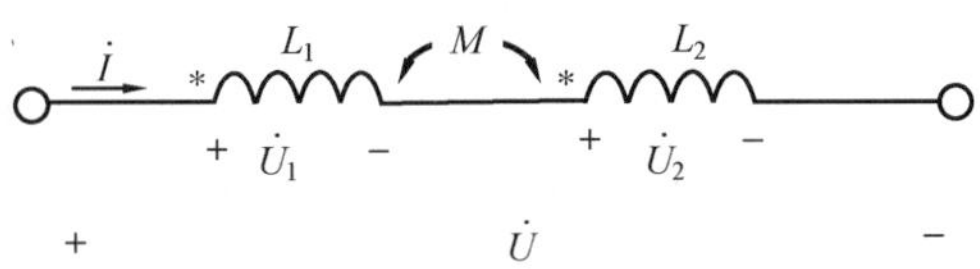

图 5-11　顺向串联

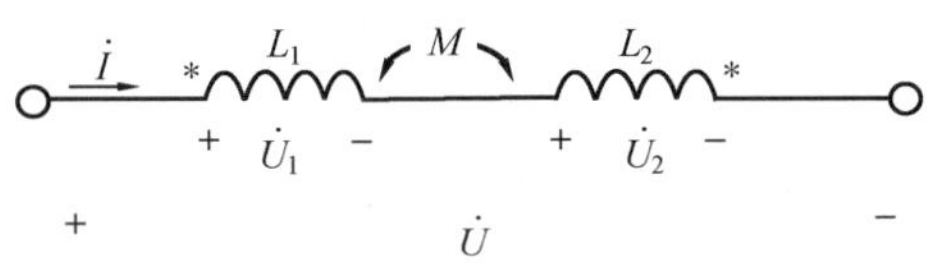

图 5-12　反向串联

在顺向串联时，两线圈的异名端相连。电流从两线圈的同名端流入或流出。电流产生的自感电压与互感电压的同名端极性相同，则在正弦电路中有

$$\begin{aligned}\dot{U}_1 &= \dot{U}_{11} + \dot{U}_{12} = \mathrm{j}\omega L_1\dot{I} + \mathrm{j}\omega M\dot{I}\\ \dot{U}_2 &= \dot{U}_{22} + \dot{U}_{21} = \mathrm{j}\omega L_2\dot{I} + \mathrm{j}\omega M\dot{I}\end{aligned} \tag{5-13}$$

串联后线圈的总电压为

$$\dot{U}=\dot{U}_1+\dot{U}_2=\mathrm{j}\omega\left(L_1+L_2+2M\right)\dot{I} \tag{5-14}$$

若顺向串联的等效电感为 L_f，则有

$$L_\mathrm{f}=L_1+L_2+2M \tag{5-15}$$

在反向串联时，两线圈的同名端相连。电流从两线圈的异名端流入或流出。电流产生的自感电压与互感电压的同名端极性相同，则在正弦电路中有

$$\begin{aligned}\dot{U}_1 &= \dot{U}_{11} - \dot{U}_{12} = \mathrm{j}\omega L_1\dot{I} - \mathrm{j}\omega M\dot{I}\\ \dot{U}_2 &= \dot{U}_{22} - \dot{U}_{21} = \mathrm{j}\omega L_2\dot{I} - \mathrm{j}\omega M\dot{I}\end{aligned} \tag{5-16}$$

串联后线圈的总电压为

$$\dot{U}=\dot{U}_1+\dot{U}_2=\mathrm{j}\omega\left(L_1+L_2-2M\right)\dot{I} \tag{5-17}$$

若反向串联的等效电感为 L_r，则有

$$L_r=L_1+L_2-2M \tag{5-18}$$

从式（5-15）和式（5-18）可以看出，两线圈顺向串联时的等效电感大于两线圈的自感之和，而两线圈反向串联时的等效电感小于两线圈的自感之和。这说明在顺向串联时，电流从同名端流入，两磁通相互增强，总磁链增大，等效电感增大；而在反向串联时，情况则相反，总磁链减小，等效电感减小。

2）互感线圈的并联

互感线圈的并联也有两种连接方式，一种为两个线圈的同名端相连，称为同侧并联，如图 5-13（a）所示；另一种为两个线圈的异名端相连，称为异侧并联，如图 5-13（b）所示。

在图 5-13 所示的电压、电流的参考方向下，可列出的电路方程为

$$\begin{cases}\dot{I}=\dot{I}_1+\dot{I}_2\\ \dot{U}=\mathrm{j}\omega L_1\dot{I}_1\pm\mathrm{j}\omega M\dot{I}_2\\ \dot{U}=\mathrm{j}\omega L_2\dot{I}_2\pm\mathrm{j}\omega M\dot{I}_1\end{cases} \tag{5-19}$$

式中，互感电压前的正号对应于同侧并联，负号对应于异侧并联。求解式（5-19），可得并联电路的等效复阻抗 Z 为

$$Z=\frac{\dot{U}}{\dot{I}}=\mathrm{j}\omega\frac{L_1L_2-M^2}{L_1+L_2\mp 2M} \tag{5-20}$$

设两个线圈并联后的等效电感为 L，则有

$$L=\frac{L_1L_2-M^2}{L_1+L_2\mp 2M} \tag{5-21}$$

在式（5-21）的分母中，负号对应于同侧并联，正号对应于异侧并联。

为了便于分析电路，将式（5-19）进行变量代换、整理，可得

$$\begin{cases}\dot{U}=\mathrm{j}\omega L_1\dot{I}_1\pm\mathrm{j}\omega M\left(\dot{I}-\dot{I}_1\right)=\mathrm{j}\omega\left(L_1\mp M\right)\dot{I}_1\pm\mathrm{j}\omega M\dot{I}\\ \dot{U}=\mathrm{j}\omega L_2\dot{I}_2\pm\mathrm{j}\omega M\left(\dot{I}-\dot{I}_2\right)=\mathrm{j}\omega\left(L_2\mp M\right)\dot{I}_2\pm\mathrm{j}\omega M\dot{I}\end{cases} \tag{5-22}$$

式（5-22）表明，图 5-14 所示的无互感等效替代电路为图 5-13 的去耦等效电路，即消去互感后的等效电路。用去耦等效电路来分析求解互感电路的方法称为互感消去法。

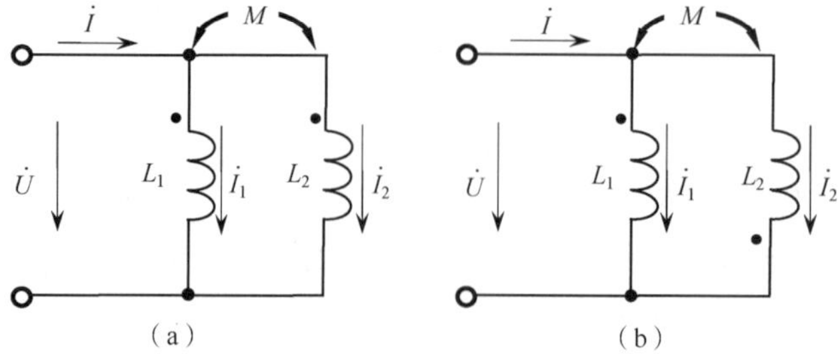

图 5-13　互感线圈的并联连接方式

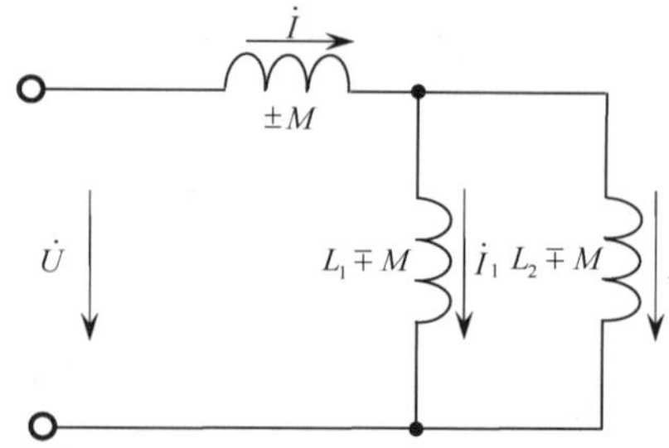

图 5-14　无互感等效替代电路

在图 5-14 中，$\mp M$ 前面的正号对应于同侧并联，负号对应于异侧并联。而 $L_1 \mp M$ 和 $L_2 \mp M$ 中 M 前的负号对应于同侧并联，正号对应于异侧并联。同时应当注意，去耦等效电路仅对外电路等效。

具有互感的两个线圈存在仅有一端相连接的情况，如图 5-15 所示。

在图 5-15 所示的各量参考方向下，其端间的电压方程为

$$\begin{cases}\dot{U}_{13} = \mathrm{j}\omega L_1\dot{I}_1 \pm \mathrm{j}\omega M\dot{I}_2 \\ \dot{U}_{23} = \mathrm{j}\omega L_2\dot{I}_2 \pm \mathrm{j}\omega M\dot{I}_1\end{cases} \tag{5-23}$$

式中，M 前的正号对应于同侧相连，负号对应于异侧相连。

由于 $\dot{I}=\dot{I}_1+\dot{I}_2$，因此式（5-23）可写为

$$\begin{cases}\dot{U}=\mathrm{j}\omega\left(L_1 \mp M\right)\dot{I}_1 \pm \mathrm{j}\omega M\dot{I} \\ \dot{U}=\mathrm{j}\omega\left(L_2 \mp M\right)\dot{I}_2 \pm \mathrm{j}\omega M\dot{I}\end{cases} \tag{5-24}$$

式中，上面的正负号对应于同侧相连（两个同名端连接于公共节点），下面的正负号对应于异侧相连（两个异名端连接于公共节点）。

由此可得消去互感或去耦后的等效电路，如图 5.16 所示。

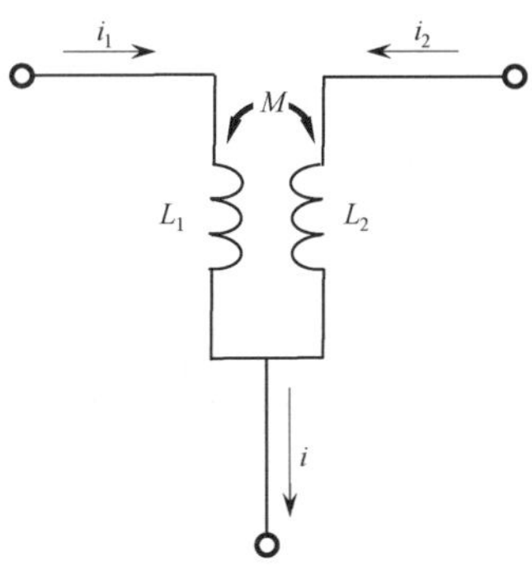

图 5-15　单端相连的互感线圈

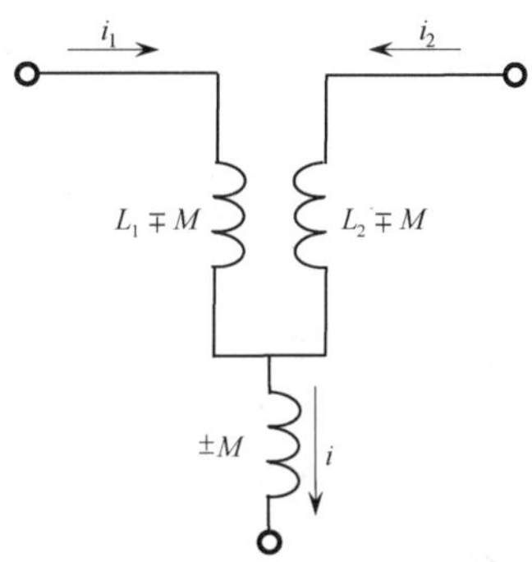

图 5-16　消去互感或去耦后的等效电路

任务 5.3　交流铁芯线圈电路

图 5-17 所示为交流铁芯线圈电路，线圈的匝数为 N，当在线圈两端加上正弦交流电压 u 时，就有交变励磁电流 i 流过，在交变磁动势 Ni 的作用下产生交变的磁通，其绝大部分通过铁芯，称为主磁通 $\boldsymbol{\Phi}$，其他一小部分称为漏磁通 $\boldsymbol{\Phi}_\sigma$。这两种交变的磁通都将在线圈中产生感应电动势。

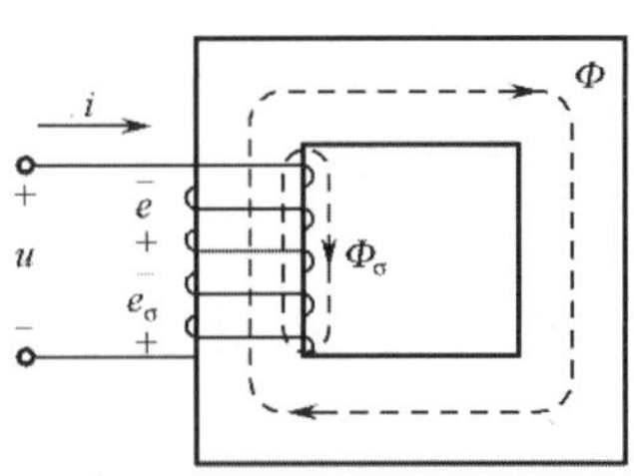

图 5-17　交流铁芯线圈电路

设线圈电阻为 R，主磁通在线圈上产生的感应电动势为 e，漏磁通产生的感应电动势为 e_σ，它们与磁通的参考方向之间符合右手螺旋定则。由基尔霍夫电压定律可得铁芯线圈中的电压、电流与电动势之间的关系为

$$u = Ri - e - e_\sigma \tag{5-25}$$

由于线圈电阻上的电压降 Ri 和漏磁通电动势 e_σ 与主磁通

电动势 e 比较都很小，可忽略不计，故式（5-25）可写为

$$u \approx -e \tag{5-26}$$

设主磁通 $\Phi = \Phi_m \sin\omega t$，则有

$$\begin{aligned} e &= -N\frac{d\Phi}{dt} = -N\frac{d(\Phi_m \sin\omega t)}{dt} = -\omega N\Phi_m \cos\omega t \\ &= 2\pi fN\Phi_m \sin(\omega t - 90^\circ) = E_m \sin(\omega t - 90^\circ) \end{aligned} \tag{5-27}$$

式中，$E_m = 2\pi fN\Phi_m$，是主磁通电动势的最大值，其有效值为

$$E = \frac{E_m}{\sqrt{2}} = \frac{2\pi fN\Phi_m}{\sqrt{2}} \approx 4.44fN\Phi_m \tag{5-28}$$

故有

$$u \approx -e = E_m \sin(\omega t + 90^\circ) \tag{5-29}$$

可见，外加电压的相位超前于铁芯中的磁通 90°，而外加电压有效值为

$$U \approx E = 4.44fN\Phi_m \tag{5-30}$$

式（5-30）给出了铁芯线圈在正弦交流电压作用下，铁芯中的磁通最大值与外加电压有效值的关系。在忽略线圈电阻和漏磁通的条件下，当线圈匝数 N 和电源频率 f 一定时，铁芯中的磁通最大值 Φ_m 与外加电压有效值 U 成正比，而与铁芯的材料及尺寸无关。这个结论在分析交流电机及变压器的工作原理时是十分重要的。

任务 5.4　变压器的用途与结构

变压器是利用电磁感应原理传输电能或信号的设备，具有变压、变流、变阻抗和隔离的作用。它的种类很多，应用十分广泛。例如，在电力系统中用电力变压器把发电机发出的电压升高后进行远距离输电，到达目的地后再用变压器把电压降低供用户使用；在测量工程中利用仪用变压器扩大对交流电压、电流的测量范围；用耦合变压器传递信号并隔离电路上的联系等。变压器虽然大小悬殊，用途各异，但基本结构和工作原理是相同的。

变压器由铁芯和绕组两个基本部分构成，图 5-18 所示为其结构示意图和符号。

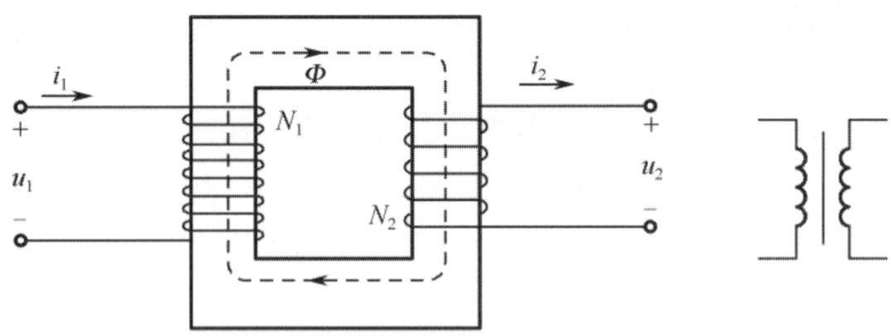

（a）结构示意图　　（b）符号

图 5-18　变压器的结构示意图和符号

图 5-18 中的变压器为一个简单的双绕组变压器，在一个闭合的铁芯上套有两个绕组，绕组与绕组之间及绕组与铁芯之间都是绝缘的。

绕组通常用铜线或铝线绕成，一个绕组和电源相连，称为一次绕组，又称为原绕组；另一个绕组与负载相连，称为二次绕组，又称为副绕组。

为了减小铁芯中的磁滞损耗和涡流损耗，变压器的铁芯使用 0.35～0.5mm 厚的硅钢片叠成，为了降低磁路的磁阻，一般采用交错叠装方式，即将每层硅钢片的接缝错开。图 5-19 所示为常见的铁芯形状。

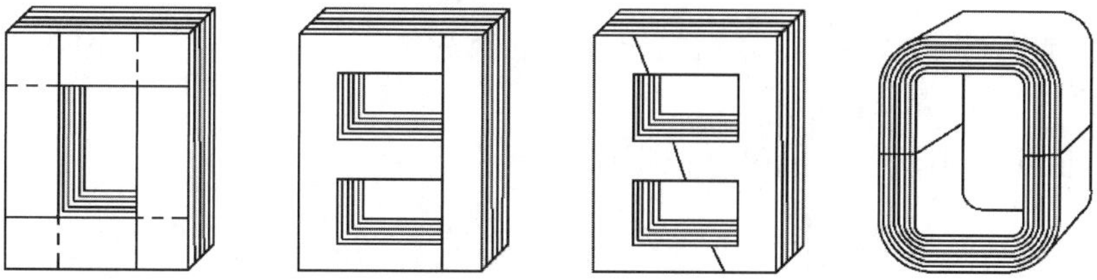

（a）口形　（b）EI形　（c）F形　（d）C形

图 5-19　常见的铁芯形状

变压器按铁芯和绕组的组合方式，可分为芯式和壳式两种，如图 5-20 所示。芯式变压器的铁芯被绕组所包围，而壳式变压器的铁芯则包围绕组。芯式变压器用铁量比较少，多用于大容量的变压器，如电力变压器；壳式变压器用铁量比较多，但不需要专门的变压器外壳，常用于小容量的变压器，如各种电子设备和仪器中的变压器。

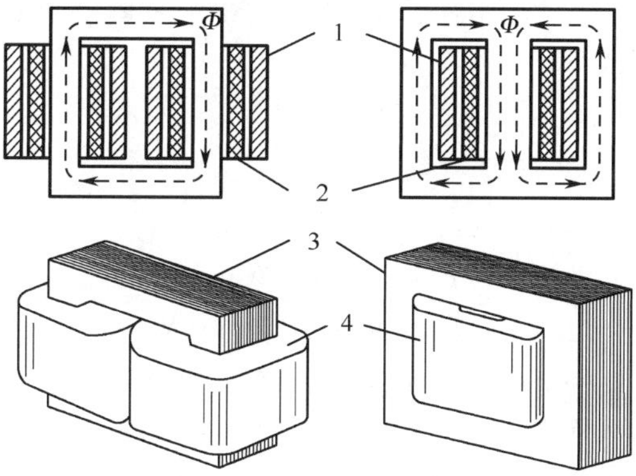

（a）芯式　（b）壳式

1—高压绕组；2—低压绕组；3—铁芯；4—绕组。

图 5-20　变压器的结构形式

任务 5.5　变压器的工作原理

5.5.1　空载运行

变压器一次绕组接电源，二次绕组为开路的工作状态称为变压器的空载运行，如图 5-21 所示。在外加电压 u_1 作用下，一次绕组中通过的空载电流为 i_{10}，又称为励磁电流，i_{10} 产生工作磁通。各量的方向按习惯参考方向选取。

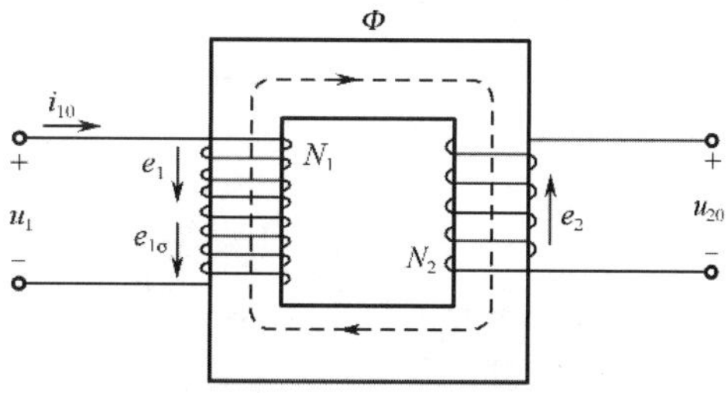

图 5-21　变压器的空载运行

空载运行时一次绕组和二次绕组的电动势平衡方程式为

$$u_1 = i_{10}r_1 - e_{1\sigma} - e_1 = i_{10}r_1 + N_1\frac{\mathrm{d}\Phi_{1\sigma}}{\mathrm{d}t} + N_1\frac{\mathrm{d}\Phi}{\mathrm{d}t} \tag{5-31}$$

$$u_{20} = e_2 = N_2\frac{\mathrm{d}\Phi}{\mathrm{d}t} \tag{5-32}$$

在式（5-31）和式（5-32）中，u_{20} 为二次绕组的空载电压；r_1 为一次绕组的电阻；Φ为主磁通；$\Phi_{1\sigma}$ 为一次绕组的漏磁通。

设Φ=$\Phi_m\sin\omega t$，由法拉第电磁感应定律可得

$$\begin{cases} e_1 = -N_1\dfrac{\mathrm{d}\Phi}{\mathrm{d}t} = -\omega N_1\Phi_m\sin(\omega t + 90^\circ) = E_{1m}\sin(\omega t - 90^\circ) \\ e_2 = -N_2\dfrac{\mathrm{d}\Phi}{\mathrm{d}t} = -\omega N_2\Phi_m\sin(\omega t + 90^\circ) = E_{2m}\sin(\omega t - 90^\circ) \end{cases} \tag{5-33}$$

可算出 e_1、e_2 的有效值分别为

$$\begin{cases} E_1 \approx 4.44fN_1\Phi_m \\ E_2 \approx 4.44fN_2\Phi_m \end{cases} \tag{5-34}$$

式中，f 为交流电源的频率；Φ_m 为主磁通的最大值。

由于 $i_{10}r_1$ 和 $e_{1\sigma}$很小，可忽略，因此一次、二次绕组上电动势的有效值近似等于一次、二次绕组上电压的有效值，即

$$\begin{cases} U_1 \approx E_1 \\ U_{20} \approx E_2 \end{cases} \tag{5-35}$$

将式（5-34）代入式（5-35），得

$$\frac{U_1}{U_{20}} \approx \frac{E_1}{E_2} = \frac{4.44fN_1\Phi_m}{4.44fN_2\Phi_m} = \frac{N_1}{N_2} = K \tag{5-36}$$

式（5-36）表明变压器一次、二次绕组电压的有效值与一次、二次绕组的匝数成正比。匝数比 K 称为变压比，简称变比。当一次、二次绕组匝数不同时，变压器就可以把某一数值的交流电压变换为同频率的另一数值的交流电压，这就是变压器的电压变换作用。当一次绕组匝数 N_1 大于二次绕组匝数 N_2，即 $K>1$ 时，该变压器称为降压变压器；反之，即 $K<1$ 时，该变压器称为升压变压器。

【例题 5-2】 已知某变压器的铁芯截面积为 150cm^2，铁芯中磁感应强度的最大值不能超过 1.2T，若要用它把 6000V 工频交流电变换为 230V 的同频率交流电，则应配多少匝数的一次、二次绕组？

【解】 铁芯中磁通的最大值为

$$\Phi_m = B_mS = 1.2\times150\times10^{-4} = 0.018\text{（Wb）}$$

一次绕组的匝数应为

$$N_1 = \frac{U_1}{4.44f\Phi_m} = \frac{6000}{4.44\times50\times0.018} \approx 1502\text{（匝）}$$

二次绕组的匝数应为

$$N_2 = \frac{U_2}{4.44f\Phi_m} = \frac{230}{4.44\times50\times0.018} \approx 58\text{（匝）}$$

或

$$N_2 = \frac{N_1}{K} = \frac{N_1}{\frac{U_1}{U_2}} = \frac{1502}{\frac{6000}{230}} \approx 58（匝）$$

5.5.2　有载运行

变压器的二次绕组接入负载工作称为有载运行。图 5-22 所示为变压器的有载运行。由式（5-35）可得

$$U_1 \approx 4.44 f N_1 \Phi_m \tag{5-37}$$

即不论变压器空载还是有载，只要加在变压器一次绕组的电压和频率保持不变，铁芯中的磁通幅值就保持不变。并且磁路磁通的大小不仅与电流有关，还与线圈的匝数成正比关系。

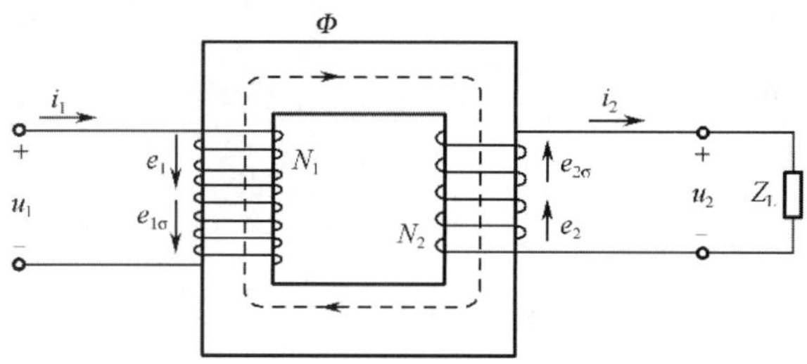

图 5-22　变压器的有载运行

变压器在空载运行时，磁通是由 $i_{10}N_1$ 产生的。设变压器有载运行时的一次、二次绕组电流分别为 i_1 与 i_2，而变压器有载运行时的磁通是由 i_1N_1 和 i_2N_2 合成的。因为变压器空载运行与有载运行时的电压和频率保持不变，所以磁通也保持不变，可用有效值相量表示为

$$\dot{I}_1 N_1 + \dot{I}_2 N_2 = \dot{I}_{10} N_1 \tag{5-38}$$

此关系称为变压器的磁动势平衡方程。

由于变压器空载运行时的电流较小，一般不到额定电流的 8%，因此当变压器在额定运行时，忽略其空载运行时的电流后，有

$$\dot{I}_1 N_1 \approx -\dot{I}_2 N_2 \tag{5-39}$$

得变压器一次、二次绕组电流有效值关系为

$$\frac{I_1}{I_2} \approx \frac{N_2}{N_1} = \frac{1}{K} \tag{5-40}$$

即变压器在额定运行时，一次、二次绕组电流比近似等于变比的倒数。

5.5.3　阻抗变换

变压器不仅具有变换交流电压、交流电流的作用，还具有变换阻抗的作用。在图 5-22 中，二次绕组接入阻抗值为$|Z_L|$的负载，从一次绕组看过去的等效阻抗值为$|Z|$，即

$$|Z| = \frac{U_1}{I_1} = \frac{\frac{N_1}{N_2}U_2}{\frac{N_2}{N_1}I_2} = \left(\frac{N_1}{N_2}\right)^2 \frac{U_2}{I_2} = K^2 |Z_L| \tag{5-41}$$

可见，选择不同的变比 K，就可在一次绕组侧得到所需要的任何数值。这种阻抗变换的

方法称为阻抗匹配。

【例题 5-3】在图 5-23 中，交流信号源的电动势 $E=120\text{V}$，内阻 $r_0=800\Omega$，负载电阻 $R_L=8\Omega$。

（1）当负载 R_L 折算到一次绕组侧的等效电阻 $R_L'=r_0$ 时，求变压器的匝数比和信号源输出功率 P_o。

（2）若将负载直接与信号源相连，求信号源输出功率 P_o'。

【解】（1）变压器的匝数比为

$$K=\frac{N_1}{N_2}=\sqrt{\frac{R'_L}{R_L}}=\sqrt{\frac{800}{8}}=10$$

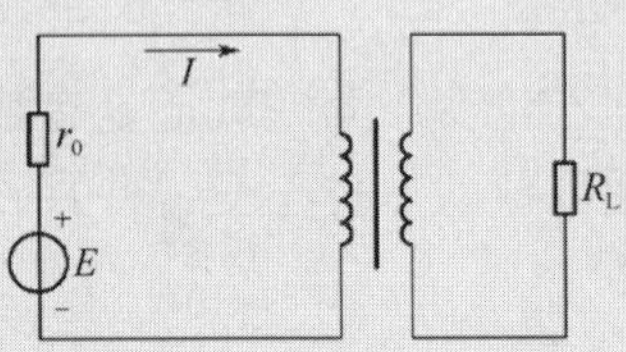

图 5-23　例题 5-2 的电路

信号源的输出功率为

$$P_o=\left(\frac{E}{r_o+R'_L}\right)^2 R'_L=\left(\frac{120}{800+800}\right)^2\times 800=4.5\text{（W）}$$

（2）将负载直接与信号源相连，信号源输出功率为

$$P_o'=\left(\frac{120}{800+8}\right)^2\times 8\approx 0.176\text{（W）}$$

可见，为了使负载获得最大功率，可采用变压器进行阻抗变换，使负载与电源相“匹配”。

任务 5.6　变压器的外特性

扫一扫，听听解读

5.6.1　电压变化率

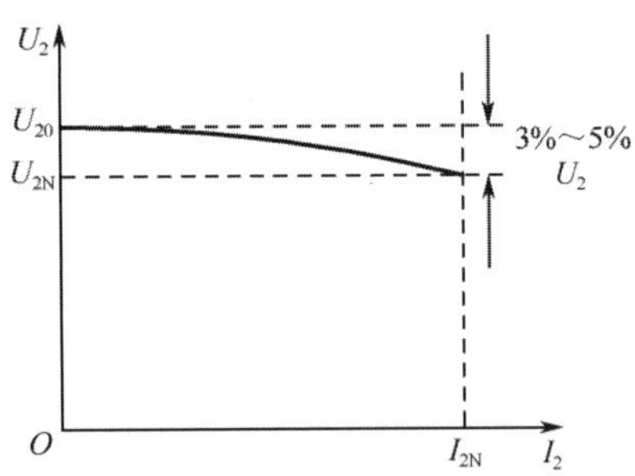

图 5-24　变压器外特性曲线

在电源电压不变的情况下，当变压器负载增大时，二次绕组中的电流及阻抗压降都随之增大，因而二次绕组电压随之减小。电压 U_2 随电流 I_2 变化的关系 $U_2=f(I_2)$ 称为变压器外特性曲线，如图 5-24 所示。U_{20} 是二次绕组空载电压，U_{2N} 是变压器额定负载时的二次绕组电压，I_{2N} 为变压器额定运行时的二次绕组电流。外特性曲线是一条稍微下降的曲线。

端电压的变化程度可用电压变化率 $\Delta U\%$ 来表示，即

$$\Delta U\%=\frac{U_{20}-U_2}{U_{20}}\times 100\% \tag{5-42}$$

电压变化率表明了二次绕组电压的稳定性，是衡量变压器的一个重要指标，直接影响供电质量。电压变化率越小越好，一般电力变压器的电压变化率为 5%左右。

5.6.2　变压器的效率

当变压器负载运行时，二次端电压随负载大小及功率因数的变化而变化，若电压变化过大，则会对用户产生不利影响。变压器的效率反映了其运行的经济性，是一项重要的运行性能指标。由于变压器是一种静止电器，没有机械损耗，因此它的效率比电动机高，一般中、

小型电力变压器的效率为 95%以上，大型电力变压器的效率可达 99%。

变压器在能量传递过程中会产生损耗，由于变压器由铁芯和线圈组成，因此变压器运行时产生的损耗包括铜损和铁损两部分。

由于变压器一次、二次绕组分别有电阻 r_1、r_2，当有电流 I_1、I_2 流过时，有一部分电能变成了热能，其值为

$$P_{\mathrm{Cu}} = r_1 I_1^2 + r_2 I_2^2 \tag{5-43}$$

这部分损耗称为铜损，会随负载的变化而变化，也称为可变损耗。

变压器的另外一部分损耗为铁损，包括磁滞损耗和涡流损耗。当频率一定时，这部分损耗不变，因而铁损又称为固定损耗。

变压器的效率是指输出功率和输入功率的比值，即

$$\eta = \frac{P_2}{P_1} \times 100\% = \frac{P_2}{P_2 + P_{\mathrm{Fe}} + P_{\mathrm{Cu}}} \times 100\% \tag{5-44}$$

式中，P_1 为输入功率；P_2 为输出功率；P_{Fe} 为铁损；P_{Cu} 为铜损。

5.6.3　变压器的额定值及型号

1．变压器的额定值

1）额定电压 $U_{1\mathrm{N}}$、$U_{2\mathrm{N}}$

一次绕组额定电压 $U_{1\mathrm{N}}$ 是根据绝缘强度和允许发热所规定的应加在一次绕组上的正常工作电压的有效值。

二次绕组额定电压 $U_{2\mathrm{N}}$ 是指在变压器空载运行，一次绕组施加额定电压时二次绕组的端电压值。

2）额定电流 $I_{1\mathrm{N}}$、$I_{2\mathrm{N}}$

额定电流是在变压器连续运行时，一次、二次绕组允许通过的最大电流有效值。

3）额定容量 S_{N}

额定容量是变压器二次绕组额定电压和额定电流的乘积，即二次绕组的额定视在功率。

单相变压器的额定容量为

$$S_{\mathrm{N}} = U_{2\mathrm{N}} I_{2\mathrm{N}} \tag{5-45}$$

三相变压器的额定容量为

$$S_{\mathrm{N}} = \sqrt{3} U_{2\mathrm{N}} I_{2\mathrm{N}} \tag{5-46}$$

额定容量反映了变压器所能传送电功率的能力，但不可把变压器的实际输出功率与额定容量混淆。例如，一台额定容量 S_{N} = 1000kVA 的变压器，若负载的功率因数为 1，则它能输出的最大有功功率为 1000kW；若负载的功率因数为 0.7，则它能输出的最大有功功率为 700kW。所以变压器实际使用时的输出功率取决于二次绕组端所接负载的大小和性质。

4）额定频率 f_{N}

变压器正常工作时应接入的电源频率为变压器的额定频率。我国电力系统工业交流电的标准频率为 50Hz。

变压器的额定频率取决于变压器的构造和所用材料，使用时一般不能超过其额定频率。

2. 变压器的型号

变压器的型号名由三部分组成，如表 5-1 所示。第一部分用字母表示变压器的主称；第二部分用数字表示变压器的额定功率；第三部分用数字表示产品的序号。

表 5-1 变压器的型号名及含义

第一部分：主称		第二部分：额定功率	第三部分：序号
字 母	含 义	用数字表示变压器的额定功率	用数字表示产品的序号
CB	音频输出变压器		
DB	电源变压器		
GB	高压变压器		
HB	灯丝变压器		
RB 或 JB	音频输入变压器		
SB 或 ZB	扩音机用定阻式音频输送变压器（线间变压器）		
SB 或 EB	扩音机用定压或自耦式音频输送变压器		
KB	开关变压器		

例如，DB-60-2 表示 60VA 的电源变压器。

任务 5.7 几种常用的变压器

5.7.1 三相电力变压器

在电力系统中，用于变换三相交流电压，输送电能的变压器称为三相电力变压器，如图 5-25 所示。三相电力变压器有三个心柱，各套一相的一次、二次绕组。由于三相一次绕组两端所加的电压是对称的，因此三相磁通也是对称的，二次绕组的电压也是对称的。通常铁芯和绕组都浸在装有绝缘油的油箱中，其作用是绝缘和通过液体在油管的流动加快散热的速度。

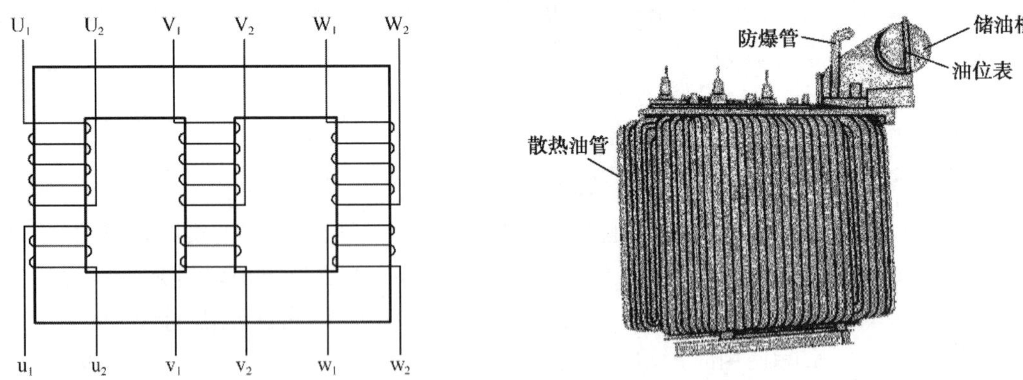

(a) 结构示意图 (b) 外形图

图 5-25 三相电力变压器

三相电力变压器的一次、二次绕组可以根据需要分别接成星形（Y）或三角形（△）。三相电力变压器的常见连接方式是 Y、yn（Y/Yo）连接和 Y、d（Y/△）连接，如图 5-26 所示。

其中 Y、yn 连接常用于车间配电变压器，yn 表示有中线引出的星形连接，这种接法不仅提供了三相电源，同时还提供了单相电源，常见的动力和照明混合供电的三相四线制系统就是用这种连接方式的变压器供电的；Y、d 连接的变压器主要用于变电站的降压或升压。

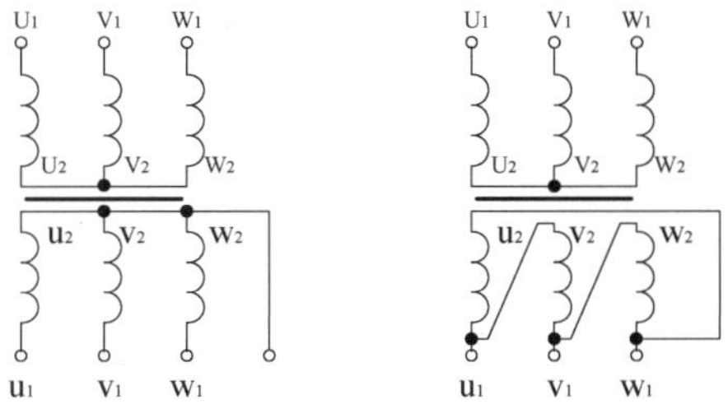

(a) Y、yn 连接　　(b) Y、d 连接

图 5-26　三相电力变压器的两种接法

三相电力变压器一次、二次绕组电压的比值，不仅与匝数比有关，而且与接法有关。设一次、二次绕组的线电压分别为 U_{L1}、U_{L2}，相电压分别为 U_{P1}、U_{P2}，匝数分别为 N_1、N_2，则三相电力变压器作 Y、yn 连接时，有

$$\frac{U_{L1}}{U_{L2}}=\frac{\sqrt{3}U_{P1}}{\sqrt{3}U_{P2}}=\frac{N_1}{N_2}=K \tag{5-47}$$

三相电力变压器作 Y、d 连接时，有

$$\frac{U_{L1}}{U_{L2}}=\frac{\sqrt{3}U_1}{U_2}=\sqrt{3}\frac{N_1}{N_2}=\sqrt{3}K \tag{5-48}$$

三相电力变压器的额定值含义与单相变压器相同，但三相电力变压器的额定容量 S_N 是指三相总额定容量，其计算公式为

$$S_N=\sqrt{3}U_{2N}I_{2N} \tag{5-49}$$

三相电力变压器的额定电压 U_{1N}、U_{2N} 和额定电流 I_{1N}、I_{2N} 是指线电压和线电流。其中，二次绕组额定电压 U_{2N} 是指变压器一次绕组施加额定电压 U_{1N} 时二次绕组的空载电压。

5.7.2　自耦变压器

扫一扫，听听解读

一次、二次绕组共用一个绕组的变压器称为自耦变压器，如图 5-27 所示。图 5-27（a）为自耦变压器的结构示意图。自耦变压器只有一个绕组，或者一次绕组的一部分兼作二次绕组用；或者二次绕组的一部分兼作一次绕组用。自耦变压器实质上就是利用一个绕组抽头的办法来实现改变电压的一种变压器。

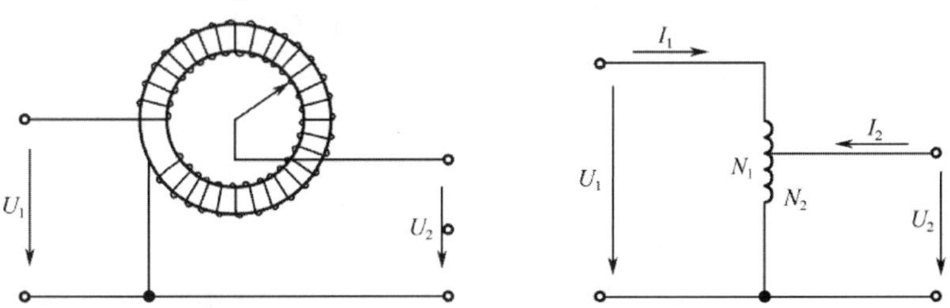

（a）结构示意图　　（b）符号

图 5-27　自耦变压器

图5-27（b）所示为自耦变压器的符号，以该降压自耦变压器为例，将匝数为N_1的一次绕组与电源相接，其电压为U_1；匝数为N_2的二次绕组与负载相接，其电压为U_2。自耦变压器的绕组也是套在闭合铁芯柱上的。其作用原理与普通变压器一样，一次绕组和二次绕组的电压、电流与匝数的关系仍为

$$\frac{U_1}{U_2}=\frac{N_1}{N_2}=K \tag{5-50}$$

$$\frac{I_1}{I_2}=\frac{N_2}{N_1}=\frac{1}{K} \tag{5-51}$$

通过调整合适的匝数N_2，即可在二次绕组一侧得到所需的电压。

自耦变压器还可以把抽头制成能够沿着线圈自由滑动的触点，可平滑调节二次绕组电压。其铁芯制成环形，靠手柄转动滑动触点来调压。二次绕组端的电压可在0～U_1的范围内连续改变。小型自耦变压器常用于启动交流电动机；在实验室和小型仪器中常用作调压设备；也可在照明装置上用于调节光度。在电力系统中，可应用大型自耦变压器作为电力变压器。

自耦变压器的变比不宜过大，因为它的一次、二次绕组有电的直接联系。一旦公共部分断开，高压将引入低压端，造成危险。通常选择变比$K<3$。

5.7.3 仪用互感器

扫一扫，听听解读

扫一扫，听听解读

在电工测量中，经常需要测量高电压或大电流。仪用互感器可以完成此项工作。仪用互感器按用途可分为电压互感器和电流互感器。互感器实质上就是损耗低、变比精确的小型变压器。

图5-28所示为接有电压互感器和电流互感器的电路。由图5-28可看出，10kV的高压电源与测量仪表电路只有磁的耦合而无电的直接联系。为防止互感器一次、二次绕组之间绝缘损坏时造成危险，铁芯及二次绕组的一端应当接地。

电压互感器的一次绕组接被测电压，二次绕组接电压表，则有

$$\frac{U_1}{U_2}=\frac{N_1}{N_2} \tag{5-52}$$

为降低电压，$N_1>N_2$，一般规定电压互感器的二次绕组电压为100V。

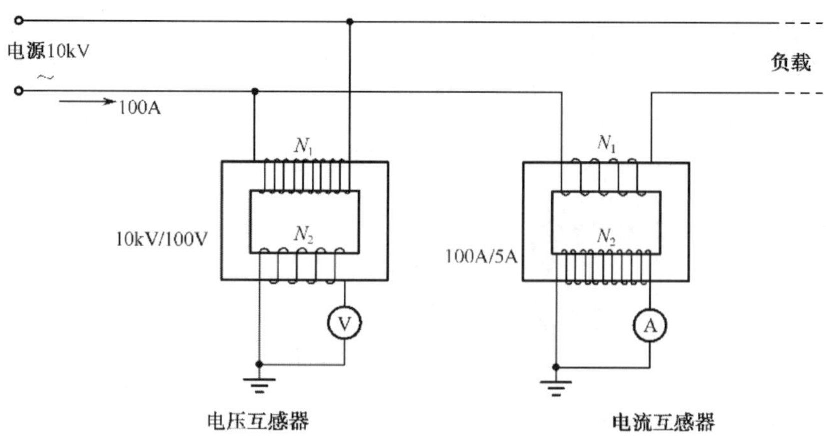

图5-28 接有电压互感器和电流互感器的电路

电流互感器的一次绕组接被测电流，二次绕组接电流表，则有

$$\frac{I_1}{I_2}=\frac{N_2}{N_1} \tag{5-53}$$

为减小电流，$N_1<N_2$，一般规定二次绕组额定电流为 5A。

在使用互感器时，必须注意：由于电压互感器的二次绕组电流很大，因此二次绕组绝不允许短路；电流互感器的一次绕组匝数很小，而二次绕组匝数较大，这将在二次绕组中产生很高的感应电动势，因此电流互感器的二次绕组绝不允许开路。

便携式钳形电流表就是利用电流互感器原理制成的，如图 5-29 所示。图 5-29（a）和图 5-29（b）所示分别为其外形图和原理示意图。其二次绕组两端接有电流表，闭合铁芯由两块铁芯构成，用手柄能控制铁芯的张开和闭合。在测量电流时，不需要断开待测电路，只需要张开铁芯，将待测的载流导线穿过铁芯张开的缺口，这根导线就成为互感器的一次绕组，即可从电流表直接读出待测电流值。

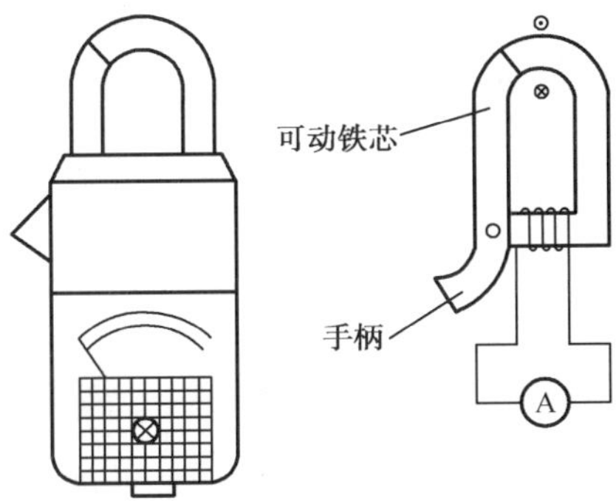

（a）外形图　　（b）原理示意图

扫一扫，做做练习

图 5-29　便携式钳形电流表

内容回顾

1．在电气设备中，为了得到较强的磁场，常采用铁磁材料制成一定形状的铁芯，使磁场集中分布于由铁芯构成的闭合路径，形成磁路。磁场的主要物理量有磁感应强度 B、磁通 Φ、磁导率 μ 和磁场强度 H 等。

铁磁材料分为软磁材料、硬磁材料和矩磁材料三种。

2．交流铁芯线圈中的交变电流使铁芯线圈产生交变磁通，基本关系式为 $U\approx 4.44fN\Phi_{\mathrm{m}}$，当外加电压不变时，磁通的幅值不变。

3．施感电流 i_1 的变化引起互感磁链 Ψ_{21} 的变化，从而在线圈 L_2 中产生的电压叫互感电压，这种由一个线圈的交变电流在另一个线圈中产生感应电压的现象叫作互感。

互感系数为

$$M=\frac{\Psi_{21}}{i_1}=\frac{\Psi_{12}}{i_2}$$

耦合系数为

$$k = \frac{M}{\sqrt{L_1 L_2}}$$

4．当互感电压与互感磁链取关联参考方向时，线圈 1 中的电流 i_1 的变化在线圈 2 中产生的互感电压为

$$u_{21} = \frac{\mathrm{d}\Psi_{21}}{\mathrm{d}t} = M\frac{\mathrm{d}i_1}{\mathrm{d}t}$$

线圈 2 中的电流 i_2 的变化在线圈 1 中产生的互感电压为

$$u_{12} = \frac{\mathrm{d}\Psi_{12}}{\mathrm{d}t} = M\frac{\mathrm{d}i_2}{\mathrm{d}t}$$

当施感电流为同频正弦量时，在正弦稳态情况下，互感电压可用相量表示，即

$$\dot{U}_{21} = \mathrm{j}\omega M\dot{I}_1 = \mathrm{j}X_M\dot{I}_1$$

$$\dot{U}_{12} = \mathrm{j}\omega M\dot{I}_2 = \mathrm{j}X_M\dot{I}_2$$

5．在互感线圈中，某一线圈的电流变化时产生的自感电压与其他线圈产生的互感电压的极性相同的端为同名端。当电流分别自同名端流入时，互感线圈中产生的磁通是相互增强的。

6．互感线圈的连接。

对于互感线圈的串联，其顺向串联时，有

$$L_f = L_1 + L_2 + 2M$$

其反向串联时，有

$$L_r = L_1 + L_2 - 2M$$

对于互感线圈的并联，有

$$L = \frac{L_1 L_2 - M^2}{L_1 + L_2 \mp 2M}$$

式中，负号对应于同侧并联，正号对应于异侧并联。

7．变压器以闭合铁芯为磁路，一次、二次绕组分属两个电路，它们之间有磁的耦合，无电的直接联系。一次绕组输入交流电，对电源来说相当于负载；二次绕组输出频率相同、电压不同的交流电，对负载来说相当于电源。

8．变压器的变压、变流、变阻抗的关系式为

$$\frac{U_1}{U_2} = \frac{N_1}{N_2} = K$$

$$\frac{I_1}{I_2} = \frac{N_2}{N_1} = \frac{1}{K}$$

$$|Z_1| = K^2|Z_2|$$

9．变压器的电压变化率 $\Delta U\% = \dfrac{U_{20} - U_2}{U_{20}} \times 100\%$，一般电力变压器的电压变化率约为 5%。

10．变压器的损耗为

$$\begin{cases} \text{铁损 } P_{Fe}\text{：固定损耗，包含涡流损耗与磁滞损耗} \\ \text{铜损 } P_{Cu}\text{：可变损耗，包含一次、二次绕组线圈中的损耗，因有电阻而产生} \end{cases}$$

变压器的额定容量为

$$S_N = U_{2N}I_{2N}$$

11．变压器的功率为

$$\begin{cases} 输入功率\ P_1 = U_1I_1\cos\varphi_1 \\ 输出功率\ P_2 = U_2I_2\cos\varphi_2\ （\cos\varphi_2\ 取决于负载） \end{cases}$$

变压器的效率为

$$\eta = \frac{P_2}{P_1}\times 100\% = \frac{P_2}{P_2 + P_{Fe} + P_{Cu}}\times 100\%$$

12．常用变压器

三相电力变压器有三个一次绕组和三个二次绕组，可分别接成星形或三角形，常见的三相绕组接法有 Y、yn 连接和 Y、d 连接两种。

自耦变压器一次、二次绕组之间不仅有磁的耦合，还有电的直接联系。

电压互感器用于测量高电压，电流互感器用于测量大电流。

典型例题解析

【典例 5-1】铁芯线圈的铁芯截面为 4.5cm^2，匝数为 2000，接在 220V、50Hz 的交流电源上，求铁芯中的 B_m。

【解】根据 $U = 4.44fN\Phi_m$，得

$$220 = 4.44fNB_m \times S = 4.44\times 50\times 2000\times B_m\times 4.5\times 10^{-4}$$

解得 B_m=1.1T。

【典例 5-2】某电源变压器（铁芯变压器的符号）如图 5-30（a）所示。已知初级电压有效值为 220V，次级电压有效值分别为 1—2 端 5V，3—4 端 12V，试求：（1）若按图 5-30（b）中的连接方式，则 1—4 端的电压有效值是多少？（2）若按图 5-30（c）中的连接方式，则 2—4 端的电压有效值是多少？

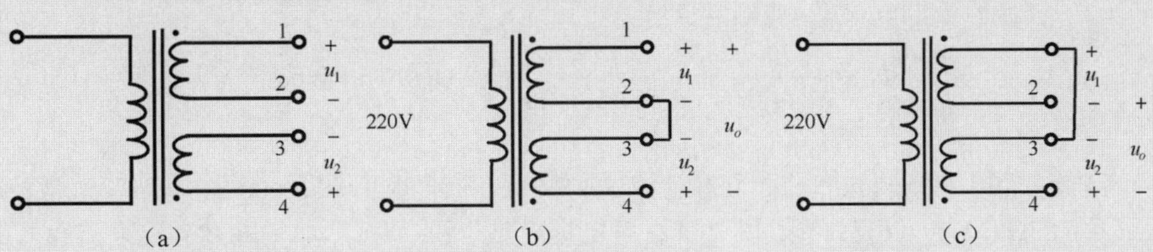

图 5-30　典例 5-2 电路

【解】在使用电源变压器时，为了得到所需的次级电压，可将两个或多个次级绕组串联起来使用。当采用串联法使用电源变压器时，串联的各绕组的同名端必须正确连接，不能搞错。否则，变压器不能正常工作。

已知 $U_1 = 5\text{V}$，$U_2 = 12\text{V}$。

（1）当按图 5-30（b）将次级绕组串联使用时，1—4 端的电压有效值为

$$U_0 = |U_1 - U_2| = |5-12| = 7\ (\text{V})$$

（2）当按图 5-30（c）将次级绕组串联使用时，2—4 端的电压有效值为

$$U_0 = |U_1 + U_2| = |5+12| = 17\ (\text{V})$$

【典例 5-3】 如图 5-31 所示，试确定耦合线圈的同名端。

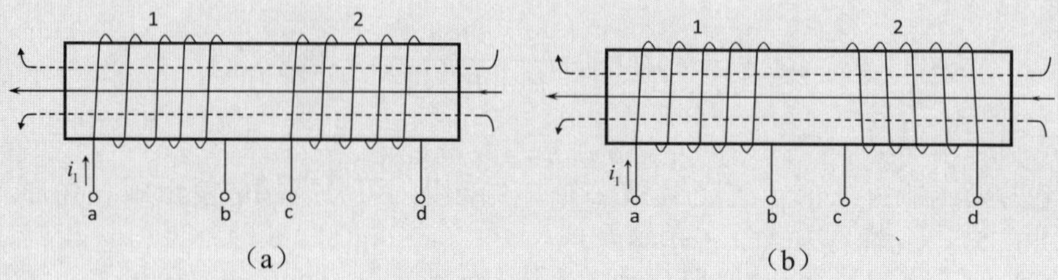

图 5-31　典例 5-3 电路

【解】 根据同名端的定义，按右手螺旋法则，可以判断出同名端。

对于图 5-31（a），a、c 和 b、d 为同名端。

对于图 5-31（b），a、d 和 b、c 为同名端。

【典例 5-4】 有一只铁芯线圈，其电阻为 2Ω，匝数为 200，接在 127V、50Hz 的交流电源上，测得 $I = 6\text{A}$，$P = 172\text{W}$，忽略漏抗。求：（1）线圈的铜损与铁损；（2）功率因数；（3）铁芯中的磁通 Φm。

【解】（1）线圈的铜损就是线圈电阻产生的损耗，即

$$P_{\text{Cu}} = I^2 R = 6^2 \times 2 = 72\ (\text{W})$$

铁损为

$$P_{\text{Fe}} = P - P_{\text{Cu}} = 172 - 72 = 100\ (\text{W})$$

（2）根据 $P = UI\cos\varphi$，得到功率因数为

$$\cos\varphi = \frac{P}{UI} = \frac{172}{127 \times 6} \approx 0.23$$

（3）根据 $U \approx 4.44fN\Phi_{\text{m}}$，得到磁通为

$$\Phi_{\text{m}} \approx \frac{U}{4.44fN} = \frac{127}{4.44 \times 50 \times 200} \approx 28.6 \times 10^{-4}\ (\text{Wb})$$

【典例 5-5】 单相变压器的额定容量为 50kV·A，额定电压为 10000/230V，当其所接负载 $R = 0.83\Omega$、$X_{\text{L}} = 0.618\Omega$ 时，其工作在额定状态下，求一次、二次绕组的额定电流和电压变化率。

【解】

$$S_{\text{N}} = U_{2\text{N}} \times I_{2\text{N}} \approx U_{1\text{N}} \times I_{1\text{N}}$$

一次绕组电流为

$$I_{1\text{N}} \approx \frac{S_{\text{N}}}{U_{1\text{N}}} = \frac{50 \times 10^3}{10000} = 5\ (\text{A})$$

二次绕组电流为

$$I_{2N}=\frac{S_N}{U_{2N}}=\frac{50\times10^3}{230}\approx217\text{（A）}$$

$$|Z|=\sqrt{R^2+X_L^2}=\sqrt{0.83^2+0.618^2}\approx1.035\text{（Ω）}$$

$$U_2=I_{2N}\times|Z|=217\times1.035\approx224.6\text{（V）}$$

电压变化率为

$$\Delta U\%=\frac{U_{20}-U_2}{U_{20}}\times100\%=\frac{230-224.6}{230}\times100\%\approx2.35\%$$

【典例5-6】一台180kV·A、6000/230V单相变压器，空载电流I_0为额定电流的4%，当其满载时二次绕组电压为220V，试求：（1）变压器一次、二次绕组的额定电流；（2）空载电流I_0；（3）电压变化率。

【解】（1）一次绕组电流为

$$I_{1N}\approx\frac{S_N}{U_{1N}}=\frac{180\times10^3}{6000}=30\text{（A）}$$

二次绕组电流为

$$I_{2N}=\frac{S_N}{U_{2N}}=\frac{180\times10^3}{230}\approx782.6\text{（A）}$$

（2）空载电流为

$$I_0=I_{1N}\times4\%=1.2\text{（A）}$$

（3）电压变化率为

$$\Delta U\%=\frac{U_{20}-U_2}{U_{20}}\times100\%=\frac{230-220}{230}\times100\%\approx4.35\%$$

【典例5-7】有一Y、d连接的三相变压器，各相电压的变比K=2，一次绕组线电压为380V，试求：（1）二次绕组线电压是多少；（2）若二次绕组线电流为173A，则一次绕组线电流是多少？

分析：对于三相变压器，变压器的变比等于一次绕组与二次绕组的相电压的比值，也等于二次绕组与一次绕组的相电流的比值。

【解】（1）根据

$$\frac{U_{L1}}{U_{L2}}=\frac{\sqrt{3}U_{P1}}{U_{P2}}=\sqrt{3}\frac{N_1}{N_2}=\sqrt{3}K$$

二次绕组线电压为

$$U_{L2}=\frac{U_{L1}}{\sqrt{3}K}=\frac{380}{1.732\times2}\approx110\text{（V）}$$

（2）根据

$$\frac{I_{L2}}{I_{L1}}=\frac{\sqrt{3}I_{P2}}{I_{P1}}=\sqrt{3}\frac{N_1}{N_2}=\sqrt{3}K$$

一次绕组线电流为

$$I_{L1}=\frac{I_{L2}}{\sqrt{3}K}=\frac{173}{\sqrt{3}\times 2}=50\ (\text{A})$$

【典例 5-8】有一台单相变压器，$S_N=50\text{kV}\cdot\text{A}$，$U_{1N}/U_{2N}=6000/230\text{V}$，且已知 $P_{Fe}=0.3\text{kW}$，$P_{Cu}=0.8\text{kW}$，向 $\cos\varphi=0.85$ 的负载供电，在满载时，$U_2=220\text{V}$，求变压器效率 η。

【解】在满载时，绕组的额定电流为

$$I_{2N}=\frac{S_N}{U_{2N}}=\frac{50\times 10^3}{230}\approx 217.4\ (\text{A})$$

当变压器向 $\cos\varphi=0.85$ 的负载供电时输出的功率为

$$P_2=U_2I_{2N}\cos\varphi_2=220\times 217.4\times 0.85\approx 40.65\ (\text{kW})$$

变压器输入功率为

$$P_1=P_2+P_{Cu}+P_{Fe}=40.65+0.8+0.3=41.75\ (\text{kW})$$

变压器的效率为

$$\eta=\frac{P_2}{P_1}\times 100\%=\frac{P_2}{P_2+P_{Cu}+P_{Fe}}\times 100\%=\frac{40.65}{41.75}\times 100\%\approx 97.4\%$$

练习题 5

扫一扫看练习题 5 参考答案

1．单相变压器一次绕组额定电压为 3300V，二次绕组额定电压为 220V，负载是一台 220V/22kW 的电炉，试求一次绕组电流。

2．某单相变压器一次、二次绕组的匝数分别为 1000 与 50，一次绕组电流为 1A，负载电阻 $R_L=10\ \Omega$，试求一次绕组的电压和负载消耗的功率。

3．在图 5-32 中，已知信号源的电压 $U_S=12\text{V}$，内阻 $r_0=1\text{k}\ \Omega$，负载电阻 $R_L=8\ \Omega$，变压器的变比 $K=10$，求负载上的电压 U_2。

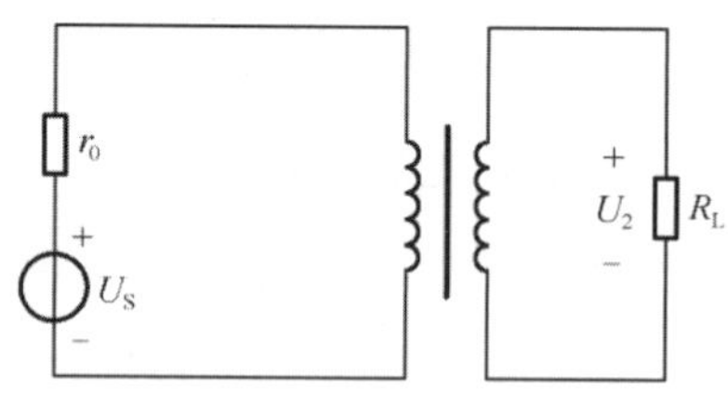

图 5-32　练习题 3 图

4．已知信号源的交流电动势 $E=2\text{V}$，内阻 $R_0=500\ \Omega$，通过变压器使信号源与负载完全匹配，若这时负载电阻的电流 $I_L=4\text{mA}$，则负载电阻应为多大？

5．三相变压器原线圈每相匝数 $N_1=272$，副线圈每相匝数 $N_2=17$，一次绕组线电压 $U_1=6\text{kV}$，求当分别采用 Y、yn 和 Y、d 两种接法时二次绕组的线电压和相电压。

扫一扫看复习•提高•检测 5

扫一扫看复习•提高•检测 5 参考答案

模块 6 电动机及控制技术

任务 6.1 三相异步电动机的结构与工作原理

6.1.1 三相异步电动机的结构

三相异步电动机主要由两个基本部分组成，固定不动的部分称为定子，转动的部分称为转子，此外还有轴承、接线盒等。图 6-1 所示为三相异步电动机的结构。

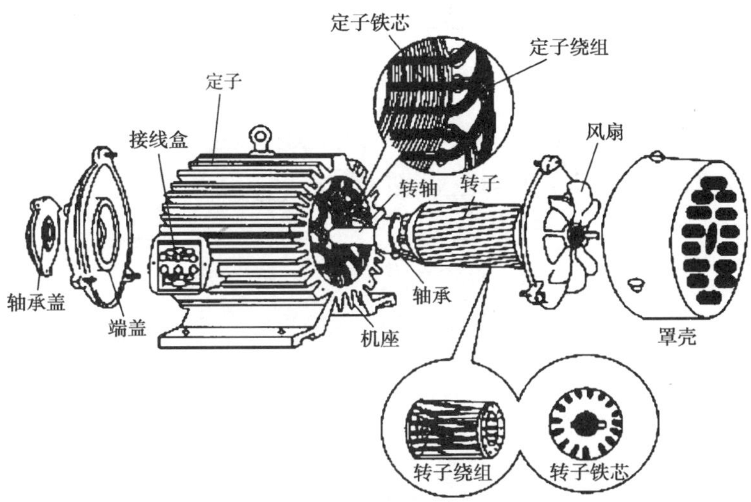

图 6-1 三相异步电动机的结构

1. 定子

定子由机座、定子铁芯、定子绕组和端盖组成，它是固定不动的。三相异步电动机的定子结构如图 6-2 所示。

（1）机座是三相异步电动机的外壳，通常由铸铁或铸钢制成，用来固定和安装定子铁芯，转子通过轴承、端盖固定在机座上。为了增加散热能力，一般封闭式机座表面装有散热筋，防护式机座两侧开有通风孔。

（2）定子铁芯的作用有两个：导磁和安放定子绕组。为了减小涡流损耗，定子铁芯通常由导磁性能较好、厚度约为 0.5mm、表面涂有绝缘漆的硅钢片叠压而成。定子铁芯内的圆周上有许多均匀分布的线槽，用来放置对称三相绕组。

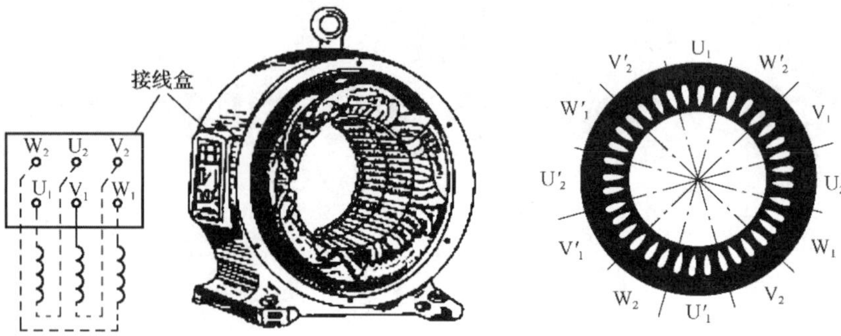

图 6-2　三相异步电动机的定子结构

（3）定子绕组是定子的电路部分，是由高强度漆包铜线或铝线绕成的线圈，分为三组，其按规律接好线，分布在定子铁芯的线槽上，通入三相交流电，产生旋转磁场，并把三相绕组的六个出线端引入电动机的接线盒。在使用时，接线盒可按需要将线接成 Y 形或△形，如图 6-3 所示。

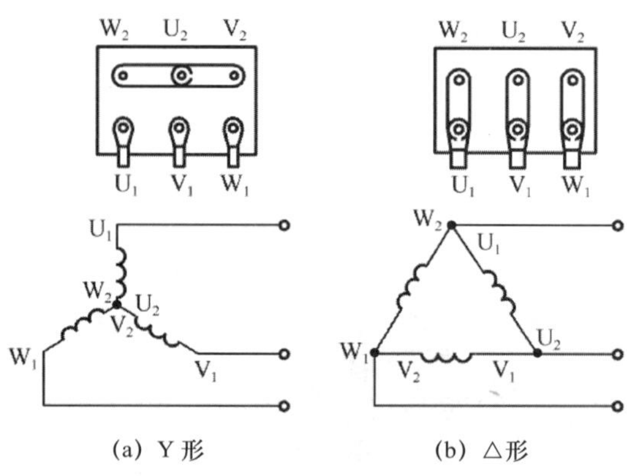

图 6-3　接线盒的连线

2．转子

转子由转子铁芯、转子绕组、转轴、风扇等组成，它是转动的。

（1）转子铁芯的作用与定子铁芯类似，即导磁和安放转子绕组。其由导磁性能较好、厚度约为 0.5mm、表面涂有绝缘漆的硅钢片叠压而成，转子铁芯固定在转轴或转子支架上，整个转子铁芯可近似视为圆柱体。

（2）转子绕组的作用是产生电磁转矩。根据结构的不同，三相异步电动机的转子绕组分为笼型转子和绕线型转子两种。

笼型转子由嵌入转子铁芯槽的导电条组成。在转子铁芯的两端各有一个导电端环，分别将所有导电条的两端连接起来，形成短接的回路。导电条产生感应电动势及感应电流，对于转轴产生电磁转矩。若去掉转子铁芯，则转子绕组的外形就像一个笼，故称为笼型转子。笼型转子如图 6-4 所示。

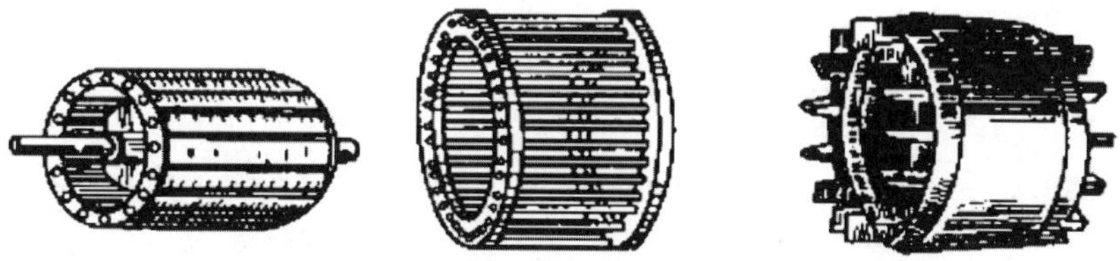

（a）笼型转子的结构　　（b）笼型转子绕组　　（b）铸铝的笼型转子

图 6-4　笼型转子

绕线型转子的绕组与定子绕组相似，也是一个对称三相绕组，通常这三相绕组连接成 Y 形，三个绕组的三个尾端连接在一起，三个首端分别接装在转轴上的三个铜制滑环上，通过电刷与外电路的可变电阻器相连接，用于启动与调速，如图 6-5 所示。

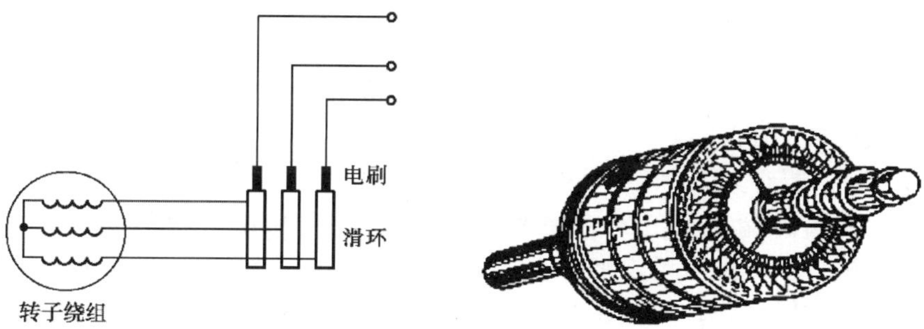

（a）绕线型转子的结构示意图　　（b）绕线型转子的形状

图 6-5　绕线型转子

6.1.2　三相异步电动机的工作原理

下面先做一个实验，通过它来揭示三相异步电动机的工作原理。如图 6-6 所示，将一个马蹄形磁铁按逆时针方向转动，在马蹄形磁铁的磁极间放一个可以自由转动的线圈，随着磁极旋转，线圈导体切割磁力线产生感应电动势 e 及感应电流 i（符合右手定则），由于导体中有感应电流，而且它仍处在磁场中，因此这个导体将受到安培力的作用而转动（符合左手定则），且受力方向与磁场旋转方向一致。由此可见，旋转磁场能带动闭合线圈沿同一方向旋转。这就是三相异步电动机的工作原理。

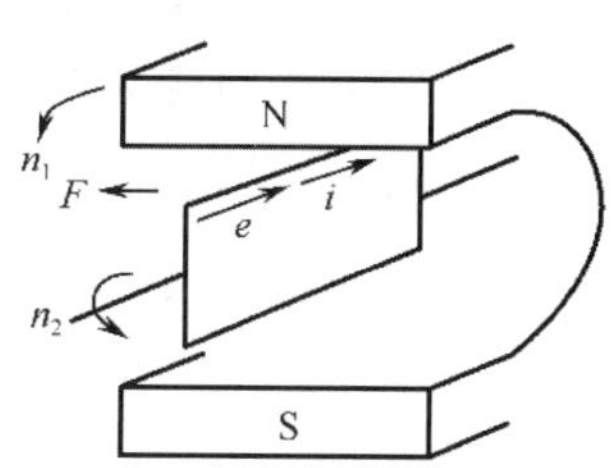

图 6-6　三相异步电动机的工作原理

1．旋转磁场的产生

如图 6-7（a）所示，有 U_1-U_2、V_1-V_2、W_1-W_2 三个彼此相差 120°的线圈分布在定子铁芯的线槽上，构成对称三相绕组。将三相对称电流分别通

扫一扫，听听解读

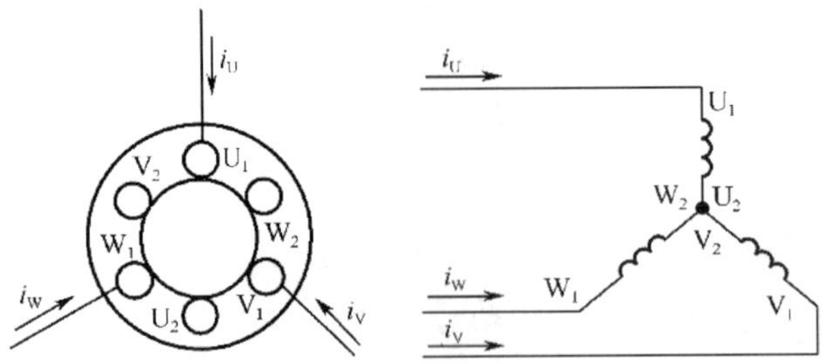

（a）绕组放置图　　（b）接线图

图 6-7　定子绕组放置与接线图

入三相对称绕组，即

$$i_U = I_m \sin\omega t \quad （通入 U_1\text{-}U_2 线圈）$$

$$i_V = I_m \sin(\omega t - 120^\circ) \quad （通入 V_1\text{-}V_2 线圈）$$

$$i_W = I_m \sin(\omega t + 120^\circ) \quad （通入 W_1\text{-}W_2 线圈）$$

图 6-7（b）中的电流方向是电流的参考方向。为了分析对称三相交流电产生的合成磁效应，这里选择了几个特定的瞬间，以窥全貌。规定：当电流为正值时，从每个线圈的首端（U_1、V_1、W_1）流入，末端（U_2、V_2、W_2）流出；当电流为负值时，从每个线圈的末端流入，首端流出，用⊙表示流出，⊗表示流入。

当 $\omega t = 0^\circ$ 时，如图 6-8（a）所示，若 $i_U = 0$，则 U_1-U_2 线圈中无电流；若 $i_V = -\frac{\sqrt{3}}{2}I_m$，则电流从 V_1-V_2 线圈末端 V_2 流入，首端 V_1 流出；若 $i_W = \frac{\sqrt{3}}{2}I_m$，则电流从 W_1-W_2 线圈首端 W_1 流入，末端 W_2 流出。根据右手定则，可以确定该瞬间三个绕组通电后所形成的合成磁场可以等效为一对磁极的磁场，并且 N 极在上，S 极在下。

当 $\omega t = 90^\circ$ 时，若 $i_U > 0$，则电流从 U_1-U_2 线圈首端 U_1 流入，从末端 U_2 流出；若 $i_V < 0$，则电流从 V_1-V_2 线圈首端 V_1 流出，末端 V_2 流入；若 $i_W < 0$，则电流从 W_1-W_2 线圈首端 W_1 流出，末端 W_2 流入。根据右手定则，可以确定该瞬间三个绕组通电后所形成的合成磁场仍可以等效为一对磁极的磁场，如图 6-8（b）所示，但此时合成磁场在空间位置上与 $\omega t = 0^\circ$ 的位置相比，已沿顺时针方向旋转了 90°。

同理，可以证明：当 $\omega t = 180^\circ$ 时，合成磁场比其在 $\omega t = 90^\circ$ 时的位置沿顺时针方向又旋转了 90°；当 $\omega t = 270^\circ$ 时，合成磁场比其在 $\omega t = 180^\circ$ 时的位置沿顺时针方向又旋转了 90°，分别如图 6-8（c）与图 6-8（d）所示。

以上分析的是每相只有一个线圈的情况，可以得出以下结论：在定子绕组中通以三相对称电流后，空间中产生两个磁极（磁极对数 p=1）的旋转磁场，且电流按正序变化一周时，合成磁场在空间中将沿顺时针方向旋转 360°。

2．旋转磁场的转向

对旋转磁场形成过程进行分析后可知，旋转磁场的转向取决于通入三相定子绕组中电流的相序。要使旋转磁场反转，只需要把三相电源线中的任意两根互换（如 U、V 互换），使 V_1-V_2 线圈通入 i_U 相电流，U_1-U_2 线圈通入 i_V 相电流，重新画图后发现，旋转磁场的转动方向发生改变。

3．旋转磁场的转速

旋转磁场的转速又称为同步转速，用 n_1 表示。设通入定子绕组的三相交流电的频率为 f_1，则一对磁极产生的旋转磁场的转速是 f_1（r/s），即转速为 $60f_1$（r/min）。

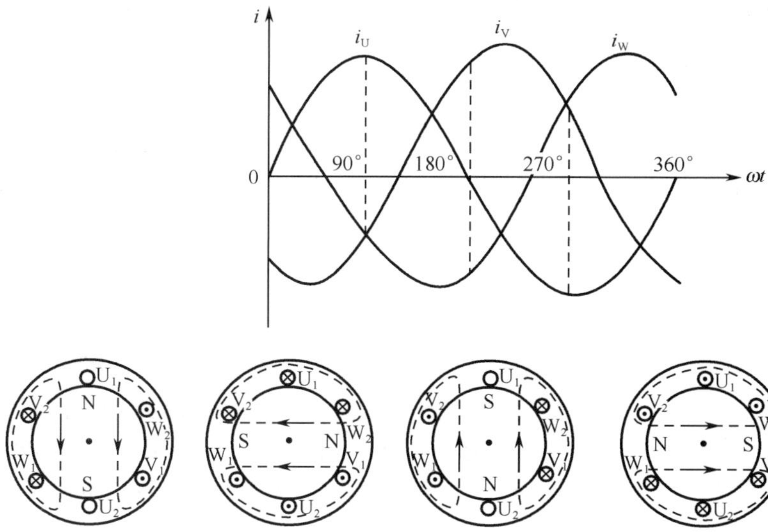

（a）ωt=0°　（b）ωt=90°　（c）ωt=180°　（d）ωt=270°　（e）ωt=360°

图 6-8　三相交流电的磁场

若线圈数量增加一倍，即每相绕组由两组线圈组成，三相共有六个线圈，各线圈放置位置相差 60°，把两个相差 180°的线圈串联起来作为一相绕组，通入三相交流电，则产生两对磁极的磁场。并且每当电流变化一次，旋转磁场仅转过 1/2 圈，两对磁极的绕组放置图与接线图如图 6-9 所示，两对磁极的磁场如图 6-10 所示。

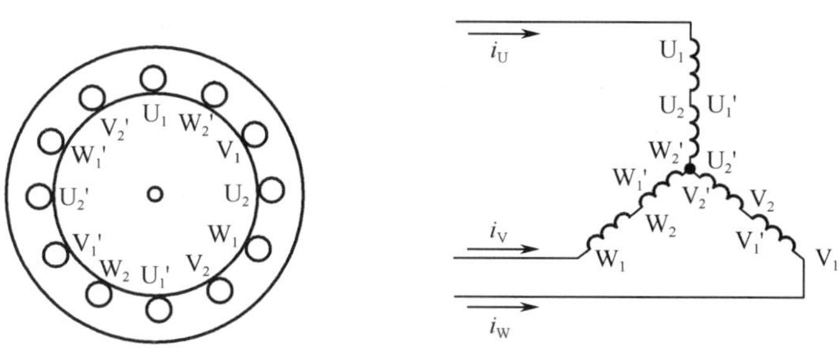

（a）绕组放置图　（b）接线图

图 6-9　两对磁极的绕组放置图与接线图

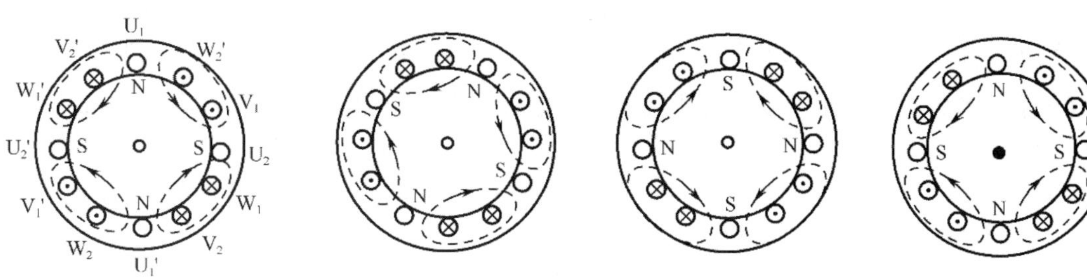

（a）ωt=0°　（b）ωt=60°　（c）ωt=180°　（d）ωt=360°

图 6-10　两对磁极的磁场

如果将绕组按一定规则排列，可得到 3 对、4 对或 p 对磁极的旋转磁场，用同样的方法去分析旋转磁场的转速 n_1 与磁极对数 p 的关系，可看出它们之间是一种成反比的关系，即对

于具有 p 对磁极的旋转磁场，电流变化一次，磁场转过 $1/p$ 圈，由于交流电每秒变化 f_1 次，因此磁极对数为 p 的旋转磁场的转速为

$$n_1 = \frac{60 f_1}{p} \tag{6-1}$$

式中，n_1 为旋转磁场的转速（电动机的同步转速）（r/min）；f_1 为定子绕组电流的频率（Hz）；p 为旋转磁场的磁极对数。

4. 三相异步电动机的运转原理

三相异步电动机的运转原理如图 6-11 所示，当定子绕组中通入三相电源后，定子内部产生一个以同步转速 n_1 沿顺时针方向旋转的旋转磁场。在旋转磁场的作用下，转子导体切割磁力线而产生感应电动势，由于转子绕组是闭合回路，因此转子绕组在感应电动势的作用下产生感应电流，感应电动势和感应电流的方向用右手定则确定。

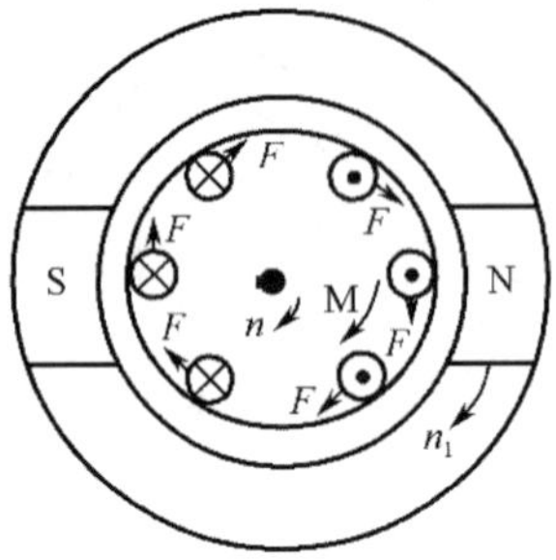

图 6-11　三相异步电动机的运转原理

转子导体中的感应电流在定子电流形成的旋转磁场的作用下，使转子导体受到电磁力 F 的作用，其方向用左手定则确定，这个力对转子的转轴形成电磁转矩，它的方向与磁场的旋转方向一致，使转子沿着磁场方向旋转。

在三相异步电动机转动后，转子转速 n 只能小于同步转速 n_1。若转子转速达到同步转速，则转子与旋转磁场之间没有相对运动，转子导体不切割磁力线，转子回路中不会产生感应电动势，转子电流和电磁转矩将不存在，因此转子转速不可能达到同步转速。也就是说，转子转速小于同步转速是保证转子旋转的必要条件，故这种电动机称为异步电动机。

5. 转差率

三相异步电动机的转子转速 n 小于同步转速 n_1，把这两者之间的差值，即$\Delta n_0=n_1-n$ 称为转差，它是旋转磁场的磁力线切割转子导体的转速。

转差率是转差与同步转速的比值，用 s 表示，即

$$s = \frac{\Delta n_0}{n_1} = \frac{n_1 - n}{n_1} \tag{6-2}$$

转差率 s 是描述三相异步电动机运行情况的一个重要参数，其变化范围为 0～1，当三相异步电动机额定运行时，s 为 0.02～0.06；当三相异步电动机空载运行时，s 为 0.0005～0.005。

【例题 6-1】 一台三相异步电动机的转子转速 $n_N = 730$r/min，电流频率 $f = 50$Hz，则其转差率 s_N 是多少？

【解】 因为三相异步电动机的转子转速必须小于且接近同步转速，而略高于 730r/min 的同步转速为 750r/min，所以它的转差率为

$$s_N = \frac{n_1 - n}{n_1} = \frac{750 - 730}{750} \approx 0.0267$$

6.1.3　三相异步电动机的铭牌

每台三相异步电动机的机座上都装有一块铭牌，标出该三相异步电动机的主要性能和主

要技术数据，可供用户选择参考。图 6-12 所示为 Y112M-4 三相异步电动机的铭牌。

三相异步电动机			
Y112M-4		编号	
4.0kW		8.8A	
380V	1440r/min	LW82dB	
接法△	防护等级IP44	50Hz	45kg
标准编号	工作制S1	B级绝缘	年　月
□　□　电　机　厂			

图 6-12　Y112M-4 三相异步电动机的铭牌

以 Y112M-4 为例，三相异步电动机的铭牌上各项内容的含义如下。

（1）型号：用来表示电动机的产品代号、规格代号和特殊环境代号。Y112M-4 的型号含义如图 6-13 所示。

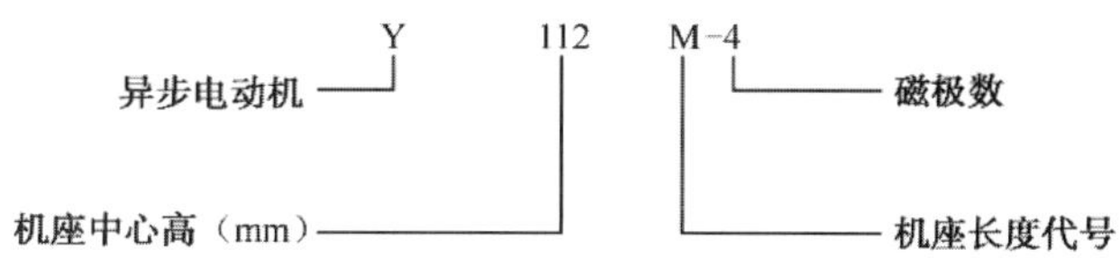

图 6-13　Y112M-4 的型号含义

其中，机座长度代号有三种，S 为短机座；M 为中机座；L 为长机座。

（2）额定功率 P_{2N}（4.0kW）：三相异步电动机在额定运行时转轴上输出的机械功率。

（3）额定电压 U_N（380V）：三相异步电动机在额定运行时电网加在定子绕组上的线电压。

（4）额定电流 I_N（8.8A）：三相异步电动机在额定电压下，输出额定功率时，定子绕组中的线电流。

（5）额定转速 n_N（1440r/min）：三相异步电动机在额定运行时的转速。

（6）额定频率 f_N（50 Hz）：三相异步电动机所接交流电源的频率。

（7）接法：三相异步电动机三相定子绕组的接法有△形连接和 Y 形连接，小型电动机（功率为 3kW 以下）多采用 Y 形连接，大、中型电动机（功率为 4kW 以上）多采用△形连接。

（8）其他：铭牌上还有防护等级、绝缘等级等。

任务 6.2　三相异步电动机的应用

扫一扫，听听解读

6.2.1　三相异步电动机的电磁转矩

三相异步电动机的转子电流与旋转磁场相互作用而产生电磁力，电磁力对转轴形成电磁转矩，使三相异步电动机带动生产机械旋转而输出机械功率。

由电磁转矩 T 与转差率 s 之间的关系 $T=f(s)$可以推导得出

$$T = KU_1^2 \frac{sR_2}{R_2^2 + s^2 X_{20}^2} \tag{6-3}$$

式中，K 为电磁转矩的参数；U_1 为加在定子绕组上的电源电压；R_2 为转子电路的电阻；X_{20} 为转子静止时每相绕组的感抗。

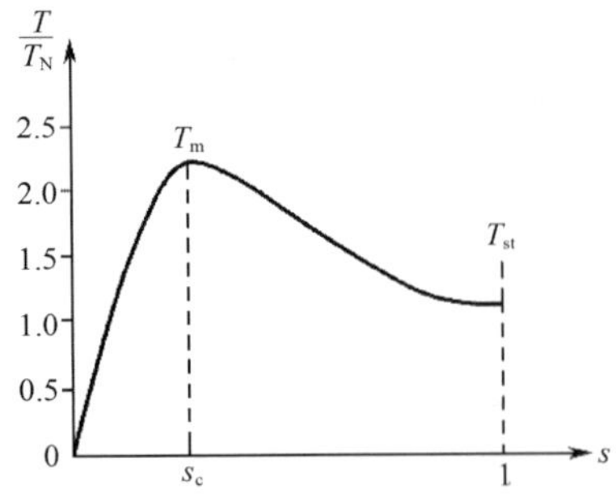

图 6-14　三相异步电动机的转矩曲线

式（6-3）称为三相异步电动机的转矩特性，由电磁转矩 T 与转差率 s 之间的关系可绘出三相异步电动机的转矩曲线，如图 6-14 所示。

三相异步电动机的最大转矩 T_m 及产生最大转矩时的转差率 s_c 可用数学方法求得。

临界（产生最大转矩时的）转差率为

$$s_c = \frac{R_2}{X_{20}} \tag{6-4}$$

最大转矩为

$$T_m = KU_1^2 \frac{1}{2X_{20}} \tag{6-5}$$

不同转子电阻的转矩曲线如图 6-15 所示，转矩与电源电压的关系曲线如图 6-16 所示。

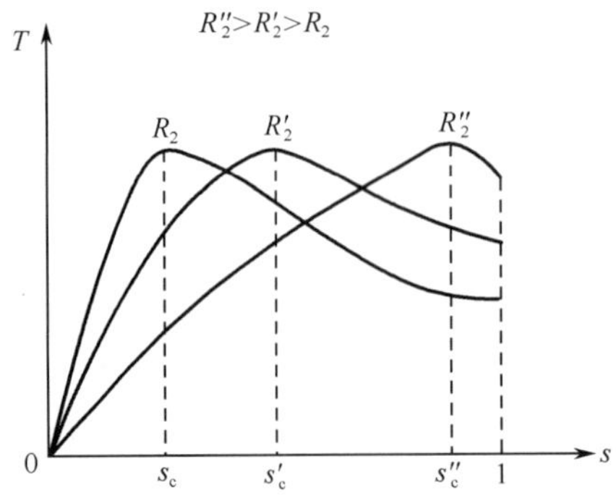

图 6-15　不同转子电阻的转矩曲线

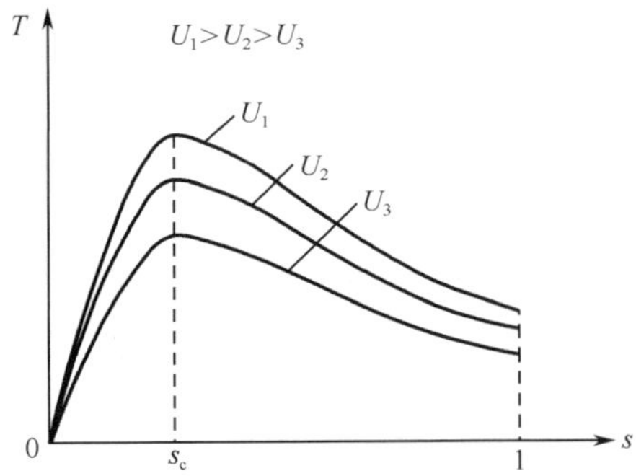

图 6-16　转矩与电源电压的关系曲线

当三相异步电动机在额定状态下运行并输出额定功率时，求得三相异步电动机的额定转矩 T_N 为

$$T_N = 9550\frac{P_N}{n_N}（\mathrm{N{\bullet}m}） \tag{6-6}$$

式中，P_N 为三相异步电动机输出的额定功率（kW）；n_N 为三相异步电动机转子的额定转速（r/min）。

6.2.2　三相异步电动机的启动

三相异步电动机从接入电源开始到稳定运转的过程称为启动。

启动过程所需要的时间很短，小型电动机只需要几秒钟，大型电动机则需要十几秒甚至几十秒。大型电动机在启动过程中的启动电流很大，会导致供电线路电压在电动机启动瞬间突然降低，影响同一线路上的其他电气设备正常工作。三相异步电动机的启动性能主要是指启动转矩和启动电流。

三相异步电动机的启动转矩一般为额定转矩的 1.4～2.2 倍，但是启动电流却很大。在接通电源的瞬间，旋转磁场和转子导体之间的相对速度最大（$s=1$），转子导体的感应电动势和感应电流都很大，根据法拉第电磁感应定律，定子电流也很大，此时的电流称为启动电流，约为电动机额定电流的 4～7 倍。由于启动过程所需要的时间很短，因此启动对三相异步电动机本身危害不大，但会影响同一线路的其他电气设备的正常工作。

三相异步电动机有以下几种启动方式。

1．全压启动（直接启动）

功率在 10kW 以下的三相异步电动机一般可以直接启动，启动电动机容量不超过供电变压器容量的 30%；若三相异步电动机频繁启动，则启动电动机容量不应超过供电变压器容量的 20%。经验公式为

$$\frac{I_{st}}{I_{1N}} \leqslant \frac{1}{4}\left(3+\frac{\text{供电变压器容量（kV·A）}}{\text{启动电动机容量（kW）}}\right) \tag{6-7}$$

式中，I_{st} 为三相异步电动机的启动电流；I_{1N} 为三相异步电动机定子绕组的额定电流。

三相异步电动机的直接启动如图 6-17 所示。

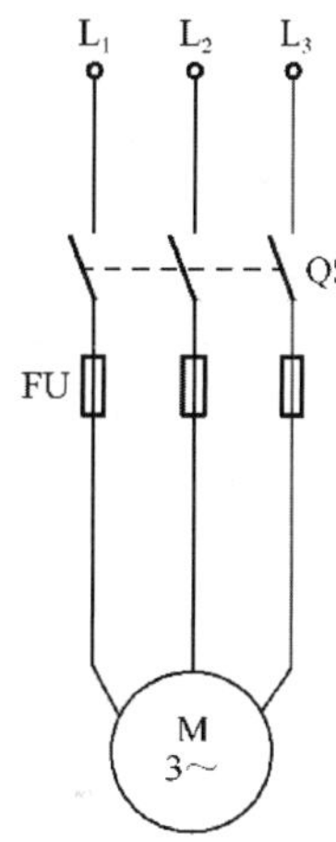

图 6-17　三相异步电动机的直接启动

2．降压启动

容量较大的笼型三相异步电动机通常利用附加设备降低定子电压来减小启动电流。这种方法一般适用于电动机空载或轻载的情况。笼型三相异步电动机常用的降压启动方法如下。

1）*Y-△换接启动法*

Y-△换接启动法如图 6-18 所示，此方法只适用于在正常工作时，定子绕组为△形连接的笼型三相异步电动机。在笼型三相异步电动机启动时，先把定子绕组接成 Y 形，待转速达到一定值后，再改为正常的△形连接。该过程仅需要一只 Y-△启动器，在启动开始时，用手动或自动方法将定子绕组的相电压降低到额定相电压的$1/\sqrt{3}$，因此启动电流是原来的 1/3，但因为$T \propto U_1^2$，所以启动转矩降低为额定电压时的启动转矩的 1/3。

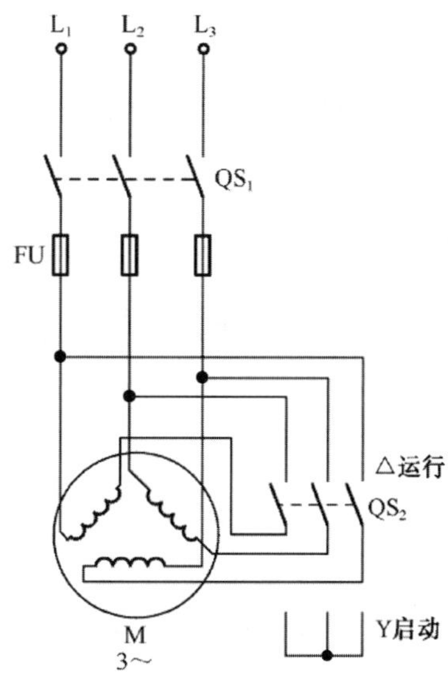

图 6-18　Y-△换接启动法

2）*自耦变压器启动法*

自耦变压器启动法如图 6-19 所示，在笼型三相异步电动机启动时，将 QS_1 闭合，QS_2 置于降压启动的位置。这时，定子绕组承受的电压是自耦变压器的二次绕组电压。由于变压器 K<1，因此笼型三相异步电动机降压启动，定子电流较全压启动时减小。待启动完毕后，将开关 SQ_2 切换到全压运行位置上，笼型三相异步电动机正常工作。

3．转子串接电阻启动

采用降压启动的笼型三相异步电动机虽然降低了启动电流，但转矩明显下降。有些工作机械，如卷扬机、吊车和起重机等，要求重载启动，为此，常选用转子串接电

阻启动绕线型三相异步电动机，如图 6-20 所示。在启动时，先将三相启动变阻器的电阻调到最大，闭合 QS_1 使绕线型三相异步电动机启动，随着转速的增大，启动电阻逐步减小，当转速接近额定转速时，切除全部电阻，使转子电路短接。

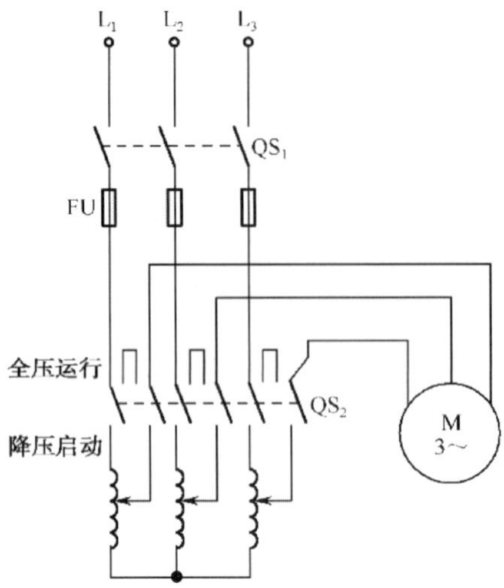

图 6-19　自耦变压器启动法

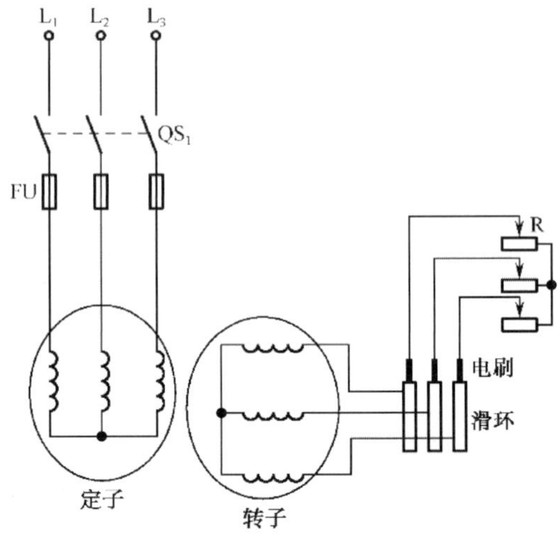

图 6-20　转子串接电阻启动绕线型三相异步电动机

绕线型三相异步电动机的转子电路串接电阻可以达到两个目的：增大转子回路电阻，使转子启动电流减小，从而限制定子的启动电流；在增大转子回路电阻的同时增大启动转矩，可谓一举两得。

6.2.3　三相异步电动机的调速

调速就是在同一负载下得到不同的转速，以满足生产过程的要求。由转差公式$\Delta n_0 = n_1 - n$和同步转速公式 $n_1 = 60f_1/p$，可得出转子转速为

$$n = n_1(1-s) = \frac{60f_1(1-s)}{p} \tag{6-8}$$

可以看出，改变 p、f_1、s 三者中的任意一个变量，都能改变转子转速。下面介绍三种三相异步电动机的调速方法。

1）变频调速

三相异步电动机的同步转速与电源的频率成正比，随着电力电子技术的发展，由晶闸管整流器和晶闸管逆变器组成的变频设备可以把 50Hz 的交流电转换为频率可调的交流电，实现范围较宽的无级调速。变频调速装置原理图如图 6-21 所示。

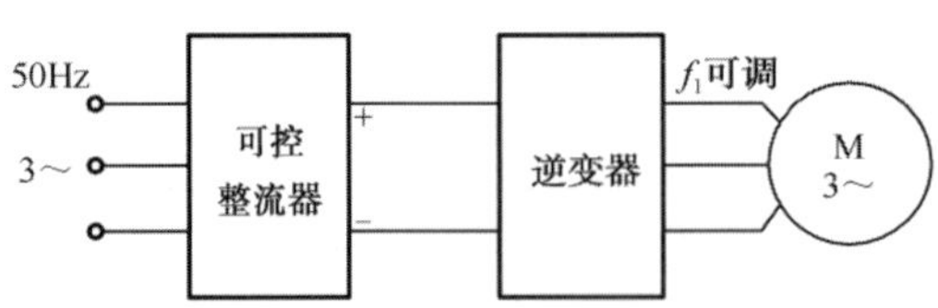

图 6-21　变频调速装置原理图

2）变极调速

由式（6-1）可知，若磁极对数 p 减小一半，则旋转磁场的转速 n_1 可扩大一倍，转子转速也差不多扩大一倍。在制造三相异步电动机时，设计了不同的磁极对数，根据需要，只要改变定子绕组的连接方式，就能改变磁极对数，使三相异步电动机得到不同的转速。

3）变转差率调速

实际上，在三相异步电动机的转子电路中串接调速变阻器并改变电阻的大小后，就可以在一定范围内得到平滑调速。这种方法一般只适用于绕线型三相异步电动机。

6.2.4　三相异步电动机的制动

当三相异步电动机的电源被切断后，因为三相异步电动机及生产机械的转动部分有转动惯性，所以停电后仍继续转动，要经过较长的时间才能停转，这对于某些生产机械来说是允许的，如常用的砂轮机、风机等，这种停电后不加强制的停转称为自由停车。

但是，许多机械要求三相异步电动机迅速停转，即进行制动，以提高生产率，制动的方法很多，如反接制动、能耗制动和发电反馈制动等。

1）反接制动

当三相异步电动机的电源被切断后，立即将接到电源的三根线中的任意两根对调，旋转磁场会立即反向旋转，转子中的感应电动势和电流也都反向，转子受相反方向的作用力而迅速停转，如图 6-22 所示。由于反接制动时流过定子绕组中的电流很大，因此该种方法只适用于小功率的三相异步电动机。

2）能耗制动

当三相异步电动机的电源被切断后，立即在两相定子绕组之间接入一个直流电源，直流电源在定子绕组中产生一个固定的磁场，旋转着的转子感应出电动势和电流，从而获得制动转矩，强制转子迅速停转，如图 6-22 所示。

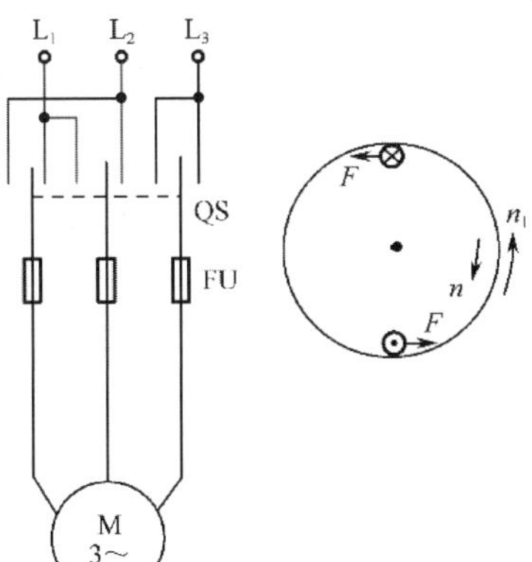

图 6-22　反接制动

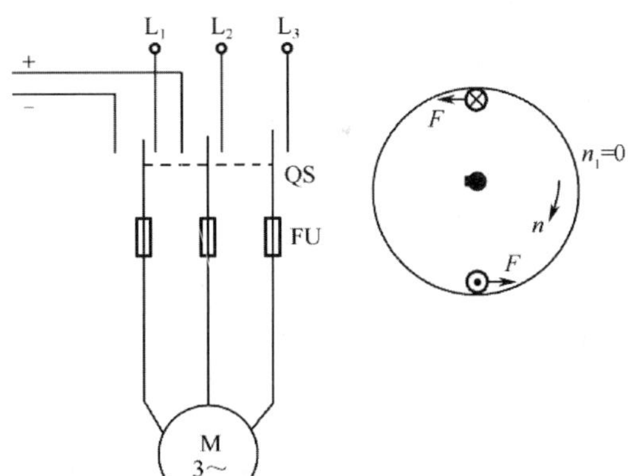

图 6-23　能耗制动

3）发电反馈制动

当三相异步电动机（如起重机）在放下重物时，由于重力作用，转子转速超过旋转磁场的同步转速，这时产生的转矩是制动转矩。因外力或惯性，转子转速大于同步转速时，转子电流和定子电流的方向都与三相异步电动机作为电动机运行时的方向相反，所以此时三相异步电动机不从电源吸收能量，而将重物的位能和转子的动能转化为电能并反馈给电网，作为发电机运行，因此该制动称为发电反馈制动，如图 6-24 所示。

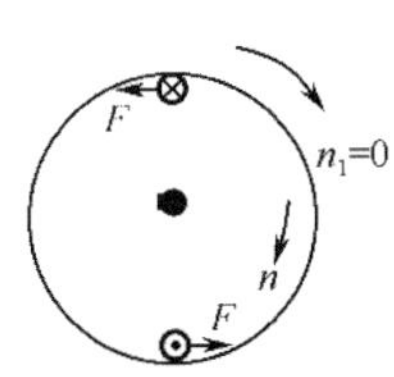

图 6-24　发电反馈制动

任务 6.3　三相异步电动机的控制

演示元件	电动机、起子、导线、万用表、尖嘴钳、开关、热继电器、交流接触器等				三相异步电动机的正、反转控制
演示方式	教师演示				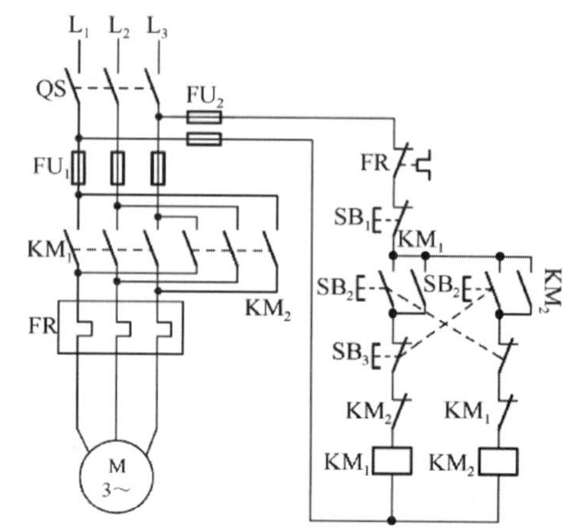
演示结果	按下按钮	SB_2	SB_3	SB_1	
	电动机	正转	反转	停转	
问题 1：通过教师演示，观察三相异步电动机的运转状况。 问题 2：了解所用元件的名称及作用。 问题 3：观察控制电路所用到的各种元件的结构。					图 6-25　三相异步电动机正、反转控制演示图

6.3.1　常用低压控制电器

低压控制电器是指工作在 1200V 以下交流或 1500V 以下直流电路中的电器，低压控制电器种类繁多、用途广泛，这里主要介绍电气控制系统中的常用低压控制电器。

1．开关

1）瓷底胶盖刀开关

瓷底胶盖刀开关主要用于频率为 50Hz，电压小于 380V，电流小于 60A 的电力电路中，常用于不需要进行频繁操作的低压电路，如用于接通和切断电源，或将电路与电源隔离；也可用于照明电路的控制和小容量电动机（功率小于 5.5kW）的直接启动与停机；还可借助熔丝起过载保护作用。

HK2 系列瓷底胶盖刀开关如图 6-26 所示。

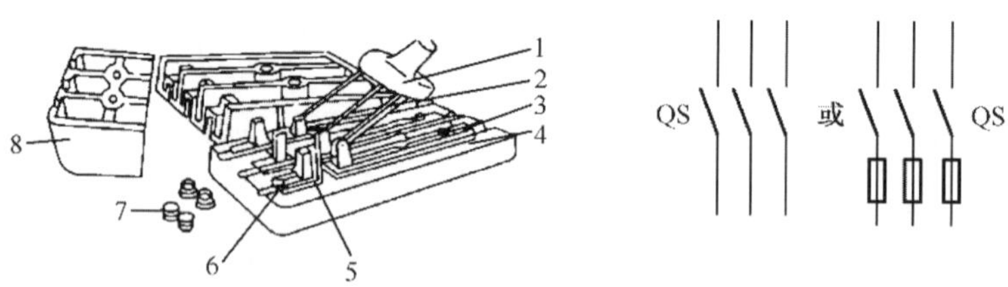

（a）外形及结构　　（b）符号

1—瓷柄；2—动触点；3—出线座；4—瓷底；5—静触点；6—进线座；7—胶盖紧固螺钉；8—胶盖。

图 6-26　HK2 系列瓷底胶盖刀开关

2）铁壳开关

将装在铁壳内的带有熔断器的刀开关称为铁壳开关，HH3 系列铁壳开关如图 6-27 所示。为了安全，铁壳盖上有一凸筋，其作用是当手柄推上，开关闭合时，不能打开铁壳盖。只有当开关断开，手柄拉下后，才能打开铁壳盖。在打开铁壳盖后，凸筋挡住手柄，此时开关无法闭合。铁壳开关常用来控制功率为 15kW 以下不频繁启动和停车的三相异步电动机。

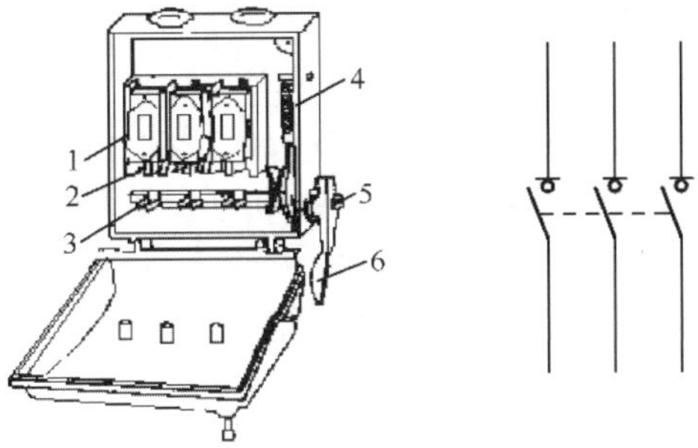

（a）外形及结构　　（b）符号

1—熔断器；2—静夹座；3—U 形开关触刀；4—弹簧；5—转轴；6—操作手柄。

图 6-27　HH3 系列铁壳开关

3）组合开关

图 6-28 所示为 HZ10 系列组合开关。组合开关也称为转换开关，它有多对动触片和静触片，分别装在由绝缘材料隔开的胶木盒内。其静触片固定在绝缘垫片上；动触片套装在有手柄的转轴上，转动手柄就可改变触片的通断位置，达到接通或断开电路的目的。组合开关可用于小容量电动机（功率为 1kW 以下）的启动控制。在机床设备中，常将组合开关作为电源的引入开关或用于照明电路的控制。

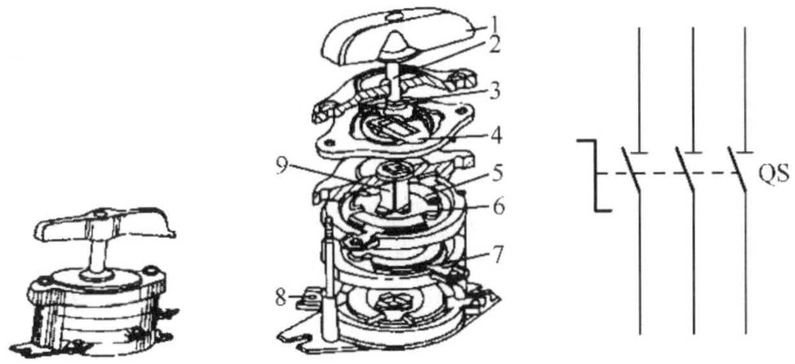

（a）外形　　（b）结构　　（c）符号

1—手柄；2—转轴；3—弹簧；4—凸轮；5—绝缘垫片；6—动触片；7—静触片；8—接线柱；9—绝缘杆。

图 6-28　HZ10 系列组合开关

4）自动空气开关

DZ20 系列自动空气开关如图 6-29 所示。自动空气开关又称为自动空气断路器。

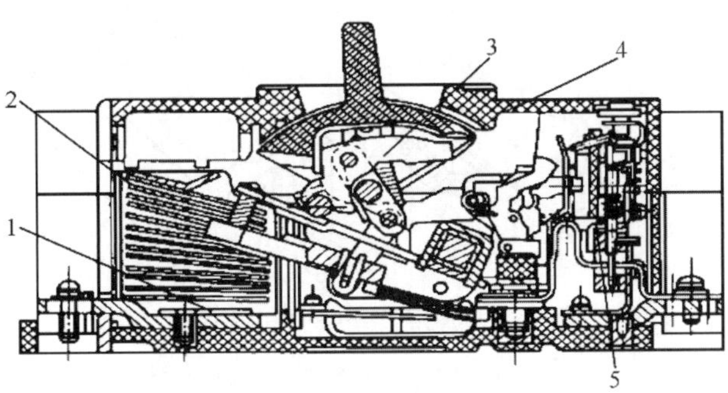

1—触点；2—灭弧罩；3—机构；4—外壳；5—脱钩器。

图 6-29　DZ20 系列自动空气开关

自动空气开关是低压配电网络和电力拖动系统中非常重要的一种电器，它具有短路、过载、欠压（失压）等保护装置，广泛应用于低压配电网络和电力拖动系统及建筑物内电源线路（照明电路）的保护等。

自动空气开关的工作原理如图 6-30 所示。当过载时，热元件使双金属片受热向上弯曲，杠杆推动搭钩脱开，锁扣在压力弹簧的作用下向左移动，使动触点断开。由于双金属片受热有一定的延时，因此适用于过载保护。当短路时，电磁脱扣器的电磁铁吸起电磁脱扣器衔铁，触动杠杆，杠杆推动搭钩断开电路。电磁脱扣器的动作是瞬时的，适用于短路保护。在电源电压过低或停电时，欠压脱扣器的电磁铁释放，欠压脱扣器衔铁被拉力弹簧拉向上方，同样触动杠杆使电路断开。欠压保护可以在电压过低不能正常运行时自动切断电路，还可以在电源停电后又重新恢复供电时，避免在无准备时线路上的所有负载同时通电启动造成事故。

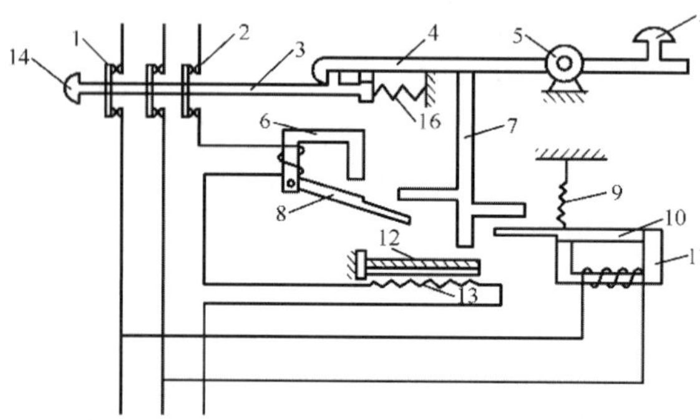

1—动触点；2—静触点；3—锁扣；4—搭钩；5—转轴座；6—电磁脱扣器；7—杠杆；8—电磁脱扣器衔铁；9—拉力弹簧；10—欠压脱扣器衔铁；11—欠压脱扣器；12—双金属片；13—热元件；14—接通按钮；15—停止弹簧；16—压力弹簧。

图 6-30　自动空气开关的工作原理

2．熔断器

1）RC1A 系列磁插式熔断器

图 6-31 所示为 RC1A 系列磁插式熔断器。该熔断器结构简单且价格低廉，熔体更换方便，一般作为短路保护元件用于电压为 500V 以下，电流为 200A 以下的电路。在使用时，电源线与负载线可分别接于熔断器瓷座的接线柱上，瓷盖动触点装上熔丝，将瓷盖插入瓷座即可。

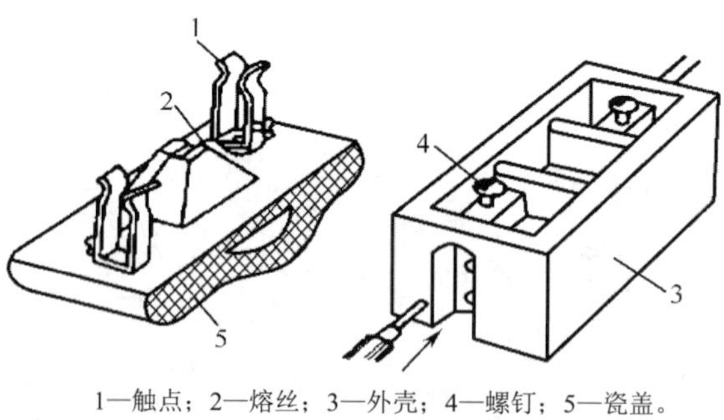

1—触点；2—熔丝；3—外壳；4—螺钉；5—瓷盖。

图 6-31　RC1A 系列磁插式熔断器

2）RL1 系列螺旋式熔断器

RL1 系列螺旋式熔断器如图 6-32 所示。该熔断器主要适用于控制箱、机床设备及振动较大的场所；也可作为短路保护元件用于电压为 500V 以下，电流为 200A 以下的电路。在熔断管内放置有熔体并填充有石英砂（用于熄灭电弧）。熔断管上有熔体熔断的信号指示装置（安装时信号指示点在上面)，熔体熔断后，信号指示点自动脱落，便于使用者发现并进行更换。

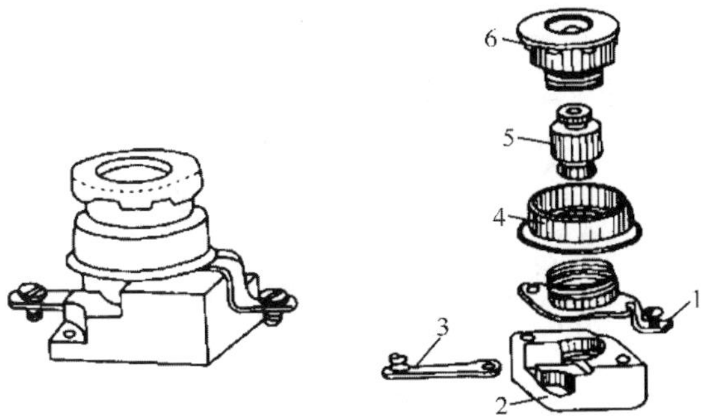

(a) 外形　　(b) 结构

1—上接线端；2—瓷底；3—下接线端；4—瓷套；5—熔体；6—瓷帽。

图 6-32　RL1 系列螺旋式熔断器

3）RM10 系列无填料封闭管式熔断器

RM10 系列无填料封闭管式熔断器如图 6-33 所示。该熔断器一般适用于低压电网和成套配电装置，可进行导线、电缆及较大容量电气设备的短路和连续过载保护。

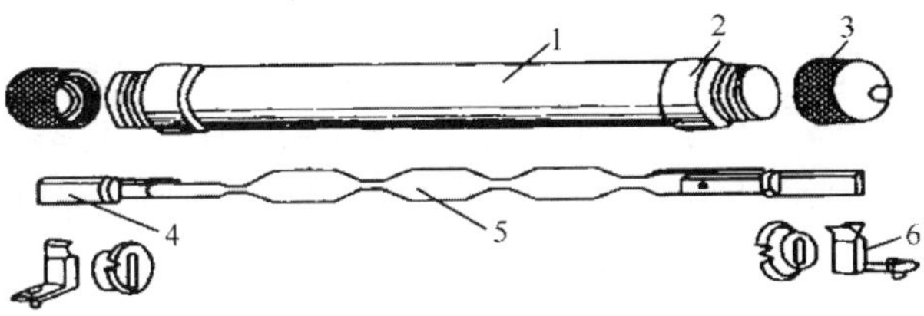

1—钢纸管；2—黄铜管；3—黄铜帽；4—插刀；5—熔体；6—夹座。

图 6-33　RM10 系列无填料封闭管式熔断器

4）RT0 系列有填料封闭管式熔断器

RT0 系列有填料封闭管式熔断器如图 6-34 所示。熔体放在全封闭的瓷管内，管内填充有石英砂，主要用于短路电流很大的电力网络或低压配电装置。

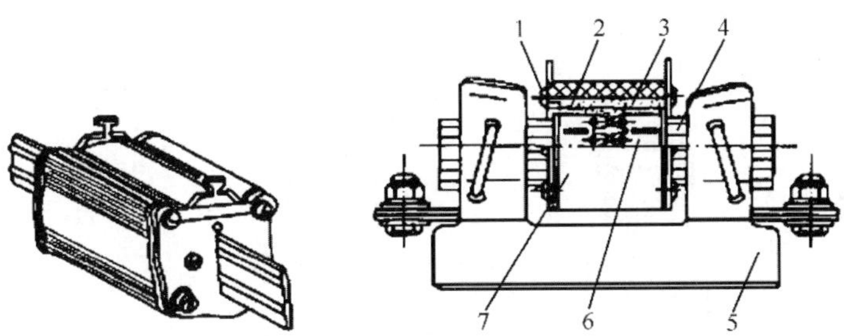

1—指示器；2—石英砂；3—指示器熔丝；4—插刀；5—底座；6—熔体；7—熔管。

图 6-34　RT0 系列有填料封闭管式熔断器

3. 交流接触器

交流接触器是利用电磁吸力及弹簧的反力作用，使触点闭合或断开的自动开关。它不仅可用来频繁地接通或断开带有负载的电路，而且能实现远距离控制，还具有失压保护的功能。接触器常作为电动机的电源开关，是自动控制系统中的重要电器。

图 6-35 所示为交流接触器。它主要由电磁部分、触点部分及灭弧罩组成。

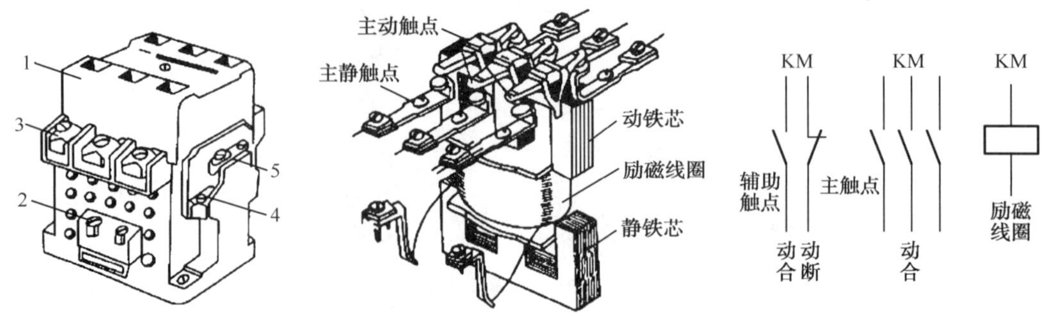

（a）外形　（b）结构　（c）符号

1—灭弧罩；2—励磁线圈接线端；3—主触点接线端；4—动合辅助触点接线端；5—动断辅助触点接线端。

图 6-35　交流接触器

电磁部分由线圈、静铁芯（下铁芯）和动铁芯（上铁芯）组成。

触点部分包括主触点和辅助触点。主触点用于通断主电路，通常为 3 对常开触点（动合触点）；辅助触点用于控制电路，起电气连锁作用，一般为 2 对常开（动合）触点和 2 对常闭（动断）触点。

灭弧罩由陶瓷制成，盖在 3 个主触点上，使产生的电弧迅速熄灭，不会外溅。

交流接触器的动作过程：当线圈通电时，产生电磁吸力，使动静铁芯吸合，并带动动触点向下运动，常闭（动断）触点断开，常开（动合）触点闭合；当线圈失电时，磁力消失，动铁芯在弹簧的作用下自动复位，各触点又恢复到原来的位置。

4. 主令电器

按钮、行程开关是在自动控制系统中发出指令或信号的操纵电器，其作用是切换控制电路，使电路接通或断开，实现对电力拖动系统的控制。

1）按钮

按钮如图 6-36 所示。其中，启动按钮是常开的，按下时即接通电路；停止按钮是常闭的，按下时即切断电路。按钮内部有复位弹簧，当去掉外力后，按钮恢复原状。

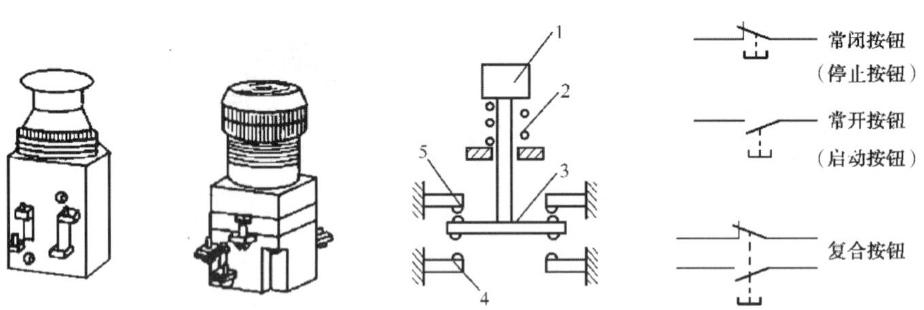

（a）外形　（b）结构示意图　（c）符号

1—按钮帽；2—复位弹簧；3—动触点；4—常开触点的静触点；5—常闭触点的静触点。

图 6-36　按钮

2）行程开关

行程开关又称为位置开关或限位开关，和按钮一样有常开和常闭触点各 1 个，靠被控制对象的运动部件按压而动作。行程开关主要用来限制机械运动的位置或行程，使运动机械按一定位置或行程自动停止、变速运动或自动往返运动等。JLXK1 系列行程开关如图 6-37 所示。

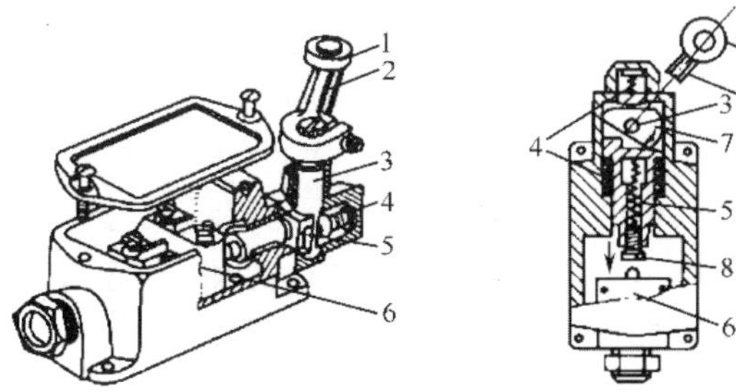

1—滚轮；2—杠杆；3—转轴；4—复位弹簧；5—撞块；6—微动开关；7—凸轮；8—调节螺钉。

图 6-37　JLXK1 系列行程开关

行程开关一般安装在某个固定的基座上，其触点接到有关的控制电路中。被它控制的生产机械运动部件上装有撞块。当撞块与行程开关的推杆（或滚轮）相撞时，推杆（或滚轮）被压下，经杠杆把行程开关内部的微动开关快速换接，发出触点通断的信号，使电动机转向，或者改变转速，或者停止运转。

5．继电器

继电器是一种根据电信号或非电信号的变化来接通或断开小电流电路的自动控制电器。常用的继电器主要有 JS7 系列时间继电器、热继电器等。

1）JS7 系列时间继电器

JS7 系列时间继电器如图 6-38 所示。该继电器主要适用于需要按时间顺序进行控制的电气控制系统。JS7 系列时间继电器接收控制信号后，能使触点按要求延时动作。

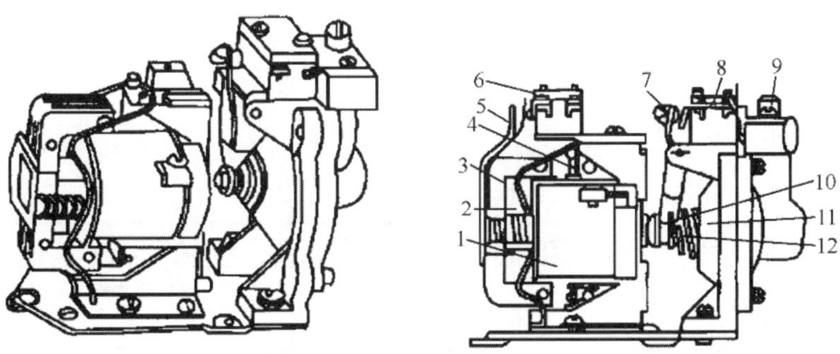

（a）外形　　　　（b）结构示意图

1—线圈；2—反作用弹簧；3—衔铁；4—铁芯；5—弹簧片；6—瞬时触点；7—杠杆；8—延时触点；9—调节螺钉；10—推板；11—推杆；12—宝塔弹簧。

图 6-38　JS7 系列时间继电器

JS7 系列时间继电器有通电延时和断电延时两种，JS7 系列通电延时继电器的动作过程：当线圈通电后，铁芯吸引衔铁向下运动，使衔铁与杠杆之间出现空气隙，顶杆在释放弹簧的作用下，带动活塞向下移动。由于活塞下方固定有一层橡皮膜，因此当活塞向下移动时，橡皮膜上方空气变稀薄，压力减小，而下方的压力增大，限制了活塞的下移速度。随着空气从进气孔缓慢进入，活塞不断地慢慢下移，直至顶杆压下杠杆，使触点动作。可见，从线圈通电开始到触点动作需要经过一段时间，即为继电器的延时。旋转调节螺钉，改变进气孔大小，就可调节延时的长短。因为线圈断电后复位弹簧使橡皮膜上升，空气从单向排气孔迅速排出，不产生延时作用，所以触点瞬时复位。

2）热继电器

热继电器如图 6-39 所示。

热元件串联在给电动机供电的主电路中，当电动机过载时，热继电器中的热元件发热，使热膨胀系数不同的双金属片由于温度升高而变形，并向上弯曲，脱离转杆，转杆在弹簧的作用下绕轴逆时针转动，使原来一直处于闭合的动、静触点断开，从而控制电路切断，使交流接触器主触点断开，电动机停转。

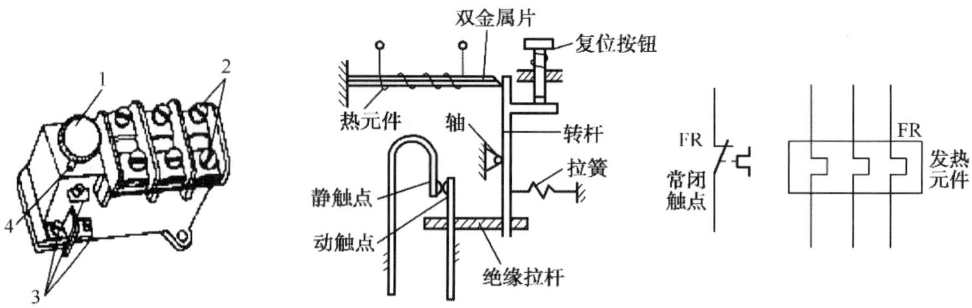

（a）外形　　（b）结构示意图　　（c）符号

1—电流调节钮；2—主电路接线端；3—继电器触点接线端；4—复位按钮。

图 6-39　热继电器

在热继电器动作后，若电动机故障已排除，则可通过手动复位或自动复位使继电器复位，手动复位或自动复位功能可通过调节复位螺钉切换。

6.3.2　实训器材的准备

常用实训器材如表 6-1 所示。

表 6-1　常用实训器材

代　号	名　称	数　量	代　号	名　称	数　量
QS	电源开关	1 个	FR	热继电器	1 个
FU	熔断器	5 个	KM	交流接触器	2 个
SB	按钮	3 个	KT	时间继电器	1 个
	电工常用工具	1 套		实训控制台	1 套
	三相异步电动机	1 台		端口排、线槽、导线	适量

实训 1　点动控制与直接启动控制

1．实训目的

（1）通过实训熟悉三相异步电动机的工作原理。

（2）熟悉按钮、交流接触器、热继电器等的工作原理。

（3）熟悉简单的电动机控制方法，并比较两种控制电路的不同之处。

2．实训要求

先接点动控制电路，再接直接启动控制电路；用按钮控制，有过流、过载保护。

（1）根据控制要求，按图 6-40 和图 6-41 所示的电路分别接线。

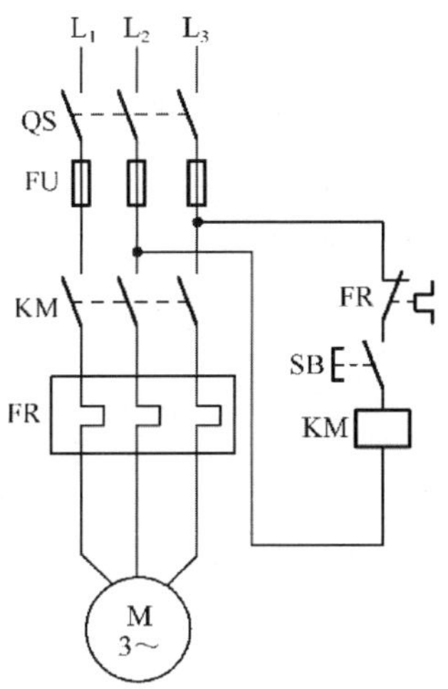

图 6-40　点动控制电路

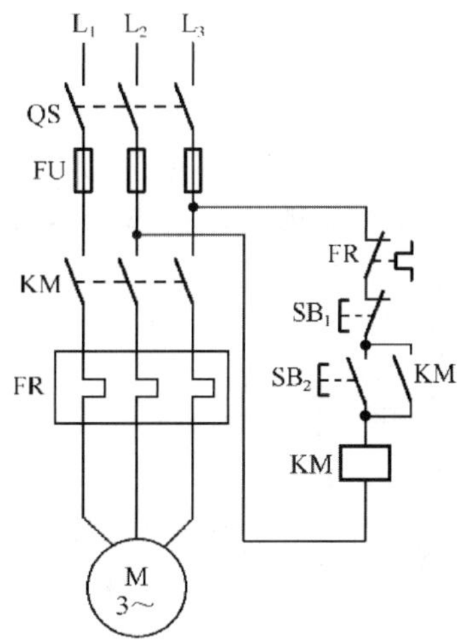

图 6-41　直接启动控制电路

（2）布线要求：先接主电路，再接控制电路；连接各元件的导线长度适中，裸露部分要少。螺钉在压接后裸露长度要小于 1mm，线头连接要牢固到位。

3．实训步骤和方法

先检查电路，确定无误后再通电。点动控制过程如图 6-42 所示。

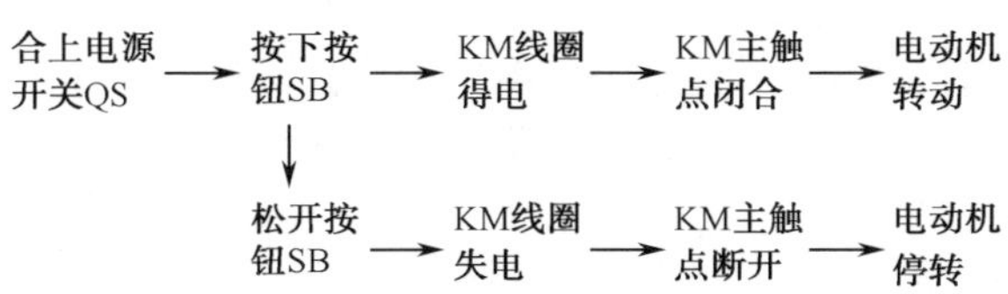

图 6-42　点动控制过程

直接启动控制过程如图 6-43 所示。

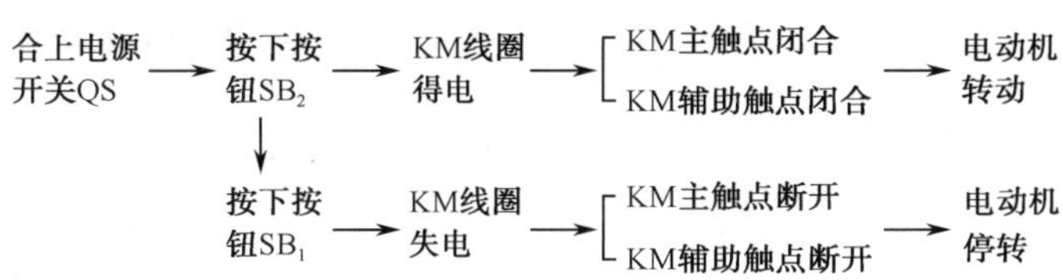

图 6-43　直接启动控制过程

4．实训报告

（1）根据实训过程总结两种控制方法的不同之处。

（2）总结启动按钮与停止按钮在控制电路中的连接方式的不同之处。若想对一台电动机进行多地点控制，则应该怎样改进控制电路？

实训2　三相异步电动机的正、反转控制电路

1. 实训目的

（1）通过实训掌握三相异步电动机的工作原理。

（2）思考采用电气互锁的目的，以及若不采用电气互锁有可能发生的严重后果。

2. 实训要求

先接利用交流接触器实现互锁控制的三相异步电动机正、反转控制电路；再接利用复式按钮实现互锁控制的三相异步电动机正、反转控制电路，并有过流、过载保护。

（1）根据控制要求，按图6-44与图6-45所示的电路分别接线。

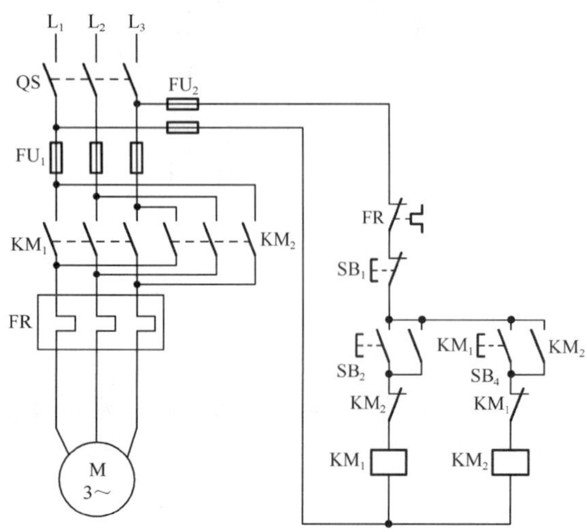

图6-44　三相异步电动机的正、反转控制电路

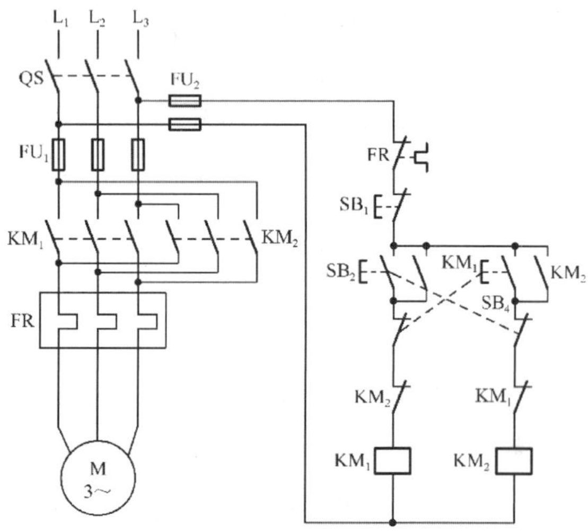

图6-45　双重互锁的正反转控制电路

（2）布线要求：先接主电路，再接控制电路；连接各元件的导线长度适中，裸露部分要少。螺钉在压接后裸露长度要小于1mm，线头连接要牢固到位。

3. 实训步骤和方法

先检查电路，确定无误后再通电，双重互锁控制过程如图6-46所示。

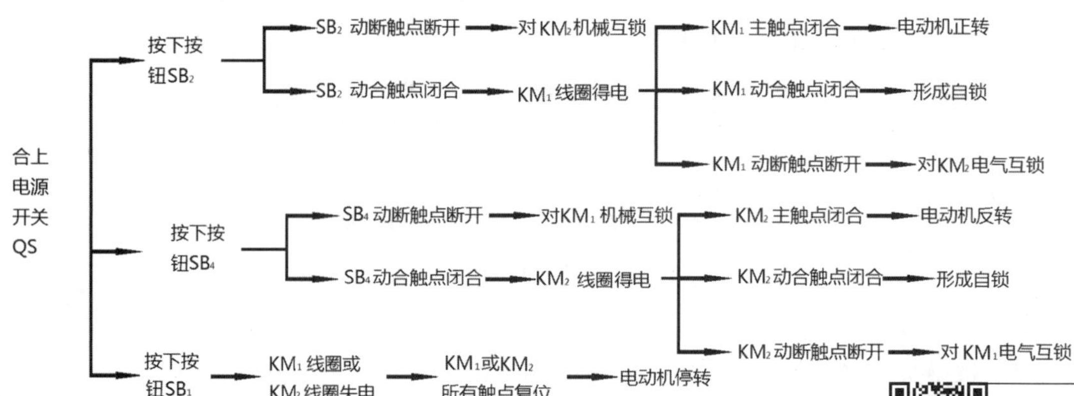

扫一扫，做做练习

图6-46　双重互锁控制过程

4．实训报告

（1）根据实训过程总结两种互锁控制方法的不同之处。

（2）熟悉电动机正、反转控制电路，并比较用两种互锁控制电路的不同之处，以及启动按钮与停止按钮在控制电路中连接方式的不同之处。

实训 3　三相异步电动机的延时控制电路

1．实训目的

（1）通过实训熟悉时间继电器的工作原理。

（2）熟悉三相异步电动机的 Y-△降压启动工作原理和接线方法。

2．实训要求

用交流接触器和时间继电器实现三相异步电动机的 Y-△降压启动。要求：Y 与△两种连线实现互锁；有过流、过载保护。

（1）根据控制要求，按图 6-47 所示的电路接线。

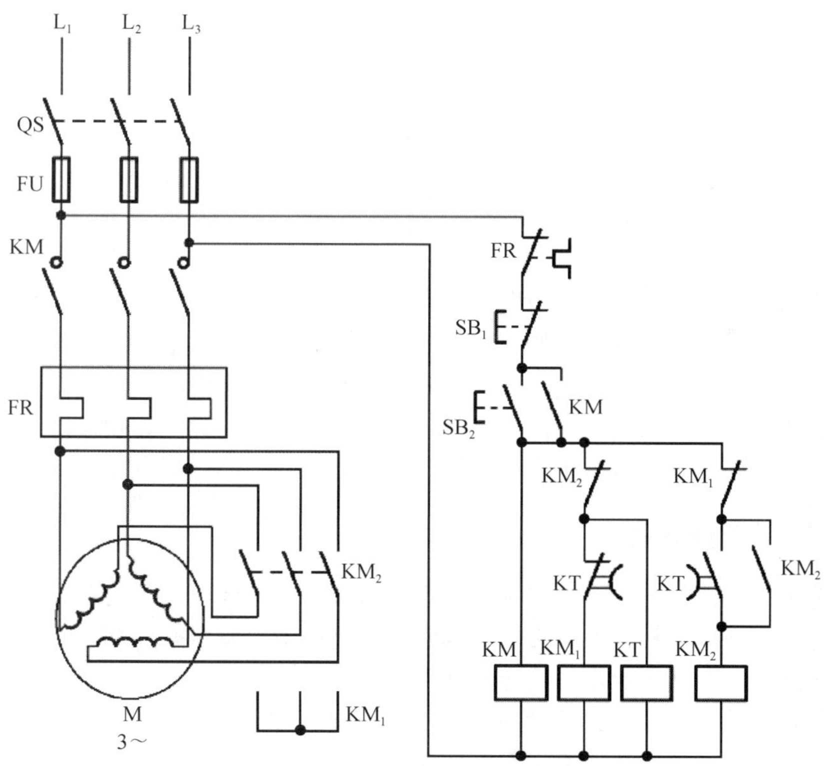

图 6-47　三相异步电动机的 Y-△降压启动控制电路

（2）布线要求：先接主电路，再接控制电路；连接各元件的导线长度适中，裸露部分要少。螺钉在压接后裸露长度要小于 1mm，线头连接要牢固到位。

3．实训步骤和方法

先检查线路，确定无误后再通电。Y-△降压启动控制过程如图 6-48 所示。

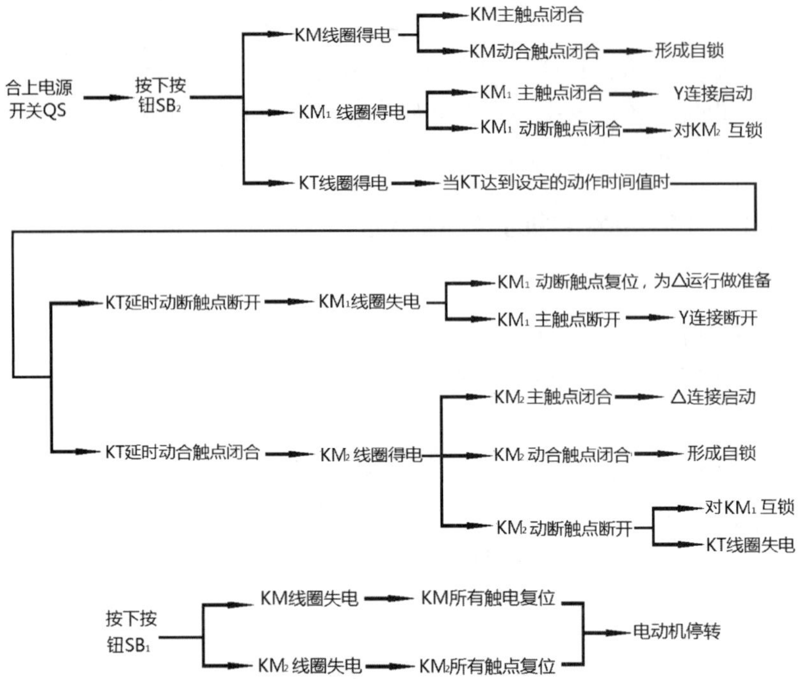

图 6-48　Y-△降压启动控制过程

任务 6.4　安全用电常识

安全用电包括供电系统安全、用电设备安全及人身安全三个方面，它们是密切相关的。供电系统的故障可能导致用电设备的损坏和人身伤亡等重大安全事故。当发生人体触电时，轻则烧伤，重则死亡；当发生用电设备事故时，轻则损坏用电设备，重则引起火灾或爆炸，导致电力系统小范围或大范围停电，造成严重的社会灾难。为此，必须掌握一定的安全用电常识，采取各种安全保护措施，防止可能发生的用电事故，确保用电安全。

6.4.1　安全操作规程

国家有关部门颁布了一系列的电工安全操作规程，各地区电业部门及各单位主管部门也对电气安全有明确规定，相关人员必须认真学习，严格遵守安全操作规程。为避免违章作业引起触电，应熟悉以下基本的电工安全操作要点。

（1）上岗时必须穿戴规定的防护用品，不同岗位的安全用具及防护用品有所不同。

（2）一般不允许带电作业，若确实需要带电作业，则应采取必要的安全措施，如尽可能单手操作，穿绝缘靴，将导电体与接地体用橡胶毡隔离等，并需要专人监护。

（3）在电路、设备上工作时要切断电源，经测电笔测试无电，并挂上警告牌（如有人操作、严禁合闸）后方可进行工作，任何电气设备在未确认无电以前，均处理为有电状态。

（4）在按规定接临时线而进行敷设时应先接地线，拆除时应先拆除相线，拆除的电线要及时处理，带电的线头需要用绝缘带包扎。严禁乱拉临时线。

（5）在使用电烙铁时，电烙铁的安放位置或靠近电气设备处不得有易燃物，用完电烙铁后要及时拔掉插头。

（6）高空作业时应系好安全带。扶梯应有防滑措施。

6.4.2　安全用电的基本措施

1）合理选用导线和熔丝

各种导线和熔丝的额定电流值可以从手册中查得。在选用导线时，应使其载流能力大于实际输电电流。熔丝额定电流应与最大实际输电电流相符，切不可用导线或铜丝代替。按表 6-2 所示的特定导线的标记及规定选择导线的颜色。

表 6-2　特定导线的标记及规定

电路及导线名称		标　记		颜　色
		电源导线	电器端子	
交流三相电路	1 相	L_1	U	黄色
	2 相	L_2	V	绿色
	3 相	L_3	W	红色
零线或中线		N		淡蓝色
直流电路	正极	L_+		棕色
	负极	L_-		蓝色
	接地中线	M		淡蓝色
接地线		E		黄和绿双色
保护接地线		PE		
保护接地线和中线共用一线		PEN		
整个装置及设备的内部布线一般推荐				黑色

2）正确安装和使用电气设备

认真阅读使用说明书，按有关安全操作规程正确安装和使用电气设备。例如，严禁带电部分裸露，注意保护绝缘层，防止绝缘电阻值降低而产生漏电现象，按规定进行接地保护等。

3）开关必须接相线

单相电器的开关必须接在相线（俗称火线）上，切不可接在零线上，以便在开关断开状态下维修及更换电器，减少触电的可能。

4）合理选择照明灯电压

在不同的环境下按规定选用安全电压，在工矿企业中，一般机床照明灯的电压为 36V，移动灯具等电源的电压为 24V，特殊环境下照明灯的电压还可以为 12V 或 6V。

5）防止跨步电压触电

应距离断落地面的高压电线 8～10m，不得随意触摸高压电气设备。

6.4.3　触电的原因及危害

1）触电的原因

（1）违章作业，不遵守有关安全操作规程和电气设备安装及检修规程等。

（2）误接触到裸露的带电导体。

（3）接触到因接地线断路而使金属外壳带电的电气设备。

（4）偶然性事故，如电线断落触及人体。

2）触电的危害

（1）电击。电击是指电流通过人体内部，影响心脏、呼吸和神经系统的正常功能，造成人体内部组织的损坏，甚至危及生命。

电击是因电流通过人体而引起的，它造成人体伤害的严重程度与电流的大小、频率，以及通电的持续时间、流过人体的路径、人体本身的情况有关。通过人体的电流越大，触电时间越长，危险就越大。当电流通过心脏、脊椎和中枢神经等要害部位时，触电的伤害最为严重，通常认为从左手到右脚是最危险的路径，从一只手到另一只手也是很危险的路径。对于工频交流电，根据通过人体电流的不同状态，可将其分为感知电流、摆脱电流和致命电流三级。

① 感知电流：能引起人体知觉的最小电流。当成人身体内通过1mA的电流时，就会有麻木的感觉。

② 摆脱电流：人体触电后能自主摆脱的最大电流，对于成人来说，该电流约为10mA。根据国家标准，漏电保护器、家用电器均将10mA作为摆脱（断开电源）电流的临界值。

③ 致命电流：在短时间内危及生命的最小电流。国际电工委员会将30mA作为实用的安全电流临界值。

（2）电伤。电伤是指人体外部受伤，如电弧灼伤、与带电体接触后的电斑痕及在大电流下熔化而飞溅的金属对皮肤的烧伤等。

3）常见触电方式

触电大致可分为单线触电、双线触电及跨步电压触电三种。

（1）单线触电。人体接触三相电源中的某一根相线，同时和大地相接触，就形成单线触电。此时电流自相线经人体、大地、接地极、中线形成回路，如图6-49所示。因为现在广泛采用三相四线制供电，且中线一般都接地，所以发生单线触电的可能性较大。此时人体承受的电压是相电压，在低压动力线路中为220V。

（2）双线触电。人体同时接触三相电源中的两根相线就形成双线触电，如图6-50所示。此时人体承受的电压是线电压，在低压动力线路中为380V。此时通过人体的电流更大，而且电流的大部分流经心脏，所以双线触电比单线触电更危险。

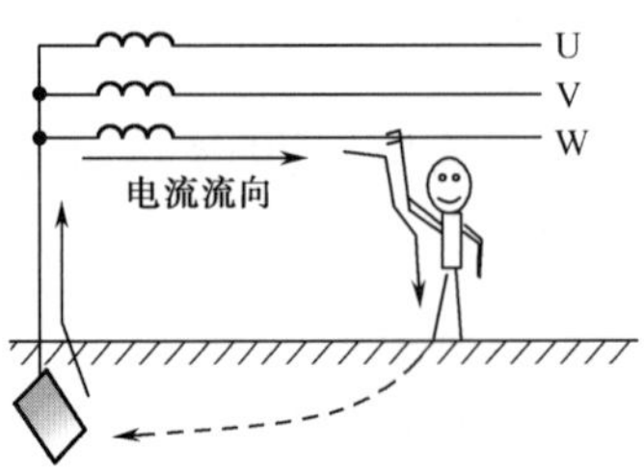

图6-49　单线触电

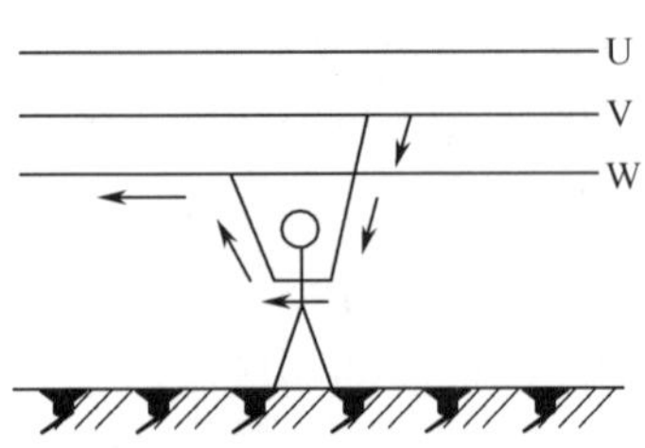

图6-50　双线触电

（3）跨步电压触电。在高压电线接触地面时，电流在接地点附近的15～20m范围内将产生电压降，当人体接近此范围时，两脚之间承受一定的电压，此电压称为跨步电压。由跨步电压引起的触电称为跨步电压触电，如图6-51所示。跨步电压触电一般发生于高压设备附近，人体离接地体越近，跨步电压越大。因此，在遇到高压设备时应慎重对待，避免发生跨步电压触电。

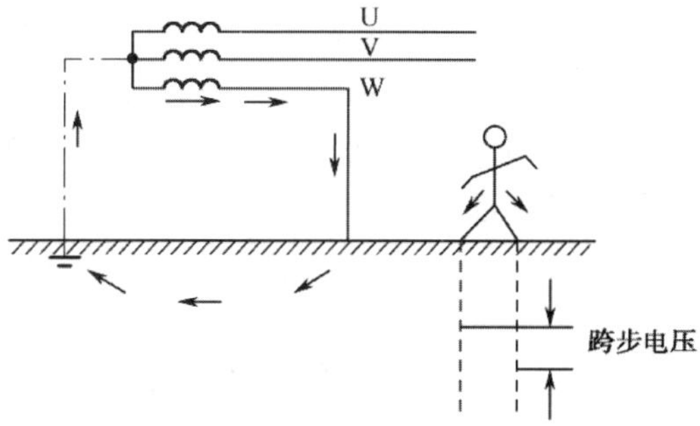

图 6-51　跨步电压触电

【例题 6-2】在 380/220V 的供电线路上，接有家用电器（如电冰箱及洗衣机），它们都有接零保护。若零线在两者之间发生断线，洗衣机有金属外壳，如图 6-52 所示，则当人体触及洗衣机的金属外壳时是否会触电？为什么？此时应采取怎样的措施？

【解】当人体触及洗衣机的金属外壳时会发生单线触电事故，如图 6-53 所示。

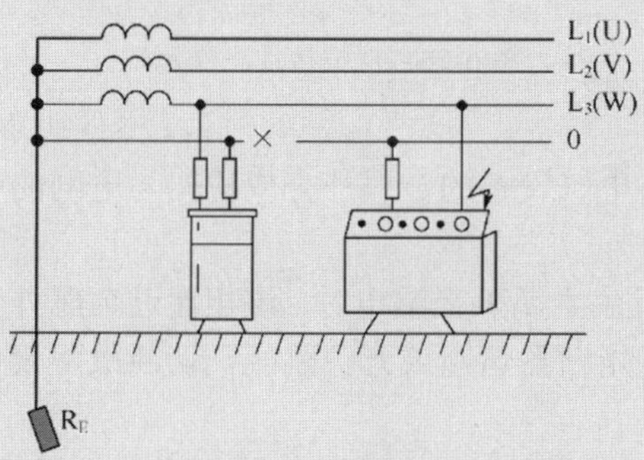

图 6-52　例题图

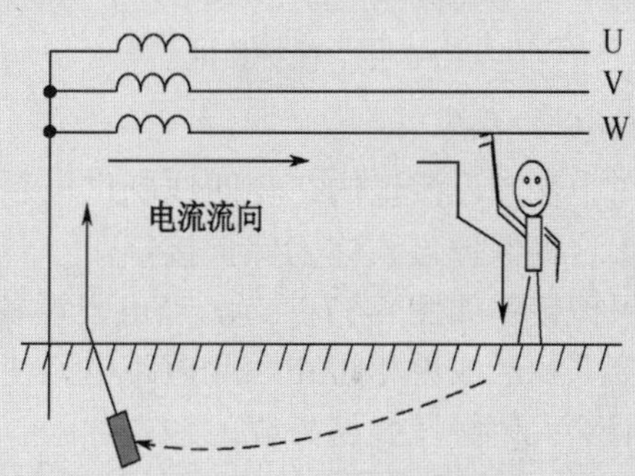

图 6-53　单线触电事故

当洗衣机的金属外壳带电时，只要将洗衣机的金属外壳接地，此时人体虽然触及该带电外壳，但是人体电阻远大于接地电阻，通过人体的电流非常小，就可以避免触电事故，如图 6-54 所示。

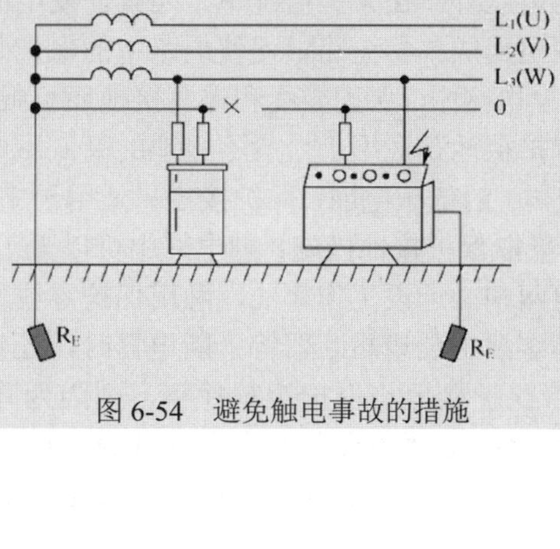

图 6-54　避免触电事故的措施

6.4.4 保护接地与保护接零

1）保护接地

在中性点不接地的低压（1kV 以下）供电系统中，将电气设备的金属外壳或构架与接地体良好连接，称为保护接地。

通常接地体是钢管或角钢，接地电阻不允许超过 4Ω。保护接地如图 6-55 所示，当人体触及设备外壳时，漏电流自外壳经接地电阻和人体电阻流入大地，因为人体电阻远远大于接地电阻，所以流经人体的电流非常小，如图 6-56 所示。合理选择接地电阻，可以降低甚至消除触电的危险性。

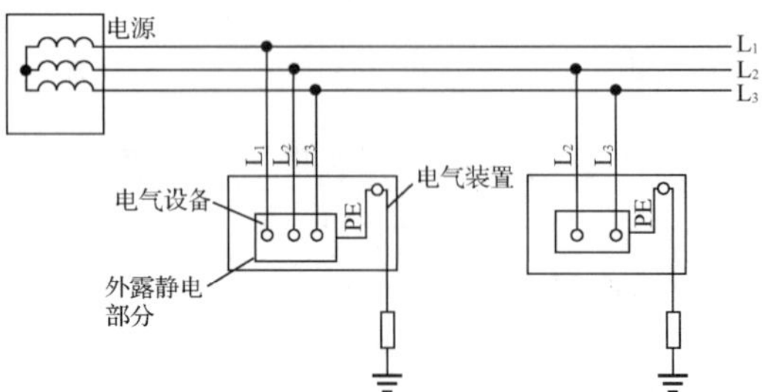

图 6-55 保护接地

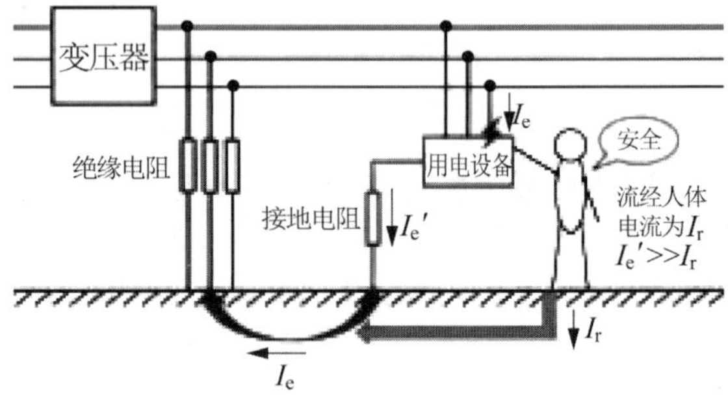

图 6-56 保护接地工作原理

2）保护接零

在中性点已接地的三相四线制供电系统中，将电气设备的金属外壳或构架与电网的中线相连，这种保护方式称为保护接零。

保护接零如图 6-57 所示，当电气设备的一相发生金属外壳漏电时，该相通过金属外壳与保护接零线形成单相短路，此短路电流使线路上的熔断器熔断或开关跳闸，切断故障设备电源，消除人体触及金属外壳的触电危险。

注意：由于家庭供电系统一般是中性点接地系统，因此家庭用电只能选择保护接零，而不能选择保护接地。

3）保护接地和保护接零的区别

（1）原理不同。保护接地限制设备漏电后的对地电压，使之不超过安全范围。在高压系统中，保护接地除限制对地电压外，在某些情况下，还有促使电网保护装置动作的作用；保护接零借助接零线使设备漏电形成单相短路，促使电路中的保护装置动作，以及切断故障设备的电源。此外，在保护接零电网中，保护零线和重复接地还可限制设备漏电时的对地电压。

（2）适用范围不同。保护接地既适用于一般不接地的高低压电网，也适用于采取了其他安全措施（如装设漏电保护器）的低压电网；保护接零只适用于中性点直接接地的低压电网。

（3）线路结构不同。若采取保护接地措施，则电网中可以无工作零线，只设保护接地线；若采取保护接零措施，则电网中必须设工作零线，利用保护零线作接零保护。保护零线不应接开关、熔断器，当在工作零线上装设熔断器等开断电器时，还必须另装重复接地。

在同一供电系统中，若保护接地与保护接零并存，则因为同时采用了接地与接零两种不同保护方式，所以当实行保护接地的设备发生金属外壳漏电时，零线的对地电压将会升高到电源相电压的一半或更高。这时，实行保护接零（直接与零线相接）的所有设备便会带有同样高的电位，使设备的金属外壳等部分呈现较高的对地电压，从而危及操作人员的安全，如图 6-58 所示。因此，在同一低压配电系统中，保护接零与保护接地这两种不同的方式一定不能混用。

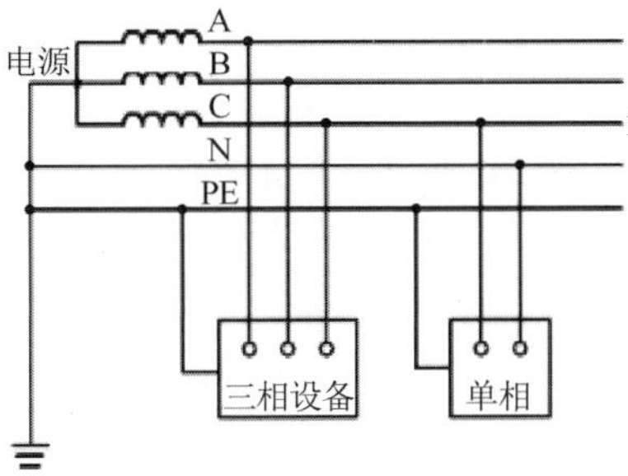

图 6-57　保护接零

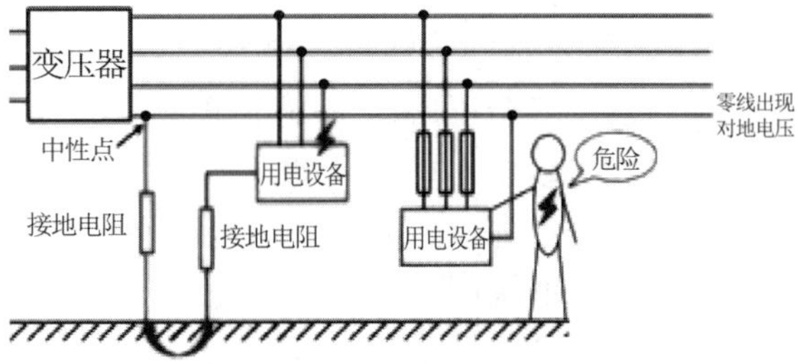

图 6-58　保护接地和保护接零混用

内容回顾

1. 三相异步电动机的结构及工作原理

（1）结构：定子是由硅钢片叠成的铁芯，沿轴向开槽，嵌入三相对称绕组，六个绕组端头引入机壳一侧的接线盒，可连接成△形或 Y 形。转子是由内圆上开槽的硅钢片叠成的，槽内放导体条，两头短接，形成笼型短路绕组，通常为铸铝转子。

旋转磁场：空间中互差 120°的三相对称绕组通入三相对称电流即可产生旋转磁场。旋转磁场的转动方向由三相对称电流的相序决定，将三相电源线中任意两相对调，电动机的转向即可发生改变。旋转磁场的转速为

$$n_1=\frac{60f_1}{p}$$

（2）转动原理：转子导体在旋转磁场中切割磁力线产生感应电动势，因转子绕组短路而产生感应电流，电流在磁场中受力，对转轴形成转矩使转子转动。为保持转子导体在旋转磁场中切割磁力线，转子转速总是小于旋转磁场的转速，即 $n<n_1$，故这种电动机称为三相异步电动机或感应电动机。转差率为

$$s=\frac{n_1-n}{n_1}$$

2. 三相异步电动机的应用

1）三相异步电动机的特性

电磁转矩为

$$T=KU_1^2\frac{sR_2}{R_2^2+s^2X_{20}^2}$$

由此可得出三相异步电动机的转矩特性曲线。

可根据额定转矩 $T_N=9550\frac{P_N}{n_N}$（N•m）和启动能力及过载系数，求出最大转矩和启动转矩。

机械特性：机械特性曲线上有两个运行区域，分为稳定区与不稳定区，当电动机正常运行时，其在稳定区工作，能根据负载的变化自动调整转速和转矩，维持稳定运行，从空载到满载的过程中，转速 n 一般降低 1%~7%，变化很小，称为硬机械特性。外加电源电压的波动对电动机的转矩有明显的影响，$T\propto U^2$。

2）三相异步电动机的启动

直接启动（全压启动）：方法简单，启动电流大，启动转矩尚可，一般用于功率在 10kW 以下的三相异步电动机的启动。

降压启动：先低压启动，后全压运行。启动电流随降压而减小，但启动转矩与电压的平方成正比，降低幅度较大，对启动不利，因此降压幅度必须适当。常用的降压方法有 Y-△换接、自耦变压器启动法等。

3）三相异步电动机的调速

变频调速：可以做到宽范围平滑调速，用晶闸管变频电源供电，是广泛应用的方法。

变极调速：只能实现分级调速，一般为双速，最多为四速。

变转差率调速：只有很小的调速范围。

4）三相异步电动机的制动

能耗制动：三相异步电动机在切断工作电源后迅速接到直流电源上，直至三相异步电动机停转，将直流电源切断。

反接制动：三相异步电动机在切断工作电源后，迅速接入相序相反的电源，在三相异步电动机停转时必须立即切断电源以避免反转。

5）三相异步电动机的铭牌参数

主要参数：型号、额定功率 P_{2N}、额定电压 U_N、额定电流 I_N、额定转速 n_N、额定频率 f_N、接法等。

铭牌上除了标注上述主要参数，还常标注有绝缘等级、防护等级等。

3．常用低压控制电器

（1）常用开关：开启式负荷开关（瓷底胶盖刀开关）、封闭式负荷开关（铁壳开关）、转换开关（组合开关）、自动空气断路器（自动空气开关），有过载、短路、失压保护功能。

（2）熔断器：内装熔体，主要用于短路保护。熔体的额定电流应小于或等于熔断器的额定电流。常用的有 RC1A 系列磁插式熔断器、RL1 系列螺旋式熔断器、RM10 系列无填料封闭管式熔断器、RT0 系列有填料封闭管式熔断器等。

（3）交流接触器、继电器（热继电器、时间继电器）。

（4）按钮、行程开关等主令电器。

（5）继电接触控制电路。

（6）点动控制电路，直接启动控制电路，正、反转控制电路，以及用行程开关实现位置控制的电路、用时间继电器实现延时控制的电路等。

4．安全用电常识

（1）安全操作规程。

（2）安全用电的基本措施。

（3）触电的原因及危害。

（4）保护接地与保护接零。

典型例题解析

【典例 6-1】 有一台六极三相交流异步电动机，试问它的旋转磁场在交流电变化一周期的时间内转过的空间角度为多少？旋转磁场的转速为多大？若满载转速为 950r/min，试求额定负载时的转差率。

【解】 根据题意，得到磁极对数 $p=3$。

旋转磁场在交流电变化一周期的时间内转过的空间角度为

$$\varphi=\frac{360°}{p}=\frac{360°}{3}=120°$$

旋转磁场的转速为

$$n_1=\frac{60f}{p}=\frac{60\times 50}{3}=1000\ (\text{r/min})$$

转差率为

$$s=\frac{n_1-n}{n_1}=\frac{1000-950}{1000}=0.05$$

【典例 6-2】 三相异步电动机的 $P_N=12\text{kW}$，$n_N=980\text{r/min}$，$I_N=24.6\text{A}$，$U_N=380\text{V}$，该电动机为△连接，$\cos\varphi=0.83$，$T_{st}/T_N=1.8$，$T_m/T_N=2.0$，求 η_N、T_N、T_{st}、T_m。

【解】 输入功率为

$$P_{1N}=\sqrt{3}U_{1N}I_{1N}\cos\varphi=\sqrt{3}\times 380\times 24.6\times 0.83\approx 13.44\ (\text{kW})$$

该电动机的效率为

$$\eta_N=\frac{P_N}{P_{1N}}\times 100\%=\frac{12\times 10^3}{13.44\times 10^3}\times 100\%\approx 89.3\%$$

该电动机的额定转矩为

$$T_N=9550\frac{P_N}{n_N}=9550\times\frac{12}{980}\approx 116.9\ (\text{N·m})$$

该电动机的启动转矩为

$$T_{st}=1.8\times T_N=1.8\times 116.9\approx 210.4\ (\text{N·m})$$

该电动机的最大转矩为

$$T_m=2\times T_N=2\times 116.9=233.8\ (\text{N·m})$$

【典例 6-3】 有一台三相异步电动机，$P_N=11\text{kW}$，$n_N=1460\text{r/min}$，$U_N=380\text{V}$，该电动机为△连接，$\eta_N=88\%$，$\cos\varphi_N=0.84$，$T_{st}/T_N=2$，$I_{st}/I_N=7$。试求：（1）I_N 和 T_N；（2）该电动机用 Y-△换接启动法启动时的启动电流和启动转矩；（3）当负载转矩为额定转矩的 70%和

60%时，该电动机能否Y启动。

【解】（1）该电动机的输入功率为

$$P_{1N}=\frac{P_N}{\eta_N}=\frac{11}{0.88}=12.5\ (\text{kW})$$

根据

$$P_{1N}=\sqrt{3}U_N I_N\cos\varphi_N=\sqrt{3}\times 380\times I_N\times 0.84\approx 12.5\ (\text{kW})$$

得

$$I_N\approx 22.6\text{A}$$

该电动机的额定转矩为

$$T_N=9550\frac{P_N}{n_N}=9550\times\frac{11}{1460}\approx 72\ (\text{N·m})$$

（2）对于△连接，该电动机的启动电流为

$$I_{st}=7I_N=7\times 22.6=158.2\ (\text{A})$$

该电动机的启动转矩为

$$T_{st}=2T_N=2\times 72=144\ (\text{N·m})$$

对于Y连接，该电动机的启动电流为

$$I_{stY}=\frac{1}{3}I_{st\triangle}=\frac{1}{3}\times 158.2\approx 52.7\ (\text{A})$$

该电动机的启动转矩为

$$T_{stY}=\frac{1}{3}T_{st\triangle}=\frac{1}{3}\times 144=48\ (\text{N·m})$$

（3）当负载转矩为额定转矩的70%时，有

$$T_{L1}=0.7T_N=0.7\times 72=50.4\ (\text{N·m})$$

由于$T_{stY}<T_{L1}$，因此该电动机不能Y启动。

当负载转矩为额定转矩的60%时，有

$$T_{L2}=0.6T_N=0.6\times 72=43.2\ (\text{N·m})$$

由于$T_{stY}>T_{L2}$，因此该电动机能Y启动。

【典例6-4】分析图6-59中的控制电路是否有错误，若有错误，请改正。

【解】图6-59（a）中的错误是交流接触器得电后KM常开触点闭合，使启动按钮SB_2与停止按钮SB_1不起作用。

图6-59（b）中的错误是交流接触器得电后KM常开触点闭合，使停止按钮SB_1不起作用。

图6-59（c）中的错误是交流接触器得电后KM常开触点闭合，使交流接触器线圈失电。

图6-59（d）中的错误是启动按钮SB_2不起作用。

图6-59（e）正确。

图6-59（f）中的错误是交流接触器得电后KM常开触点闭合，使交流接触器线圈失电。

图6-60所示为典例6-4的改正图。

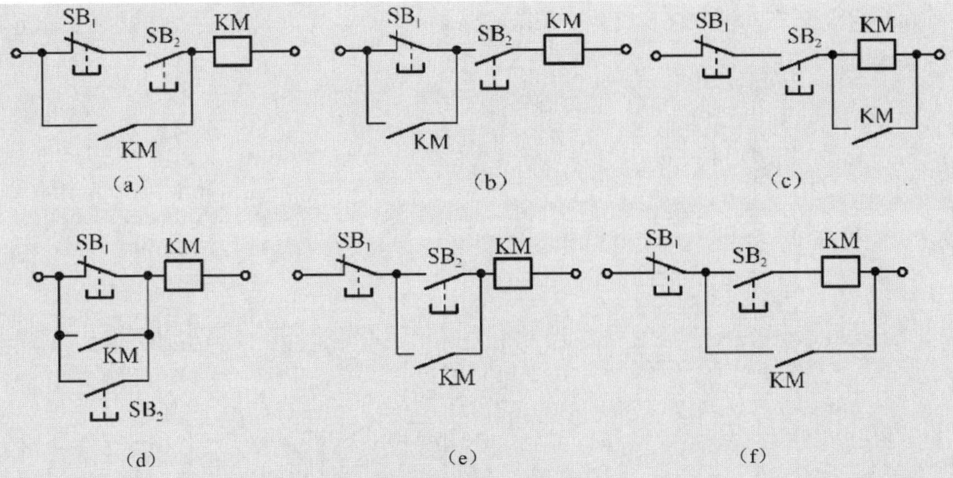

图 6-59　典例 6-4 图

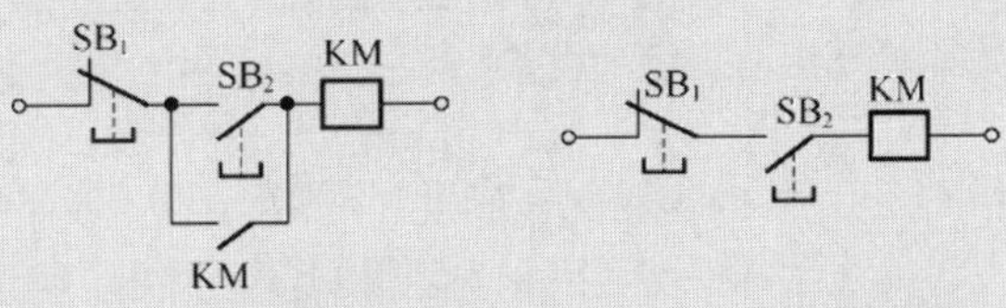

(a) 启、停控制电路　　(b) 点动控制电路

图 6-60　典例 6-4 的改正图

【典例 6-5】图 6-61 是电动机正、反转控制电路，指出图中的错误，并加以改正。

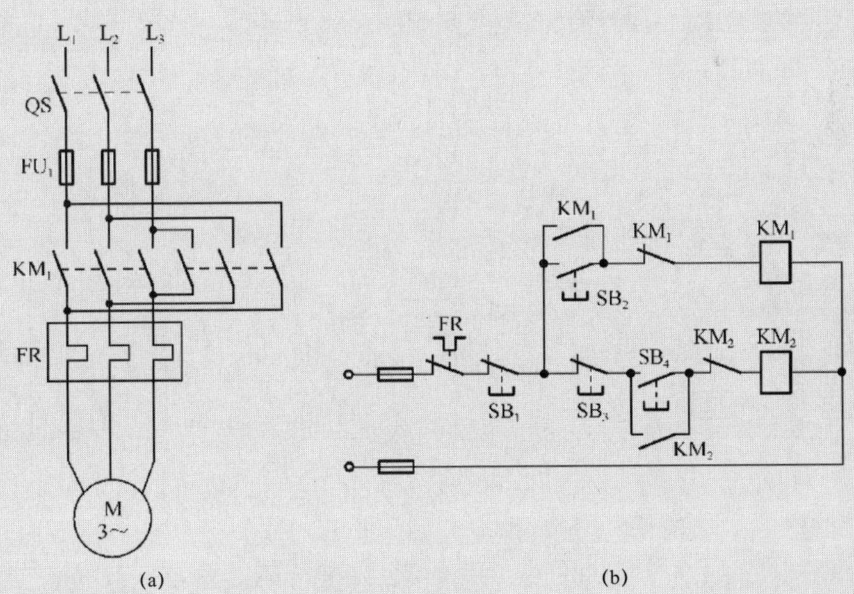

图 6-61　典例 6-5 图

【解】图 6-61（a）中的错误是 KM_1、KM_2 常开触点闭合，使电动机的转动方向一样。图 6-61（b）中的错误是不能使交流接触器的线圈得电。

典例 6-5 的改正图如图 6-62 所示，图 6-62（a）可以实现电动机的正、反转；图 6-62（b）可以实现双重互锁控制。

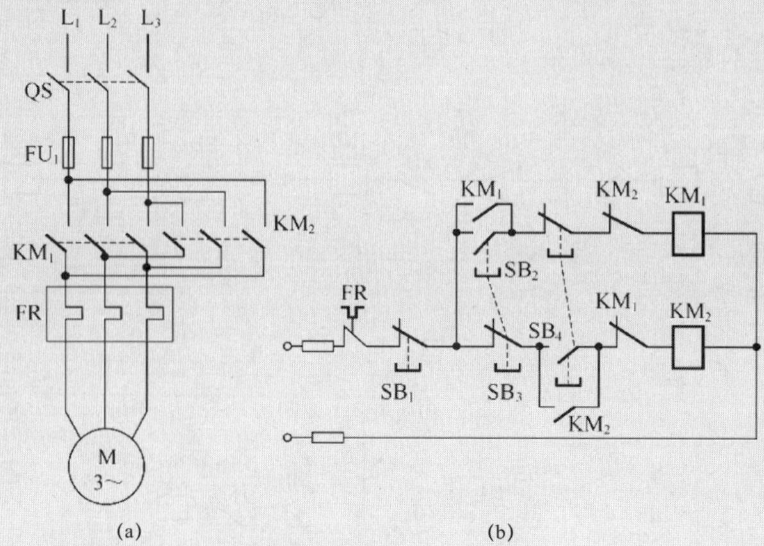

图 6-62　典例 6-5 的改正图

【**典例 6-6**】如图 6-63 所示，合上开关 QS，并按下启动按钮 SB_2 后，发现下列情况：（1）接触器 KM 不动作；（2）接触器 KM 动作，但电动机不转动；（3）电动机转动，但一松手电动机就停止，试分析其原因。

【**解**】（1）接触器 KM 不动作的可能故障如图 6-64 所示。

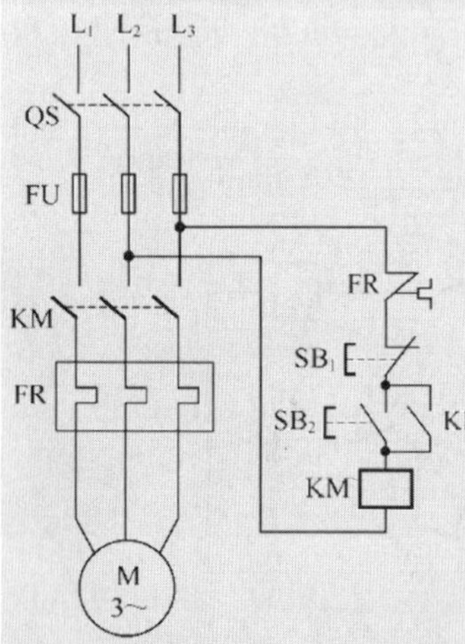

图 6-63　典例 6-6 图

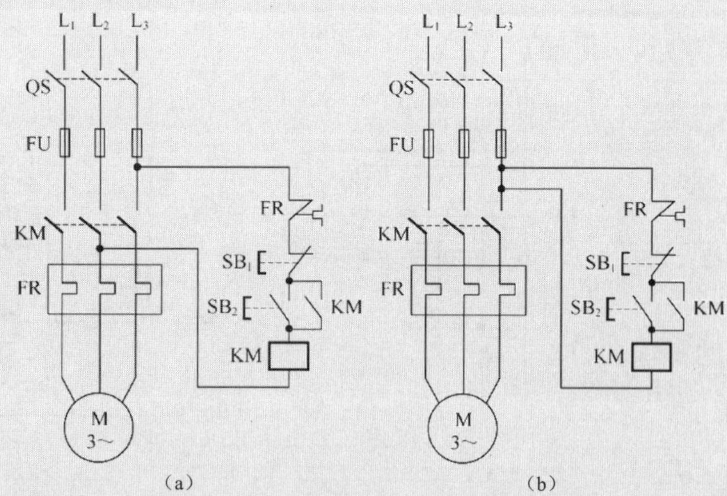

图 6-64　接触器 KM 不动作的可能故障

（2）接触器 KM 动作，但电动机不转动的可能故障如图 6-65 所示。

（3）电动机转动，但一松手电动机就停的可能故障如图 6-66 所示。

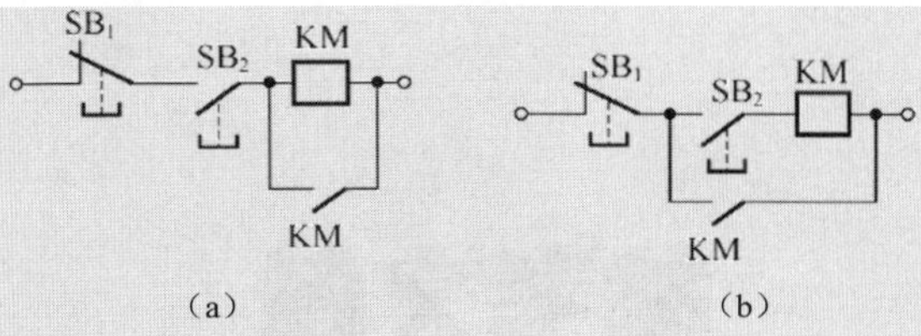

图 6-65　接触器 KM 动作，但电动机不转动的可能故障

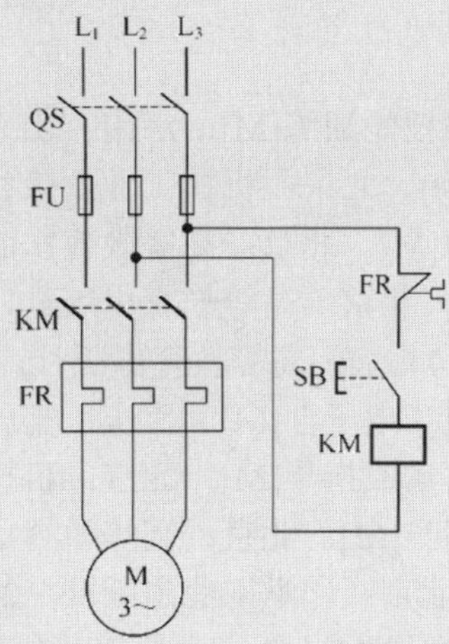

图 6-66　电动机转动，但一松手电动机就停的可能故障

练习题 6

扫一扫看练习题 6 参考答案

1．三相异步电动机的 $P_N = 12\text{kW}$，$n_N = 980\text{r/min}$，$I_N = 24.6\text{A}$，$U_N = 380\text{V}$，该电动机为△连接，$\cos\varphi = 0.83$，求 η_N、T_N。

2．有 Y112M-2 型和 Y160M-8 型三相异步电动机各一台，额定功率 P_N 都是 4kW，但前者的额定转速 $n_{N1} = 2890\text{r/min}$，后者的额定转速 $n_{N2} = 720\text{r/min}$。它们的额定转矩分别是多少？分别是几级电动机？转差率分别是多少？

扫一扫看复习•提高•检测 6

扫一扫看复习•提高•检测 6 参考答案

参考文献

[1] 宋卫海．电路分析学习辅导与技能训练[M]．济南：山东科学技术出版社，2006．

[2] 张仁醒．电工专业技能实训[M]．北京：机械工业出版社，2010．

[3] 林平勇，高嵩．电工电子技术[M]．北京：高等教育出版社，2001．

[4] 罗挺前．电工与电子技术[M]．北京：高等教育出版社，2001．

[5] 席时达．电工技术[M]．2 版．北京：高等教育出版社，2003．

[6] 吕厚余，申群富，肖惠惠．电工电子学[M]．重庆：重庆大学出版社，2001．

[7] 田淑华．电路基础习题解答与实践指导[M]．北京：机械工业出版社，2013．

[8] 刘青松．电路基本分析学习指导[M]．北京：高等教育出版社，2005．

[9] 董力，郑怡．电工技术[M]．北京：化学工业出版社，2005．

[10] 马应魁．电气控制技术实训指导[M]．2 版．北京：化学工业出版社，2006．

[11] 沈翃，赵素英．电子电工应用基础[M]．北京：化学工业出版社，2006．

[12] 罗良陆．电工电子技术基础[M]．大连：大连理工大学出版社，2006．

[13] 巨辉，周蓉．电路分析基础[M]．北京：高等教育出版社，2018．